HIDDEN

人性

哈佛大學最重要的行為經濟學課
驚人「隱藏賽局」完美解釋非理性行為

賽局

The Surprising Power of
Game Theory
to Explain Irrational
Human Behavior

GAMES

艾瑞茲·尤利 Erez Yoeli　　　台大國發所兼任教授、
摩西·霍夫曼 Moshe Hoffman／著　《賽局理論》作者 周治邦／審訂　趙盛慈／譯

suncolor
三采文化

「賽局不是零和,為什麼我們這樣想、那樣做,這本書用淺顯易懂、生活化的方式告訴你,如何用賽局掌握人生的主導權。」

——劉奕酉｜鉑澈行銷顧問策略長

「霍夫曼與尤利大膽應用賽局理論解釋看似非理性的行為。」

——《華爾街日報》

「這本大作把賽局理論應用到人類社會的眾多難題之上,從愛情、婚姻到謀殺再到戰爭,一應俱全。」

——麥可‧薛莫(Michael Shermer),《心算的祕密》
(Secrets of Mental Math,暫譯)合著者

「本書就像為你的心智戴上了一副 X 光眼鏡,讓你得以穿透表象,看見更深一層發生的事。而且寫法跟想法兼顧,言之有物。」

——安德魯‧麥克費(Andrew McAfee),《以少創多》(More from Less)
作者、《第二次機器時代》(The Second Machine Age)合著者

「本書相當出色,每一頁都能讓人感受到對賽局理論的熱情,嶄新又清晰的洞見俯拾皆是,將會改變你看待世界的方式。」

——尤里‧葛尼奇(Uri Gneezy),
《一切都是誘因的問題!》(The Why Axis)合著者

「霍夫曼與尤利嫻熟地運用賽局理論的工具,以有趣的方式掀開社交生活的面紗。對於我們行為與社群隨處可見令人困惑的模式,他們倆一針見血地道出背後的冰冷邏輯。」

——約瑟夫‧亨里奇(Joseph Henrich),
《西方文化的特立獨行如何形成繁榮世界》
(The WEIRDest People in the World)作者

「本書是一趟令人驚奇的旅程，霍夫曼與尤利則是專業的嚮導，帶我們一覽賽局理論如何解釋人類行為的複雜性與古怪之處。這是一本我會一讀再讀的好書。」

——妮可拉・賴哈尼（Nichola Raihani），
《群居本能》（*The Social Instinct*，暫譯）作者

「本書非常值得一讀。霍夫曼與尤利證明，令人不解的常見行為起因可能為自利，並以簡明扼要、淺顯易懂的書寫風格，解釋細微卻重要的概念。」

——羅伯特・博伊德（Robert Boyd），
《另類動物》（*A Different Kind of Animal*，暫譯）作者

「這是那種你一拿起就愛不釋手的書。等你回過神來，已經讀了好幾個小時，連要睡覺都忘記了（真實故事）。《人性賽局》充滿各種奇聞軼事，以及會令你改觀的深刻見解，它以人類發明最強大的理論——賽局理論——去解釋最令人不解的人類行為。」

——史蒂夫・史都華–威廉斯（Steve Stewart-Williams），
《理解宇宙的猿類》（*The Ape that Understood the Universe*，暫譯）作者

「霍夫曼與尤利在這本引人入勝的著作中，告訴我們如何運用經濟學工具，去理解真實世界裡各式各樣的現象。作者一再證明，只要曉得那些相同的力量正在表面底下運作著，那麼各式各樣看似與有意識的理性行為不符的人類行為，皆可為人所理解。事實上，本書揭示了看不見的事物如何發揮神奇之力。」

——凱文・墨菲（Kevin M. Murphy），
麥克阿瑟學者，芝加哥大學布斯商學院經濟學教授

目錄

從斯德哥爾摩症候群到黑手黨的緘默規則，都有賽局視角

——台大國發所兼任教授 周治邦

《人性賽局》一書的兩位作者艾瑞茲‧尤利（Erez Yoeli）及摩西‧霍夫曼（Moshe Hoffman）皆是芝加哥大學布斯（Booth）商學院專研經濟學的博士，目前也都在哈佛大學經濟系兼課。

賽局理論在發展初期是考慮到人與人之間的互動關係，但假設參與者具備追求自身效用極大化的理性行為，從而對人類的各種行為提出解釋與預測。1970 年代左右，兩類研究的興起，對賽局理論提出了挑戰。第一類研究考慮賽局參與者之間的資訊不對稱，所產生參與者的資訊搜尋或資訊揭露行為對賽局均衡的影響。2001 年時，三位學者因為與此相關的研究，共同獲得諾貝爾經濟學獎。第二類研究進行各種實驗或以資料，來顯示人類是非理性的或偏離傳統賽局理論的預期。這一類的研究被稱為「行為經濟學」（behavioral economics），而其頂尖的研究者，如丹尼爾‧康納曼（Daniel Kahneman）及理查‧塞勒（Richard Thaler），也分別於 2002 及 2017 年獲得諾貝爾經濟學獎。

不過，「行為經濟學」的研究卻受到極端擁護理性人（Homo economicus）假說的學者的抨擊。例如，因「效率市場」假說的研究而獲得 2013 年諾貝爾經濟學獎的尤金‧法瑪（Eugene Fama）即認為，

行為經濟學研究的一個重大缺陷是提出了人類各式各樣不理性行為的證據，但未有一套統合理論支撐。

本書兩位作者認為，在假設人類為理性的傳統經濟學以及不理性的行為經濟學之間存在一個令人驚訝的知識領域，並將其稱為隱藏賽局（hidden games）；他們對於隱藏賽局的研究可以解讀為科林‧卡梅拉（Colin Camerer）在 1990 年所提出的「行為賽局理論」（behavioral game theory）的研究核心。簡言之，「行為賽局理論」的學者一方面認同行為經濟學者透過實驗來觀察人類行為的研究途徑；另一方面，他們認為要注入心理學的要素，也就是將諸如熱情、互惠、短視、懷疑他人、過度自信、愛有程度差異等人性的七情六慾納入賽局的理論模型。此時，就要使用諸如資訊不對稱、賽局重複進行、演化及學習等較晚近發展出的研究方法，不過終極目標是以理性人的角度分析人類各種非理性的行為。

由於兩位作者並未在引言介紹書中各章節的安排，因此，在此稍加介紹可能有助於讀者閱讀。

第 1 章首先說明幾個令人費解的行為，包括人們熱情追求專業成功、美學及利他行為。最後再談到可以使用賽局理論，並借助演化及學習的觀點來解除上述迷惑。

第 2 章介紹學習，包括史金納對鴿子所採取的增強式學習、斐濟人及因紐特人的社會學習，以及說明學習及模仿可以塑造信念和喜好。

第 3 章說明分析賽局理論常用到的三種區別方式，包括主要及次要獎勵、近似及終極解釋，與主位及客位解釋。

第 4 章以達爾文《人類的由來及性選擇》一書探討性別差異的主題，解釋納許均衡的概念。接著提到人們無意追求最佳化，但卻經常達到納許均衡的一些例證。

第 5 章以鷹鴿賽局為例，說明動物及人類對財產權的歸屬，經常持先占先贏的態度，以及說明共同預期的重要性。接著探討一些人類的行為，包括道歉、何時要佯裝信心滿滿，以及斯德哥爾摩症候群和內化的歧視等。

第 6 章介紹 2001 年諾貝爾經濟學獎得主麥克・史賓賽（Michael Spence）的訊號理論，以說明強壯的雄孔雀為何會演化出妨礙獵食的長尾巴、奢侈品是人們炫耀財富的方式，以及長指甲及白襯衫是人們釋出高貴階級的訊號等例證。

第 7 章說明為何人們刻意隱藏對自己有利的訊號，包括謙虛、匿名捐贈、裝酷或擺架子，以及隱藏才華等。

第 8 章說明人們操弄證據的三種方式，包括選擇性揭露、選擇性搜尋及確認性檢驗。接著介紹事前機率及事後機率的概念，以將貝氏理論引入訊號賽局的分析。

第 9 章介紹動機性推理的文獻，並說明內化以及操弄資訊可解釋動機性推理。

第 10 章先以重複囚徒困境模型說明人們為何會有利他動機，接著介紹「子賽局完全均衡」的概念。

第 11 章探討規範落實的模型，說明該模型具有第三方懲罰及高階懲罰的特點，以及說明可觀察性、預期及高階信念在規範落實中扮演了重要角色。作者並列舉 17 世紀末及 18 世紀初井然有序的海

盜船，做為規範賽局模型的例子。

第 12 章以狀態訊號結構探討絕對規範。作者說明，由於人們只能根據離散訊號，而非連續訊號進行規範，因而會出現二次大戰時，羅斯福總統寧可犧牲硫磺島兩萬名美國人，也不願使用化學武器，以及出現美國的吉姆‧克勞法會以「一滴血規則」來歧視黑人。

第 13 章介紹高階信念，說明哲學家創造的「電車難題」的解決方案，會和潛在遇難者是否為自己的親戚相關。而高階信念可以從可觀察性、關聯性、是否可推諉塞責，以及高階不確定性，來影響賽局參與者的協調能力。

第 14 章說明為何會出現決鬥與家族間的反覆復仇，以及說明道德運氣扮演的角色。

第 15 章說明主要獎勵對人們熱情行為扮演的角色。

本書的寫作並不拘泥於賽局理論數學推衍的嚴謹性，而是著重現實生活以及許多歷史事件的解讀。因此，其寫作風格類似拜爾、格特納及皮克三人所著的《法律的賽局分析》（*Game Theory and the Law*, 1994, Harvard University Press）。例如，第 10 章在介紹「子賽局完全均衡」的概念時，作者不厭其煩地解釋為何冷酷觸發及永遠背叛的策略合乎此種均衡，而以牙還牙策略則不符合。

本書可以解答許多有趣的問題，例如，被綁架的斯德哥爾摩症候群受害者為何幫綁架者說話？為何人們不計代價要到羅浮宮目睹〈蒙娜麗莎的微笑〉的真跡？為何美國發現接種過疫苗的人幾乎不會傳播新冠肺炎病毒，但仍要求全民戴口罩？宗教團體為何充滿一堆勞民傷財的規矩和儀式？為何二次世界大戰，希特勒會接連併吞

奧地利、捷克及波蘭？義大利黑手黨為何要求其黨羽遵守緘默規則？
對於上述問題，讀者皆可透過本書流暢的譯筆下，獲得滿意的解答。

1

為什麼詹皇愛打球，
畢卡索愛畫圖？

　　在許多人心目中，《運動畫刊》（*Sports Illustrated*）封面出現的人物，若不是拿著球、球棒、球拍或戴著頭盔的運動員，就是身穿比基尼的模特兒。誰會想到，1972 年《運動畫刊》封面人物竟會是下巴方方、咧嘴大笑的巴比・費雪（Bobby Fischer）。他既不是棒球選手、籃球選手，也不打美式足球；他是史上首位二十連勝的西洋棋手。現在，這一期慶賀他奪下佳績的《運動畫刊》在 eBay 這類拍賣網站上可是值得珍藏的逸品。

　　費雪連連獲勝，在棋局中壓制蘇聯對手，一夕間成為家喻戶曉的人物，可說是前無古人、後無來者。從此以後，許多傑出棋手都認為費雪是有史以來最偉大的強者，給了他和麥可・喬丹、「詹皇」詹姆斯、西蒙・拜爾斯（Simone Biles）、凱蒂・雷德基（Katie Ledecky）、湯姆・布雷迪（Tom Brady）等人一樣的稱號「絕世高手」（GOAT，the greatest of all time）。

　　費雪出身自布魯克林一個經濟拮据的單親家庭，他何以成為如此優秀的選手？答案或許與喬丹、詹皇、拜爾斯、雷德基、布雷迪等人無異：在偏執的熱情驅使下大量練習，再加上些許好運。長年撰寫費雪傳記的法蘭克‧布雷迪（Frank Brady）描述，九歲的費雪如果不是在下棋，就是在研究棋局。他會彎著腰，低著頭，沉醉在棋盤或棋譜的世界裡，直到天黑才為了打開公寓的燈而暫時停手。費雪的媽媽為了哄他洗澡，只好把櫥櫃門板架在浴缸上，再擺放棋盤。只不過，要讓他離開浴缸，又是另一場奮鬥了。費雪一點也不關心課業，一完成國民教育，就不再升學。

　　事實上，偏執的熱情，是許多人達到傲人成就的關鍵。

　　小提琴大師伊扎克‧帕爾曼（Itzhak Perlman）三歲在收音機上聽到古典音樂就想學小提琴，他申請就讀地方音樂學校時，卻因為身材矮小拿不動小提琴而被拒絕入學。不久後，帕爾曼感染小兒麻痺症，自此以後都得借助拐杖和輪椅行動。這名身體孱弱的男孩在被學校拒絕後，開始以玩具小提琴自學；十歲時，帕爾曼舉辦小提琴獨奏會，廣受好評；19 歲時，他和滾石合唱團一起登上節目《蘇利文秀》（The Ed Sullivan Show），這是他第二次接受《蘇利文秀》訪問。[1]

　　英年早逝的斯里尼瓦瑟‧拉馬努金（Srinivasa Ramanujan）是一位多產的數學家，他在世僅 33 年，卻留給後世極為豐富的遺澤。世界上甚至有一份同儕審查期刊，上頭刊登的內容若非延伸自拉馬努金所主張或證明的理論，就是與之相關。如同費雪和帕爾曼，拉馬努金很早就發展出自己的熱情。他從媽媽的大學生房客那裡盡可

能吸收各種數學知識，讀完一冊又一冊的數學教科書。其中一冊總共收錄五千則數學定理，即使是實力足夠參加奧林匹亞競賽、熱愛數學的高中生，碰到如此枯燥乏味的書都不見得讀得下去，但拉馬努金卻整本讀完。世人認為，正是這一本書，使得這位天才的功力大增。

成年後，拉馬努金專心致志鑽研數學，甚至到了不顧妻子也不顧健康的地步，終至感染痢疾，在併發症下過世。就現代醫生看來，若他願意放下工作接受治療，是可以痊癒的。

再看看瑪里・居禮（Marie Curie），她是至今唯一兩度榮獲科學類諾貝爾獎的人。打從在巴黎讀書開始，居禮就時常研究到廢寢忘食；直到過世前，她都謝絕出席頒獎活動，以免打斷科學研究。甚至連第二次榮獲諾貝爾獎時，她也以「單純懶得領」而沒有領取獎金，直到第一次世界大戰爆發，才把錢領出來用於支援戰事。

至於畢卡索，窮盡一生熱切追尋的不是西洋棋、小提琴，也不是數學或科學，而是藝術。據估計，他的歷年作品總計超過五萬件！[2] 擁有這等成就的藝術家多半就此自滿而停下腳步，他卻經常挑戰、重塑自己。

身為凡人，我們對於這些偏執的熱情驚訝不已，如果我們也能如此充滿熱情，像詹皇一樣站上罰球線瘋狂練投，像費雪一樣埋首鑽研一盤盤的殘局，或像拉馬努金一樣狂啃數學定理，應該會比現在更成功吧！每到新年，當我們開始構思新年新希望，總是期許自己也能憑空生出那樣一股神祕的熱情，將日復一日、一成不變的工作，變成一股甘之如飴的愛。

　　可是，日子才邁入二月初，連個火苗都還沒點起，我們便開始漫無目的地觀看 Netflix 影集、滑 IG，把雄心壯志給掩埋了。為什麼我們不能向費雪和帕爾曼看齊？拉馬努金究竟如何做到，能讓自己沉浸在閱讀收錄五千則數學定理的教科書？還是把遙控器給我比較實在吧。為什麼這些天選之人──包括愛因斯坦和畢卡索──能夠像少數被愛神之箭射中的幸運傢伙，生出擁有魔力的熱情之火？

　　還有，為什麼他們能對籃球、西洋棋、數學、物理學或其他領域，發展出**某一項特殊**的熱情？畢卡索也支持加泰隆尼亞分離運動、反對法西斯主義，但他為什麼不是將天賦運用於戰事，而是將心力投注於藝術？愛因斯坦為什麼不是對西洋棋深深著迷？費雪明明能夠靜靜坐上好幾個小時，專心鑽研棋譜，他的智力也絕對沒有問題，但為什麼只要看到作業就心浮氣躁、總是寫不完，令媽媽擔憂不已？

　　熱情，這個使人邁向偉大境界的神祕因素，究竟如何運作？

　　目前有許多領域專門探討判斷力、決策和正向心理學，而書店裡也有滿滿一整區的自我成長類書籍，因此你或許以為這些問題相當基本，應該早就有人找到答案了。畢竟，如果我們並不了解熱情和人生意義從何而來，我們如何能夠了解自己的決策，或了解什麼能帶給我們快樂？

　　對於這些問題，人們的確略知一二。例如，我們知道熱情與意義感、目標感、滿足感緊密相依，也知道熱情會隨著他人的讚揚增加，並因為別人付錢給我們當報酬而減弱。但為什麼呢？熱情為何這樣運作？熱情是否單純如此，毫無道理可言？

　　並非如此。

◆

美學，同樣也是令人不解的領域。

我們當然能夠對美學的某些部分提出一些說法，或給出大家都知道的解釋。我們了解，有權有勢的人為何願意為自己的肖像付錢，教堂又為何長期出資，創作傳揚宗教神話與歷史的藝術品──尤其是在教區居民多半不識字的時期，這麼做特別有用。我們也知道，藝術有時候會從我們原本就欣賞的東西取材，例如對稱的容貌、生育年齡的女性、蓊鬱的湖邊岸景等，並將其誇大呈現。在音樂的範疇裡，有些音樂聽起來像水聲，有些則撫慰人心；有些音樂節拍穩定，可以引領軍隊踏著一致的步伐前進，或讓鎮上的居民翩翩起舞。關於食物，我們知道營養豐富的食物比較美味，所以培根特別誘人；而在經常受食源性疾病威脅的地區，人們嗜吃可以抑制細菌滋長的辛辣食物。

然而，這些說法還是沒有詳細解釋原因。莎士比亞等文藝復興時期的詩人，以及鐵面人 MF Doom*、饒舌歌手錢斯（Chance the Rapper）、阿姆等現代創作者的複雜押韻格律是怎麼一回事？法國波爾多左岸出產的知名高丹寧葡萄酒，又是怎麼一回事？這些事物既非先天上討人喜歡，也沒有誇大強化我們原本就喜歡的某些特質。

---

* 譯註：已故知名英裔美國饒舌歌手，本名丹尼爾‧杜米勒（Daniel Dumile），總是戴著面具演唱。其藝名 MF Doom 取自漫威人物 Dr. Doom（末日博士），其中 MF 代表「Metal Face」（鐵面）或「Metal Finger」（鐵手指）。

顯然對剛入門的新手來說，莎士比亞的詩作並不容易理解，而高單寧葡萄酒又苦又澀，三美元的低檔葡萄酒反而非常順口。我們的目的不是貶低這些偉大的藝術作品和文化產物，這些東西都很優秀，只不過，它們的優秀並非源於討人喜歡的先天特質。那麼，使這些東西變得受人推崇的背後原因是什麼？

還有其他情況也缺乏解釋，像是不管在哪個領域，藝術家普遍都會在作品裡藏些彩蛋，而評論家和愛好者為了尋找彩蛋，可以花上數十年，甚至數百年，埋首鑽研——其他人則嘗試從 CliffsNotes[*]辛苦查找作品的隱晦含意。毅力非凡的人或許甚至會去閱讀冗長、沉悶的評論文章，探尋作者的深意。

想要找出彩蛋、鑑別美酒、讀懂莎士比亞的詩作，可以求助於藝術史學家和評論家，但想要了解個中原因——這些事物最初究竟如何引起人們的興趣——就需要用到本書開發的工具了。

◆

利他，也是我們苦苦思索想要了解的領域。我們不只想了解人們一開始為何選擇利他，也想探索各種古怪的利他形式。

首先，儘管人們顯然很有愛心，也樂於付出，但背後的動力卻

---

* 譯註：CliffsNotes 是一系列針對文學作品和其他學科編寫的學習指南，提供了知名文學作品的摘要和解釋。早期以紙本書為主，現在則轉型為學習網站（仍有實體出版品），參見 https://www.cliffsnotes.com/literature。

不太是自己的付出能造成多大影響；而且，人們也不太會考量如何
付出才最有效。我們會因為受到感動捐款給 GoFundMe 網站上的
活動，幫助需要物資的寵物，卻不會想到捐款給影響深遠的慈善團
體，讓捐款發揮更大的效率來解決一些人類的燃眉之急，從而以**少
於**五千美元救人一命。[3] 即使透過配比基金（matching fund）** 能讓捐
款增加一倍，人們也經常不為所動。

　　如果問人願意捐多少錢幫忙設置防護網，讓鳥類遷徙時不被風
力發電機打死，則不論防護網能拯救兩千隻小鳥，還是二十萬隻小
鳥，人們的捐款金額都不受影響。[4] 我們會到仁人家園（Habitat for
Humanity）做義工，但買機票的錢如果用於聘請技能更合用、更需
要工作的當地勞工，效益會更大；我們會留意外出時隨手關燈，卻
沒想到把空調關掉，使得隨手關燈省下的電又完全被空調用電抵銷。

　　我們不只會做效果不佳的事，還非常無知。大部分的人充其量
只對捐款用途有個模糊概念，沒有人在挑選要捐助的慈善組織時，
真的會比挑選餐廳或旅遊景點更用心。我們對節約能源和資源回收
一樣漫不經心，比如說，你知道回收金屬的效益大約是回收紙張或
塑膠的九倍，回收紙張或塑膠的效益又比回收玻璃高很多嗎？不相
信我們的話嗎？ Google 一下就知道了。請注意，這很可能是你第一
次費心 Google 這件事。

　　我們不僅無知，還會**刻意忽視**某些事情。我們絕對不會在知情

** 譯註：配比基金是一種鼓勵樂捐的募款形式，出資者會根據捐款人在資金池中投
　入的善款，按比例增加金額，藉此吸引更多人參與。

的情況下，去把性病傳染給性伴侶，但有些人即使知道自己感染性病的風險很高，附近還有診所可以免費檢測，卻認為自己不跑一趟也沒關係。

我們不僅不想獲得資訊，也不喜歡聽見別人開口要求。我們有可能應邀捐錢給美國計畫生育聯盟（Planned Parenthood），但看見非營利組織志工在街上募款時，卻會拿出手機裝忙。當然啦，我們一向樂於對朋友伸出援手，但當我們懷疑朋友想求助時，卻可能盡量不撥電話過去。

這還沒完。對於花四美元買一杯哥達多（cortado）咖啡，而不捐四美元給窮人，多數人都不會良心不安，但我們絕對不會想從窮人手中拿走四美元去買一杯哥達多咖啡。既然主動與被動的行為效果一樣，兩者之間究竟有何區別？利他行為為何以這樣的方式運作？

◆

這些都是本書要探討的問題。有線新聞網用什麼招數傳遞錯誤資訊？**動機性推理**（motivated reasoning）為什麼這樣運作？內化的種族歧視為什麼那樣運作？謙虛為什麼是美德？我們的是非之心是怎麼來的？美國的哈特菲爾德家族（the Hatfields）與麥考伊家族（the McCoys）為何無法言歸於好？

簡單來說，我們要問的是：人類為什麼會有這些偏好和思想？這些偏好和思想，又為什麼以這樣的方式運作？

　　人們傾向於用**近似解釋**（proximate explanation）[*]來回答這些問題，好比「我們愛喝丹寧厚重的葡萄酒，因為嚐起來比較有意思」，或者「我們愛創作手工藝品，因為在有限時間內逐一完成不同作品，很快就能看見結果，很有成就感」，又或者「我們會對研究產生熱情，因為我們喜歡自由自在地長期鑽研某個主題，渴望真正成為領域專家」；至於我們對別人展現同理心，但做法不太有效，則是因為同理心是一種粗糙的工具，對於效能高低不太靈敏。

　　雖然這些通常是很有趣的回答，既說得通，也有幫助，但卻不是真正的答案，至少不是這本書所想要探求的答案。沒錯，高單寧葡萄酒品嚐起來比較有意思，但怎樣算有意思呢？再說，我們又為何要在乎一杯葡萄酒是否有意思？沒錯，有些人是因為能快速看見創作成果而衍生創作熱情，有些人則是碰上可以長時間深入鑽研的計畫就亢奮莫名，但我們還是沒搞懂，為什麼有些人的興趣發揮在某一個領域，有些人卻發揮在其他領域？甚至於為什麼人會發展出熱情？沒錯，同理心是種粗糙的工具，但為什麼？這些回答，又衍生出其他問題，數量少說也和一開始提出的問題一樣多！

　　我們想要給的答案會在某程度上更貼近最終答案。為了達到這個目的，我們所要運用的關鍵工具，非賽局理論莫屬。

　　賽局理論是一種數學工具，目的在於幫助我們釐清在互動情境中，個人、廠商、國家等主體將如何行動；此時，重點不再只是自

---

* 譯註：參見第 3 章「近似解釋、終極解釋」。

身的行動，他人的行動也同樣重要。已經有廠商成功運用這套工具，根據其他人的出價來擬定自身的競標策略，再參與競標，而美國聯邦政府制定反托拉斯的規範，也是以賽局理論為基礎。美國聯邦貿易委員會（Federal Trade Commission）與美國司法部聘請經濟學家組成大軍，根據賽局理論中的「庫諾競爭」（Cournot competition）模型，鎮日評估各種併購案。庫諾競爭模型能協助經濟學家評估，當市場上所有廠商都會回應併購公司的行動，併購公司也會反過頭來回應時，要如何預測價格的變化。

在與美國司法部距離僅幾個街區的美國國務院，賽局理論影響著不同世代的外交官如何思考。例如，美國在冷戰時期提出的「同歸於盡」與「核戰邊緣」策略，有湯瑪斯・謝林（Thomas Schelling）的賽局理論分析做為其後盾——根據謝林的分析，美國應該視蘇聯持有的核子武器來決定要生產多少核子武器，反之亦然。

你也許暗自心想，賽局理論怎麼可能會和我們一開始講的那些行為有關？愛上下西洋棋、展開新的藝術運動或捐錢給慈善活動，人們乃是憑藉直覺或感受，甚至是在毫無自覺的情況下自然做出這些行為。在這個過程中，人們根本就沒有追求結果的**最佳化**（optimization）。這些事情聽起來跟在董事會或戰情室作決策時冷酷無情的計算，完全八竿子打不著邊。

除此之外，你或許還認為傳統上賽局理論的基礎在於……姑且這麼說吧，在於一項可議的關鍵假設：人是理性的，會採取最佳化的行動；而且人能掌握一切相關資訊，像電腦那樣進行複雜的運算，

以盡可能擴大自身效益。這項假設或許適用於董事會裡為無線電頻譜擬定競標策略的公司高層，但真的可以套用到我們這些庸庸碌碌、過著平凡生活的人身上嗎？更何況，狠狠反駁這項假設的學者還得過諾貝爾經濟學獎，而且不止一次，還是兩次：2002 年頒給丹尼爾‧康納曼（Daniel Kahneman），2017 年頒給理查‧塞勒（Richard Thaler）。[5] 就連人們某些費解的動機，例如願意為理想拋頭顱灑熱血，或明明眼前擺著有實質助益的方案，卻選擇捐錢給效果不彰的慈善活動，似乎也都為丹尼爾和理查的研究提供了強而有力的證據。

　　接下來，我們將會讓這兩個論點互相抵銷。是的，**當人們想要有意識地作出最佳化的選擇時**，表現往往滿糟的；但當人們並未有意識地尋求最佳化，而是由學習與演化代勞時，事情將大幅朝著最佳化的方向發展；正如我們在後文所說，喜好和信念往往就是這樣來的。

　　關於演化，你應該已經很熟悉當中的邏輯：喜好會演化，驅使我們採取可以帶來好處的行動。在高油、高鹽、高卡路里的食物非常稀有的環境裡，人們會發展出嗜吃油膩食物、鹹食和甜食的喜好，促使我們去尋找這類東西；我們逐漸演化成喜愛對稱的臉蛋、有稜有角的下巴、寬大的臀部，因為這些喜好能驅使我們尋找較健康、較有成就和生育能力較佳的伴侶。[6]

　　但這並不是說，圍著火堆而坐、互相切磋押韻字的遠古穴居人慢慢演化成了饒舌歌樂迷，或利用空閒時間鑽研抽象洞穴壁畫的古

人（「這不是一頭猛獁象」[*]），慢慢演化成了現代的藝術愛好者。我們所在意的喜好和信念多半並非與生俱有，而是來自後天學習，所以在下一章，我們要將生物演化的理論套用於學習，並指出學習（即**文化演化**）將會帶來與生物演化一樣的效果，速度還快上許多。

我們將了解，文化習俗最終會調整到非常貼合人們的環境與需求：舉例來說，因紐特人如何世世代代改良、調整圓頂冰屋，讓他們能在冰天雪地的凍原上保持室內溫暖？又或者，為什麼中南美洲人即使沒有刻意思考熱動力學或化學，也能發展出烹調玉米的傳統，讓這個營養價值較低的主食發揮出更大的效益？我們也會了解，人們慣用的調味料反映出他們文化裡需要對抗何種食源性疾病，以及攸關食物的迷信、禁忌何以能夠降低孕婦感染危險疾病的風險。

關於「學習」的章節結束後，我們將探討幾種有所區別的概念，包含主要獎勵或次要獎勵、近似解釋或終極解釋、主位解釋或客位解釋。接著，我們將借助這些概念去詮釋，隱藏的賽局如何透過演化與學習，在幕後對我們的信念與偏好發揮神奇的影響力。

之後，我們終於要進入賽局理論，但焦點還不會放在人類身上。我們要花一章的篇幅討論動物的性別比——性別比是特定物種中雄性與雌性的比例，也是生物學應用賽局理論的知名例子。這一章要

---

[*] 譯註：此處原文為「Ceci n'est pas une mammouth laineux」。這句話和比利時超現實主義畫家雷內·馬格利特（René Magritte）的名畫〈形象的叛逆〉（*La trahison des images*）有關。該畫作畫了一支菸斗，菸斗下方卻寫了一句「Ceci n'est pas une pipe.」（這不是一支菸斗），引發觀看者思考表象和實物之間的關聯性，寓意深厚。

介紹賽局理論的一些關鍵概念，彰顯賽局理論的威力。我們也將從這個例子認識，若由演化替物種作最佳化選擇時要如何詮釋、應用賽局理論。

　　接下來進入重頭戲，每一章都會探討幾個看似不理性的人類行為，以及一兩個隱藏賽局，幫助我們探究這些行為背後有哪些深層的理由。

　　這就是我們的計畫。準備好開始了嗎？

2

學習，如何成為
人類的最強技能？

　　這一章要說明人的學習如何發揮強大的力量，使人採取最佳化
的行動。我們將看見，並非只有在人們有意追求最佳化的時候，學
習才能發揮影響力；我們也會看見，學習除了影響行為，也經常塑
造人們的信念和偏好。

　　為什麼要說明這些？因為學習提供了賽局分析的良好基礎，即
使是不理性的人類行為、令人費解的偏好和信念，也能透過這樣的
方式進行分析。

給點甜頭，鴿子也能打桌球

　　現在網路影音平臺 YouTube 上，還找得到一支 1950 年代拍攝的
影片。[1] 影片中，史金納（B. F. Skinner）穿著白色扣領襯衫，繫著深
色領帶，袖子完全放下到手腕的位置；他站在某個綠色和白色的實
驗設備前，對著麥克風，用電視上的人才會使用的中大西洋迷人口

音，一面講解，一面訓練鴿子逆時鐘轉動身體。史金納的策略很簡單，每一次鴿子往左轉身就打開飼料槽，餵牠吃幾粒穀物；如果鴿子不動或往右轉身，就不餵牠。

接著鏡頭拉近，照向鴿子。起初，鴿子只是來回快走；後來，鴿子在遲疑中偶然轉向左邊。咔噠，飼料槽打開，鴿子趕過去吃。飼料槽關閉後，鴿子又四處張望，再次漫無目的地晃過來、晃過去。

史金納徐徐地說：「現在，我要等牠逆時鐘轉動身體，去強化這個動作。」接著鴿子朝左，轉了過去，史金納又將飼料槽打開。

這時鴿子懂了。飼料槽一關起來，牠就如史金納所預期地往左邊晃。

史金納語帶驕傲地說：「如各位所見，效果立現。」當鴿子停下來時，史金納補充：「我在等牠做出更明確的動作，轉動幅度要更大。」鴿子再次晃過去，門又「咔噠」一聲打開，鴿子馬上過去領賞。

飼料槽再度關閉時，鴿子立刻向左，幾乎毫無停頓地完整轉了一圈。

史金納淡然地說：「就是這樣，轉一圈。」不到一分鐘，訓練完成。

史金納的影片清楚呈現，塑造動物和人類行為的關鍵環節**增強式學習**（reinforcement learning）。它的核心概念很簡單：當行為（例如逆時鐘轉身）獲得獎勵（例如一口飼料）時，會強化這個行為，提高行動者重複同樣行為的機率。

增強式學習無所不在，飼主會用來訓練寵物：只要小狗完成指

令，就給零食，藉此教會小狗坐著等待；如果貓咪抓沙發，就用噴霧罐對貓咪噴灑水珠，教牠不能這麼做。即使你沒有寵物，也可以上 YouTube 搜尋「如何訓練豬隻」、「教豬隻坐下」或類似的可愛動物影片，認識增強式學習如何發揮作用。

　　但其實，你或是身邊的每一個人都會透過行為強化來學習，所以你已經見識過增強式學習的運作。例如小孩子為了吃小熊軟糖，學會用兒童便盆上廁所，或是為了拿到金色星星而學會加減法。不論小孩或大人，都懂得從對方是開懷大笑還是侷促不安地沉默，來學習分辨自己講的笑話是否恰當又有趣。我們也會根據是否獲得好評，來決定身上的那套衣服是值得再穿一次，還是乾脆放到二手商店寄賣。

　　增強式學習深具威力，不只讓孩子學會算數，還學會了長除法、代數、幾何、初等微積分。YouTube 影片裡的豬隻可以在訓練下跑完障礙賽、進球得分，或在需要放出去上廁所時敲敲鈴，而這些全都來自於增強式學習。史金納曾在知名實驗中教會鴿子打桌球，1990年代中期，日本研究團隊更勝一籌，甚至訓練鴿子學會分辨畢卡索和莫內的畫作。

　　增強式學習讓動物們躍上 YouTube，成為影片主角，但那顯然不是其主要目的。增強式學習的功用在於讓動物習得具有實際功能的行為，使動物能在不斷變遷的環境生存下去。動物透過增強式學習知道要去哪裡覓食、避難、尋找交配對象，以及如何躲避掠食者，並懂得分辨有毒和營養的食物。[2]

你信的和你愛的，竟是學來的？

太平洋火山群島亞薩瓦群島（Yasawa Islands）是個美麗的世外桃源。嚴格來說，這裡是斐濟的領土，但 20 世紀大部分時期，亞薩瓦群島都是自給自治，島上的國王不允許亞薩瓦發展觀光業。人類學家約瑟夫・亨里奇（Joseph Henrich）和他指導的博士生詹姆斯・布洛施（James Broesch）在 2000 年代中造訪當地時發現：[3]

經濟上，亞薩瓦人主要從事園藝、漁撈、沿岸採集。漁撈是他們最重要的蛋白質來源，對於掌握訣竅的人來說，魚叉是生產力最高的捕魚方式；此外，當地人也使用釣竿和漁網。

山藥、樹薯是主要的熱量食物，其中山藥是當地人偏好的傳統食材，更是眾多儀式所不可或缺的，而男性會私下比較誰種的山藥塊頭最大。政治單位是由互有淵源的氏族（Yavusa）構成，並由耆老會議和一位代代世襲的頭目進行管理。當地的社會生活涵蓋了複雜的親屬關係與責任義務。我們作研究的此刻，這些村落還沒有汽車、電視、市場和水、電、瓦斯等公共服務。

亨里奇和布洛施開始研究亞薩瓦人如何習得必要的生存技能：捕魚、種植山藥和樹薯，以及用藥草治病。他們問當地人一些問題，例如：對魚或捕魚有問題時，你會請教誰？種山藥遇到問題，你會找誰尋求建議？對於要用哪些植物治病有問題時，你會問誰？他們也會提出這類問題：誰最會釣魚？誰最會種山藥？誰最了解藥用植物？他們邊問邊記下對方提到的名字，並著手蒐集關於那些人的資

料。年齡多大？性別？住在同一個村落嗎？來自同一個家庭嗎？答案簡單明瞭。顯然，亞薩瓦人傾向詢問最會捕魚、最會種山藥或是最懂藥草的人。

亞薩瓦人告訴亨里奇和布洛施的答案，有兩項重點。首先，我們學習時，不只會透過自身經驗的增強過程，也會透過模仿，有時候也能從對方那裡獲得明確的指導。如果你想學捕魚、種植作物或運用藥草，你不需要冒著挨餓或生病的風險；你可以找似乎已經很上手的人，向他們請教或有樣學樣。如果你想知道自己適不適合穿某套衣服，你不只可以穿在身上沽名「釣」譽一番，再根據讚美的強度調整衣著款式，你也可以看看身邊的人都穿些什麼。

其次，從他人身上學習並非亂無章法。學習的過程會有一些傾向，人通常會向了解狀況的人學習。我們比較想模仿功成名就、通情達理或年紀較長的人，若是涉及特定年齡的事物，則會以相同年齡層為模仿對象。亞薩瓦人向最會捕魚、種植作物和運用植物治療的人學習；至於穿搭風格，美國人會密切關注蜜雪兒‧歐巴馬、喬治‧克隆尼這些時尚代表人物。

某實驗顯示，如果成年人展現出良好的能力（把鞋子套到腳上），而非顯得能力不佳（一臉困惑地把鞋子套到手上），一歲兩個月的幼童看到他用不常見的方式開燈（以額頭按壓開關），更有可能會加以模仿。[4]

另一項研究則顯示，學齡前兒童會透過模仿學習新詞彙，但比起其他小孩，他們更傾向模仿成年人；而且他們不只會考慮對象的年紀，還會優先模仿可靠的對象。不論對方是小孩或大人，學齡前

兒童都傾向模仿那些可以好好運用他們本身已知詞彙的人，而不是去模仿那些用錯詞彙的人；只有當小孩和大人的表現差不多時，他們才會以年紀做為判斷標準。也就是說，如果小孩表現可靠，大人比較不可靠，他們會模仿小孩；如果兩邊表現都不可靠，他們會模仿大人。[5]

此外，兒童知道大人比較了解某些事，例如哪些食物營養，而小孩子比較了解另外一些事，例如哪些玩具好玩。[6]他們也知道在某些情況下，即使對象是大人，還是不要模仿比較好。在幼童學習用額頭開燈的原始實驗中，研究人員加入了一個變化版：成年人的手被綁住、行動不便，但幼童的手則沒有被綁住。這些幼童並沒有模仿眼前的大人，他們似乎能夠判斷，大人用額頭開燈單純是因為行動受限，而他們自己行動自如，所以模仿大人沒有好處。[7]

本書裡的分析有一項前提：無論是自身經歷的增強式學習，還是模仿他人、接受他人的指導，學習都會引領我們做出對自身有益的行為；至少平均而言，多半如此。學習是如此複雜又博大精深的過程，所以我們對這樣的假設深具信心。[8]

接下來我們要舉兩個例子說明這點，同時強調另一項假設：我們經常沒有意識到自己為什麼做出某些行為，或沒意識到學習扮演的角色。

◆

因紐特人的圓頂冰屋是人類智慧的重大成就。圓頂冰屋只用北

極地區可合理取得的材料來建造，由於當地沒有木材、磚塊、石頭、泥土，所以主要建材是擠壓過的雪，偶爾也包含海豹皮。儘管如此，只要在冰屋內點起一小盞油燈，即使外頭寒風怒號，也能營造約攝氏 15 度的溫暖空間。

　　這項成就非常了不起，只要小時候曾試過蓋圓頂冰屋，大概都知道，光是用雪蓋出不會倒塌的房子就已經夠困難了。因紐特人為了不讓圓頂冰屋崩塌，還能承受極地狂風吹打，將雪塊堆疊成結構堅固、上下顛倒的懸鏈線──也就是用手指頭夾住繩子或項鍊兩端拿起來所形成的弧線。古時候的人發現了這條弧線，從那時起，人們就開始運用倒置懸鏈線建造紀念碑、建築物和橋梁。

　　圓頂冰屋能保持溫暖，有幾個關鍵。其中一點有些違反直覺：建造冰屋的積雪因為含有上百萬顆氣泡，所以是非常棒的絕緣體，冰塊的絕緣性反而沒那麼好，所以用得少，主要拿來做透光的窗戶。

　　在冰屋裡，地板有高低差，因紐特人會在最高那層睡覺，在中間那層做其他事情，並在最底層開挖一個比周圍積雪位置更低的出入口。如此一來，點油燈、生火煮飯的熱能，以及因紐特人身上散發的熱氣，都會上升到超過出入口的高度，留在屋內。此外，出入口的方位會和當地的常見風向垂直，通常還會做出一個最適合的角度，進一步防止寒風吹入。除了這些，還有其他種種細節，全都歷經了世世代代的改良。

　　因紐特人能想出這些做法實在驚人，畢竟他們並未計算倒置懸鏈線的荷重範圍、積雪絕緣性，或出入口不同高度的壓力差，更不可能有某個人長生不老，透過試錯（trial and error）來成就這樣的設

計。按理來說，大概是某年有個因紐特家庭在替圓頂冰屋挖出入口，而他們這回蓋的冰屋比前一年更溫暖，也勝過附近鄰居的冰屋。隔年，這家人用心按照去年的方法蓋冰屋（增強式學習），附近人家也在自家比照辦理（模仿與指導），就這樣延續下去，直到大家都蓋出同樣的出入口；牆壁、窗戶、通風口也都以相同的過程，發展成最適合的樣式。因紐特人歷經世世代代，學會建造最完善的圓頂冰屋，他們不需要意識到這個學習過程，也不需要知道圓頂冰屋為何蓋成這個樣子。[9]

讓我們離開冰天雪地的北極，前往溫暖的中南美洲吧。那裡的人從馬雅和印加時代開始，就有將玉米泡過鹼水再吃的習慣。傳統做法通常是把燒過的貝殼或一點木灰丟到水裡，再放入玉米，煮熟後浸泡一陣子。經過這樣烹調的玉米粒稱為「鹼化玉米粒」（hominy），會呈現淡淡的黃色，質地比較軟，也比較彈牙，可以直接入菜，也可以輕鬆磨成粉。

將玉米放入鹼水煮稱為鹼法烹製（nixtamalization），乍聽之下或許很奇怪，但這麼做可以釋放玉米中的維生素 B_3（又稱菸鹼酸），不然人們的消化道將無法吸收。若少了鹼法烹製的過程，以玉米為主食會使人營養不良，引發糙皮病之類的疾病，造成失智、腹瀉，並出現皮膚炎的症狀。

鹼法烹製已經存在數個世紀之久，早於人類發現維生素的時代。從這裡我們能再次看見，人類文化在沒有現代科學的幫助下，採用了非常有益的做法。大概是某一天，有個廚師無意間把灰燼撒入鍋子，而吃了這些玉米的人想必感覺身體更好，也比以前更加容光煥

發；又或者，他們單純喜歡玉米變得更容易研磨，而且一陣子後也
注意到健康狀況有所改善；也或許，他們完全沒注意到鹼水煮玉米
對健康的幫助，但這一群人比較少生病，代表他們成了整體來說比
較成功的人，更有可能成為別人模仿、諮詢的對象。總之，增強式
的學習、模仿和指導能發揮作用的可能情境太多了，而且人們根本
不需要真的意識到這點，也不需要搞懂個中原理。

　　不過，沒有人知道並不代表作用不存在。當歐洲首次引進玉米
時，歐洲人付出了慘痛的代價才學到這一課。他們無法解釋中南美
洲原住民為何要用鹼水煮玉米，原住民可能只會說「我們都是這樣
處理玉米的」；於是，歐洲人省去了看似愚蠢的鹼法烹製步驟，歡
天喜地把玉米當作主食。畢竟，他們有威力強大的磨坊，不需要把
玉米煮軟就能直接磨粉。結果義大利北部、法國和美國南部接連爆
發大規模的糙皮病，而 20 世紀前半，大約有三百萬美國人染上此症，
其中十萬人死亡。

　　只有人類演化成會學習、模仿效果難斷的複雜行為，其中一種
形式就是**過度模仿**：模仿「看似」完全沒必要的行為（抱持種族優
越感又過於自負的歐洲殖民者除外）。若干經典研究實驗告訴我們，
過度模仿的行為會像這樣：一名成年人向兒童和黑猩猩示範如何打
開點心盒，這名成年人按照指示，多做了幾個多餘的動作：在盒子
上敲三下或摸摸鼻子。兒童模仿了大人的每一個步驟，連多餘的動
作都學；黑猩猩則比較聰明，沒有理會那些愚蠢的步驟。或許黑猩
猩算是比較聰明吧，但比起兒童，牠們也更可能像歐洲人一樣，犯
下不把玉米過鹼水的錯誤。

◆

　　讓我們繼續旅程，前往斐濟。我們將透過絕佳的例子，了解學習不僅會塑造出人的行為，也會塑造出信念。

　　斐濟女性如果懷孕或正在哺乳，則嚴禁食用某些魚類，例如岩羅鱈、鯊魚、金梭魚、鱒鰻。前述魚類是斐濟人平日常吃的東西，此外，陸地動物、貝類、章魚、刺河魨也是他們的主要蛋白質來源。

　　斐濟人並不曉得，他們學會避吃的魚類其實含有危險的熱帶性海魚毒，而攝取太多這種毒素會讓身體不舒服，引起手腳疼痛或嚴重腹瀉，症狀有時甚至延續好幾個月。熱帶性海魚毒對懷孕和哺乳的婦女特別危險，因為女性這時更容易中毒，而且毒素有可能傷害胎兒和喝奶的嬰孩。

　　熱帶性海魚毒素來自藻類的化學物質，以藻類為食的魚類會在體內累積毒素，而吃下這些魚的魚類，體內又會累積更多毒素；當這些魚再被其他魚類吃下肚，毒素又進一步增加。由於岩羅鱈、鯊魚、金梭魚，乃至以攻擊鯊魚聞名的鱒鰻，都處在食物鏈的較高位置，因此食用這些魚類的中毒風險最大。

　　相對而言，章魚、刺河魨處在食物鏈下端，貝類的位階更低，所以食用而中毒的風險較小；如果是吃陸生動物和蔬菜，則幾乎不可能中毒。由此可知，斐濟的飲食禁忌能有效促使人們捨棄高風險食物，改吃低風險食物，保護胎兒和嬰兒的健康。

　　這又是一個令人驚嘆的例子。儘管斐濟人對其作用一無所知，仍透過學習發展出非常實用的飲食禁忌。如果問斐濟人是從誰那裡

學來這些飲食禁忌的，多數人會回答媽媽、祖母、婆婆、岳母、長輩、聰明的女人或某個阿姨；回答從醫生那裡學到這些知識的人不到一成，而且完全沒有人聽過什麼是熱帶性海魚毒。

　　另一個了不起之處在於：學習與模仿不僅影響斐濟人的做法，也塑造他們的信念。如果你問為什麼要遵守飲食禁忌，多數女性會告訴你，吃這些魚會影響寶寶的健康，讓寶寶「皮膚粗糙」或「關節散發難聞的氣味」。這些信念其實不對，但對錯在這裡並不重要，因為信念仍然發揮了效果。之後我們也會指出，你也可能抱持某些錯誤的信念，但這些信念的對錯並不影響效果，到時候請不要太驚訝。

　　先前提過，本書的一項基本假設是「學習會促成具有某些功效的行為；或一般而言，通常會促成功效」，而斐濟人所抱持「錯誤卻有用的信念」，則凸顯了第二項密切相關的假設：信念經常伴隨學習的過程而建立。學習塑造了鼓勵特定行為的信念（例如，相信某些食物會導致寶寶皮膚粗糙），而這正是學習敦促我們採取這些行為（不吃那些食物）的好辦法。

◆

　　學習和模仿不只可以塑造信念，還能塑造喜好。

　　在紐約曼哈頓下東城區有一間指標性的猶太熟食店「羅斯與女兒們」（Russ & Daughters），擁有超過百年歷史。如果你到那裡光顧，會看見四周都是冷凍櫃，擺滿被燈光照得發亮的燻鮭魚和白鮭，以及一桶又一桶的調味奶油乳酪；牆上掛著盛滿貝果的籃子，層架

上則堆滿了黑麥麵包、裸麥麵包，以及色彩繽紛的進口魚子醬罐頭。

　　這座美食聖殿裡販售的美食，都是 1800 年代末和 1900 年代初，由艾利斯島（Ellis Island）進入下東城區的眾多貧窮東歐猶太人的最愛。「羅斯與女兒們」也是一座鹽的聖殿，你會發現店內食物的主要調味料都是鹽巴；若你仔細看，也許能多少找到一點胡椒，當然囉，籃子裡有些貝果也撒上了必不可少的「萬用綜合」調味料＊。如果你認為蒔蘿也算調味料的話，店裡也有一些蒔蘿，偶爾還會使用一點洋蔥。不論如何，「羅斯與女兒們」販售的美食多半只以鹽巴調味。

　　你只要再走短短幾個街區的距離，就會來到位於曼哈頓東六街的「咖哩街」。這裡賣的東西和「羅斯與女兒們」截然不同，許多餐廳會派人站在門口大聲吆喝，招攬路過的行人。其中一間餐廳叫作「印度之珠」（Jewel of India），你會在那裡看見香味四溢的巴爾蒂咖哩、嗆辣的溫達盧咖哩，這些咖哩全都加入了十多種份量可觀的香料。如果你問服務生，貝果、燻鮭魚、奶油乳酪、魚子醬吃起來如何，他會用側搖的方式點頭，告訴你「還可以」；若再追問一次，他會承認：「沒什麼味道。吃起來很淡。」

　　印度人怎麼會喜歡吃那麼辛辣的食物？東歐的阿什肯納茲猶太人為什麼不像他們那樣愛用大量辛香料調味？1998 年，珍妮佛‧畢林（Jennifer Billing）和保羅‧謝爾曼（Paul Sherman）提出，答案在於辛香料可以抑制、殺死使食物腐敗的細菌。他們推測，辛香料

＊　譯註：這是一種綜合調味料，通常包括芝麻、洋蔥末、蒜末和鹽巴。

的抑菌和殺菌效果在氣候炎熱的地方特別有用，所以我們才會看見當地居民學會愛吃辛辣的食物。[10]

畢林和謝爾曼為了測試理論是否正確，開始記錄哪些香料真的能抑菌、殺菌。他們找出 30 種最常引起食物中毒的細菌，接著大量參照相關的研究文獻；這些研究逐一檢驗了各種香料的活性成分能否減緩某些細菌的生長速度，甚至是徹底消滅這些細菌。

多香果、牛至等香料，以及大蒜、洋蔥等根莖類蔬菜，可以抑制這 30 種細菌；月桂葉、薄荷、芫荽、肉豆蔻等多種香料則可以抑制一半到四分之三的菌種。至於黑胡椒和檸檬、萊姆等柑橘類水果，雖然本身只能抑制少數細菌，但可以加強其他香料的抑菌效果。黑胡椒可以增加其他香料的活性成分的生物利用率（bioavailability），加快細菌吸收這些活性成分的速度；而檸檬和萊姆則可以破壞細胞壁，使細菌更容易被香料的活性成分影響。

接著，畢林和謝爾曼將來自世界各地不同文化的上百種食譜編製成冊，再針對食譜上的香料種類及用量製作索引。果然，結果不出所料：「隨著年均溫……上升，使用香料的食譜比例、單一食譜含有的香料種類、香料的整體用量，以及強效抑菌香料的使用情形，全都增加了。」

接下來，他們逐一排除其他的可能理論。我們當然可以合理懷疑，炎熱地區使用香料烹煮食物，單純是因為那裡適合香料生長；但古時候香料貿易就很熱絡，顯示除了產地，還有更多其他地區也會使用香料。多香果就是很好的例子，有些國家不出產多香果，卻會用它烹煮食物，而這些國家的數量是產地的十倍。此外，普遍來

看，我們甚至不能說香料生長在比較炎熱的地方。許多氣候炎熱的
地區幾乎不產香料，但當地人依然廣泛使用香料。

　　等等，香料是不是有助於排汗，能使人感覺涼爽？辣椒中的唐
辛子確實有這種功效，但牛至、薄荷、肉桂等多數香料則沒有。會
不會是香料的微量營養素，出於某些原因能為炎熱地區的人帶來較
多幫助？也不是。當地可以取得的蔬菜和肉類，含有更多重要的微
量營養素。

　　於是乎，在那些印度和猶太移民的家鄉，印度媽媽會先在食物
中加入優格，並慢慢減少優格用量，藉此訓練幼兒接受辛香料的味
道，直到他們愛上為止；阿什肯納茲猶太媽媽則什麼都要加鹽。這
些移民來到美國之後，也將這些料理帶了過來。

　　印度媽媽、阿什肯納茲猶太媽媽和斐濟人、因紐特人一樣，並
不需要知道為什麼自己會培養出這樣的口味。她們大多不曉得個中
原因，只會這樣回答：「我們就是這樣料理食物的。」或者：「這
樣才好吃。」沒有人意識到學習會透過塑造喜好去影響人們的行為，
從而在各個世代發揮了神奇的力量。

　　為什麼學習的力量不直接塑造出期望的行為就好，還要塑造信
念和喜好？其中一個可能的原因正如先前所說：這樣可以有效讓我
們起身行動。如果你喜歡吃辣，你會去吃辛辣的食物。不過，還有
另一種可能原因，就是內化能確保我們即使不了解功效，依然做出
某個具有功效的行為。過度模仿即是如此，如果印度人喜歡黑胡椒
加入咖哩的味道，就算他們不知道這麼做是為了加強孜然、芫荽、
薑黃、辣椒的功效，也不會想要拿掉黑胡椒。假如歐洲人當年有機

會培養出吃鹼法烹製玉米的喜好，他們就不會生糙皮病了。

感恩節火雞，加咖哩才好吃？

　　記得那位不好意思承認貝果和燻鮭魚味道平淡的「印度之珠」服務生嗎？不是只有他這樣認為，舉例來說，如果你到印度裔美國人的家裡過感恩節，可能會發現火雞稍微加了一些咖哩調味，或先用優格和窯烤香料滷過一晚，才整隻送進爐子烘烤。與火雞搭配的蔓越莓醬可能不太一樣，帶有一絲青辣椒的刺激辛味，或撒上了口感質樸的烘烤孜然籽；肉汁則可能因為加入番紅花而散發金黃色的光澤、帶有明顯的番紅花香氣，或者比平常加入更多的黑胡椒。而且不是只有印度裔美國人這麼做，如果你到墨西哥裔美國人家過感恩節，你可能會發現火雞搭配的是墨西哥玉米湯，以及來自美國國境之南的其他傳統料理。我們有個墨西哥裔的美國朋友曾說，有一次她的阿姨負責準備焗烤四季豆，但阿姨看過食譜後認為這道菜不對，便帶了一盤四季豆佐辣椒過來，讓一家子人開心得不得了。

　　不管是「羅斯與女兒們」的燻鮭魚，還是感恩節的火雞和四季豆，都沒有食物容易腐敗的危機。美國的食品供應鏈有充足的冷藏設備，也設有食品業的安全措施與規範，能將這類風險降至最低。來自溫暖地區的移民之所以不吃燻鮭魚，或是在火雞和醬汁加上香料，是因為他們已經形成這樣的喜好，也真心喜歡辛香料。這樣的口味在需要防範食源性疾病的文化中培養出來以後，即使遷移到沒有相同需求的文化地區，依然會保留下來。

　　我們稱此為**延滯效應**（lag）。延滯就像動物的痕跡性狀（vestigial

traits），例如人的尾椎或鯨魚的指骨，這些曾經有用的性狀已經失去意義了。會出現延滯效應是因為學習就像演化，並非發生於瞬間，正如一個人需要時間學會喜歡吃辛辣的食物、一個文化需要時間發展出偏辣的料理；相對地，捨棄所學，或發生動物行為學家所說的「消弱」，同樣需要時間。[11]

有時候，我們也會遇到對某個情境有用處的信念或喜好，在情境不符的狀況中依然延續下去，我們將此稱為**外溢效應**（spillover）。狗狗騎你的腿就是一種外溢效應，畢竟騎乘姿勢是有特定目的的動作，但騎人腿呢？根本沒有多大的意義。會發生外溢效應是因為學習就像演化，必須觸類旁通，把在某個情境習得的事物應用於其他的類似情境。雖然人們善於舉一反三，但無法總是做得很完美，有時候會衍生過頭，當人們要透過學習來內化某些信念和喜好的時候，尤其如此。

若想理解心理學和經濟學的實驗室實驗（laboratory experiment）結果，「外溢」這個概念非常有幫助。這類實驗會經過設計，在嚴格控制的實驗情境下進行。這麼做極為有用，能誘使人們在日常生活的喜好和信念外溢到實驗情境之中，方便我們記下許多有趣的古怪之處。（其實現在不太適合用「實驗室」實驗這個說法了，因為許多研究的實驗室其實是「亞馬遜土耳其機器人」〔Amazon Mechanical Turk〕網站，來自各地的人可以登入這個網站，穿著睡衣匿名回答問卷調查，賺點外快。）

請想想下面這個經典實驗：受試者兩兩一組玩**最後通牒賽局**（ultimatum game），主持人給其中一名受試者一點錢，例如十美元，

由他選擇要分給搭檔多少錢，搭檔再決定是否接受提議。如果接受，雙方都能留下各自那一筆錢；如果不接受，兩人什麼都拿不到。結束後，受試者分道揚鑣，再也不會見到彼此。由於他們都是網路上的陌生人，因此不可能認出對方是誰，更不可能彼此溝通。

在最後通牒賽局中，五五分帳非常常見，這點並不令人意外。不過，第一名受試者給得太少（例如只給一、兩美元），導致搭檔拒絕接受，這種狀況也很常見。這也滿合乎直覺的，而且很合理，畢竟正義感告訴我們不能任人踐踏，倘若遇到糟糕的對待，必須加以反擊（參見第 14 章）。實驗一如預期，非常順利：正義感順利外溢到這場一點也不重要的小小賽局裡了。

等等，好像哪裡怪怪的！既然實驗人員非常謹慎，將其設計成匿名實驗，就連實驗人員自己都無法辨識受試者是誰，也就沒有人可以知道哪些受試者好欺負、願意接受過低的報酬，那麼義憤填膺有什麼用？如果受試者是理性的，少拿總比沒有好，應該要按捺怒氣收下微薄的報酬才對，但他們沒有這麼做，這是否意味著正義感沒有我們聲稱「不讓自己受人欺壓」的效果？我們認為並非如此。這樣推斷就好比根據犬隻有時會對著人腿做騎乘動作，而認定犬隻的性慾演化與生殖無關。我們認為正確的解釋在於，我們的正義感並沒有完美對應到各種情況下的具體細節。由於完全匿名的實驗室環境並非尋常情境，加上學習過程會發生延滯和外溢，無法百分之百對應也就不令人意外了。

◆

　　下一章，我們再說明一些關鍵概念，這些概念將幫助我們深入
了解如何運用、詮釋賽局。

3

找出隱藏賽局的三種視角

　　這一章要介紹三種實用的區別，它們可以清楚說明，我們究竟想要透過賽局獲得怎樣的解釋。這三種區別會出現是因為學習和演化在我們的分析裡扮演了重要角色。

愛吃是天性，至於愛錢……

　　我們一般談到動物的學習行為時，會區分主要獎勵和次要獎勵。比方說，食物是一種主要獎勵，沒有動物會演化成不喜歡食物。你不太可能讓動物再也不喜歡吃東西，這很合理，不然如果動物能夠輕易學會不愛吃東西，將面臨餓死的危機。史金納讓我們知道，食物這一類的主要獎勵是訓練師調教動物的主要工具。

　　動物訓練師當然還有其他工具，例如：聲調（好乖！）、撫摸、揉肚子、響片、吹口哨，問題在於很多動物並非一開始就對這些工具起反應。訓練師必須先讓口頭指令、揉肚子、口哨聲與食物產生連結，適當的連結一旦建立，即使沒有零食，動物也學會喜歡聽見訓練師說「好乖」，或讓訓練師「揉肚子」。接著，訓練師就能用

這些工具強化希望動物做出的行為。口頭指令、揉肚、口哨都是次
要獎勵的例子,動物對這些次要獎勵的喜好並非演化而來,但可以
透過學習而形成;動物也可以在次要獎勵與主要獎勵的關聯性長久
消失(稱為「消弱」)之後,學會停止喜歡次要獎勵。動物訓練師
會小心分辨主要獎勵和次要獎勵,並讓兩者有所關聯,以免關聯性
被消弱。

　　主要獎勵和次要獎勵也可以運用在人類身上。人類演化成喜歡
某些事物,而且無法輕易經由學習去停止這些喜好。顯然,食物是
其一,健康也是;另外還有舒適和安全感、時間和努力、信任,或
至少伴隨信任而來的資源和人脈等,而聲望、權力和性愛也都是可
能的選項。

　　此外,還有其他許多事物也受到人們普遍喜歡與熱切追求,例
如:郵票、抽象藝術作品、職場頭銜、童年記憶中的某一種香料配方。
可是,沒有人是經由演化喜歡上它們,而是透過學習。這些事物和
主要獎勵產生了關聯,就像揉肚子和口哨聲,都是次要獎勵。雖然
我們發自內心喜歡,卻能在一段時間過後停止喜歡。

　　在分析的過程中要謹記一點:我們試著去理解人們的興趣(例
如對集郵的執著),所用的方法是挖掘塑造出這些興趣的主要獎勵。
但唯有銘記在這些賽局中,參與者可以獲得的報酬並非人們習得的
偏好(次要獎勵),而是人們打從一開始就想得到的主要獎勵,賽
局理論才能幫助我們揭曉主要獎勵如何塑造出這些興趣。強調主要
獎勵與次要獎勵的差異,原因即在於此。

　　繼續討論之前,我們要先列出幾點問題,幫助你分辨主要獎勵。

若要知道某樣事物是不是主要獎勵，你可以這樣想一想：

■ 是不是人們普遍喜歡的事物？

食物和性愛普遍受人喜歡，而辛香料、高濃度巧克力和畢卡索的畫作〈格爾尼卡〉（*Guernica*）則沒有那麼廣受歡迎。如果那不是每一個人都喜歡的事物，愛好者可能是經由學習才喜歡上的，那它就不是主要獎勵。

■ 是不是經由學習喜歡的事物？

小嬰兒要經過訓練才會漸漸喜歡上辛辣的料理。[1] 我們也可以從這裡知道，辛辣的食物並不是主要獎勵。相對地，喜歡或享受健康狀態並不需要學習，這類事物更有可能是主要獎勵。

■ 能透過反向學習忘記嗎？

愛上吃辣以後，食物口味可能就不容易改變，但即使你無辣不歡，在海外生活多年後再回到家鄉，也會感覺家鄉的食物比記憶中更辣。對西洋棋和圍棋的愛好呢？如果有人開始說你棋藝其實沒那麼好，或下棋只是浪費時間，是不是有可能讓你學會不再喜歡西洋棋或圍棋？相對地，要學會停止喜歡性愛、高油脂食物或良好的名聲非常困難。由此可知，後者才是主要獎勵。

■ 從演化上來說合理嗎？

演化始終只會教給我們與生存、繁衍相關的主要獎勵。食物、

安全庇護、社交關係一直以來都是人類生存與繁衍不可或缺的要素，正說明了對這些事物的喜好是一種本能。那想要將歡樂散播給世界，或推動種族平等呢？演化為什麼使人渴望運用資源，幫助位於遙遠國度的人？不，這不是演化的作用。幫助遙遠國度的人通常無法帶給我們太大的好處，但在適當的條件下，我們絕對可以學會這麼做。

■ 是不是有可能改變？

如果有人需要幫助，你會不會伸出援手？這可能會受到一些因素影響，例如：會不會被看見、助人是不是社會常態、有沒有看似合理的藉口讓你可以不必去幫助別人。從這些線索可以知道，助人本身並非主要獎勵，它更像是一種用來達成其他目的的手段。（第 7 章和第 8 章將探討這些目的。）

現在，我們對於主要獎勵是什麼、如何辨別主要獎勵已經有些概念，也該來強調一下主要獎勵不等於哪些事物了。

■ 適應度

雖然過去演化曾將主要獎勵和生物的適應度（fitness）連在一起，但現在主要獎勵不一定和適應度有關。人類演化成會去追求性愛、身分地位、資源，也演化出學習過程來幫助自己達到目的，即使性愛、身分地位、資源不再與生存或繁衍實際相關，我們仍然會追求這些事物。

即使有節育措施，我們還是會從事性行為；即使身分地位不會幫我們吸引到更多配偶（因為性生活不再活躍或忠於單一配偶），

我們仍然嚮往更高的身分地位；我們也追求財富，而現在有錢人生的子女數通常比較少。主要獎勵與適應度有**悠久的**連結，逐步發展成形，但現在兩者已不能完全畫上等號。

■ 意識目標

　　主要獎勵也不等於我們有意識追求的目標，包括集郵、成為西洋棋高手、精通藝術史、打造酒藏豐富的酒窖、讓世界更美好。我們認為這些事物大多該被理解為次要獎勵，因為人們並非天生喜歡，而是與主要獎勵有關才學會喜歡的。例如，熱情並非主要獎勵，而是次要獎勵。

　　當然，有時候我們也會有意識地追求主要獎勵，像是肚子餓了，可能會有意識地去找東西吃。嗯……有時候我們也會有意識地尋找性伴侶。所以，我們不能單用「有意識地追求」去認定某件事物不是主要獎勵，而是只能說明「不一定」是主要獎勵。

■ 心理獎勵

　　捐錢做好事的暖洋洋感受，或信念與行動不一致的失調感覺，就像有意識追求的目標，往往經由學習而來，而且與情境高度相關。

　　本書主要透過主要獎勵去解釋這個心理報償的由來，以及這個心理報償為何會帶有某些奇異的特色。不過我們只會解釋，不會將心理報償用於賽局的計算。本書和一般讀者熟悉的社會心理學、行為經濟學的著作不同——例如丹・艾瑞利（Dan Ariely）的著作《誰說人是理性的！》（*Predictably Irrational*）。我們要從這些領域的研

究專家偷來許多十分有趣的謎題，只不過，我們要解答的並非謎題本身，而是藉由探討這些現象找出解釋。

■ 金錢誘因

最後，大部分的人提到誘因時指的都是金錢，但主要獎勵不等同於金錢。我們的意思不是金錢誘因不重要或不具力量，如果你讀過史帝文・李維特（Steven Levitt）和史帝芬・杜伯納（Stephen Dubner）合著的《蘋果橘子經濟學》（*Freakonomics*），那麼你已經見識過探查、挖掘金錢誘因的作用後，可以解釋：

相撲選手為何假裝被更需要勝利的對手打敗？因為對手提議瓜分獎金。

老師為何誇大學生的考試成績？為了避免被扣薪。

房屋仲介為何急著賣掉別人的房子，卻在賣自己的房子時左等右等？因為身為屋主拿的是售屋的整筆款項，不只是一小部分佣金，所以墊高出價比較重要。

但在金錢誘因之外，還有許多令我們感興趣的其他誘因，例如信任、聲望或戀愛對象。這一類主要獎勵塑造喜好、信念時，我們多半意識不到。雖然相撲選手和房屋仲介通常很可能只注意金錢誘因，但我們可以推斷這並非人們在乎的唯一誘因，原因在於：金錢誘因有時會引起反效果。

尤里・葛尼奇（Uri Gneezy）和阿爾多・魯斯提契尼（Aldo Rustichini）與一間以色列幼兒園合作，研究如何嚇阻家長來接小孩的時候遲到，卻發現規定要罰錢之後，家長晚接小孩的情形更勝以

往。聽起來似乎有些矛盾，畢竟罰款提高了遲到的金錢成本，而經濟學模型全都告訴你，價格上升、需求下降（遲接小孩）；但推測時只看價格裡的金錢成本是錯的，也因此出現了矛盾。葛尼奇和魯斯提契尼指出事情完全不是那麼一回事：遲到其實還要付出「受社會譴責」的成本，但是當學校規定遲到要罰錢之後，受社會譴責的成本下降了。

同樣地，將誘因的定義擴大到金錢以外的其他主要獎勵，可以解釋其他看似矛盾的現象，例如有時候不領薪水反而工作更認真，或如果不是拿錢說話，會讓人更相信自己講的事情。[2]

終極解釋，「為什麼」的終點

到 Google 網頁搜尋「費曼談磁鐵」[*]，你會找到一支影片。影片中，有一個人正在訪問知名物理學家理查·費曼（Richard Feynman）。他問費曼兩個磁鐵為什麼會互斥，卻意外聽了一堂關於「為什麼」的課。[3]費曼這樣告訴他：

當你問某件事為什麼發生，對方要如何回答你？舉例來說，米妮阿姨人在醫院。為什麼？她出了門，在冰上滑了一跤，摔斷髖骨。大家聽到這個答案就夠了……但從其他星球過來、對這裡一無所知的人聽了還是不明白……如果你問：「她為什麼會在冰上滑倒？」

---

* 這裡原文是「Richard Feynman magnets」，搜尋 Richard Feynman magnets 和「費曼談磁鐵」都可以找到這支影片。

這個嘛，冰很滑，這是每個人都知道的事，沒問題。但你又問：「冰為什麼很滑？」這就令人好奇了。

費曼沒有就此打住，他繼續解釋固態的冰為什麼很奇怪、會滑，然後又提出一些其他問題，最後才承認自己有點討人厭。

我沒有回答你的問題，而是告訴你為什麼這個問題很難回答……「為什麼她沒踩穩會跌倒？」這跟重力有關，要談到所有行星和一切相關的事。就這樣吧！講也講不完的。

好啦、好啦，我們懂了。關於為什麼的問題，可以給出許多不一樣的答案。應該回答哪一種答案，取決於我們想要知道什麼，又或者，如費曼後面談到，取決於我們要分析得多深。如果你問米妮阿姨為什麼滑倒，你想知道的可能是冰變滑的壓力作用原理，也有可能是米妮阿姨的行為動機，像是她為什麼要在地面冰凍的時候出門。同樣地，如果我們問印度之珠餐廳的服務生為什麼不吃貝果，而選擇吃巴爾蒂咖哩，其中一種可能的答案是貝果淡而無味，巴爾蒂咖哩滋味無窮。但我們也可以給出前一章提到的答案：在服務生或他父母親的家鄉，香料有助於預防食源性疾病。

某些層次的分析可幫助我們歸類。著重於當事人作決定時，心裡的想法和感受，像是「淡而無味」或「滋味無窮」，這樣的解釋是一種「近似解釋」。至於我們在前一章探究這些想法和感受有什麼功能，這樣的解釋則是一種**功能解釋**（functional explanation），

有時也稱為**終極解釋**（ultimate explanation）。之所以這樣命名，不是因為你不能繼續追問原因，而是你曉得繼續追問的意義不大，就像我們本來就知道人們不希望吃出病來，所以在探詢人們為什麼喜歡香料時，沒必要追問那個問題。

　　近似解釋和終極解釋的區別最早是由生物學家提出來的。孔雀的尾巴為什麼那麼長？近似解釋：雌孔雀覺得尾巴愈長愈有吸引力。可是雌孔雀為什麼演化成覺得長尾巴很有吸引力呢？長尾巴又有什麼功用？嗯，抱歉了，答案留待第 6 章揭曉。

　　生物學家通常都很清楚，不要停留在「雌孔雀受長尾巴吸引」這樣的近似解釋，他們自然而然會探究得更深一層，嘗試挖掘功能解釋。當然，近似解釋有時很有趣，也是事情的一環，但那永遠不會是終點，也絕對不是令人滿意的最後答案。

　　近似解釋確實自然而然，信手就能拈來，但我們會和生物學家一樣發現，在得到近似解釋後多深究一些，著重於尋找功能解釋，助益無窮。當我們問：「美洲原住民為什麼要先用鹼水浸泡再煮玉米？」我們不會停留在「那樣比較好吃」、「我們一直都是這樣煮的」這一類近似解釋，而是聚焦於功能解釋：「因為這樣能提高玉米的營養價值。」同樣地，第 6 章討論人們為什麼覺得馬賽克藝術、花園造景和勞力士手錶這類炫耀性奢侈品很有吸引力時，我們不會只回答「因為它們很好看」，而是要試著揭曉，讓我們覺得這些物品好看可以達成什麼功效。第 11 章討論人們為什麼對亂丟垃圾反感時，我們一樣不會只回答「因為那樣不對」，而是要問這類信念可能具有什麼樣的功能。沒錯，你已經抓到概念了！

學著像局外人一樣解釋現象

還有一種區別派得上用場。2017 年，《星艦迷航記》推出〈發現號〉（*Discovery*），這是 1966 年原初系列（the original series，星艦迷稱其為 TOS）發行以來的第七部星艦影集。這 51 年來世界變了很多，1966 年的時候，美國人家裡的電視十之八九是黑白的，而劇情大片、電視影集尚未使用電腦繪圖技術；還要再過十幾年，才有像《星際大戰》和《異形》這類仰賴電腦合成影像技術的電影，製作預算後來也提高非常多。拍攝原初系列時，由於預算吃緊，影集裡的外星人大反派克林貢人是用鞋油做出來的。這可不是開玩笑，實際上克林貢人之所以在影集中成為主要反派角色，就是因為比起另一個外星人反派角色「羅慕倫人」，他們的特效妝成本低很多，化起妝來也省時不少。

當然，一年一年過去，《星艦迷航記》的製作預算增加了，拍攝布景、作戰場景和演員妝容也都進步了。拜電腦成像繪圖所賜，影集中的星艦用了更多全像顯示儀這類更吸睛的科技設備。克林貢人的外形大幅轉變，鞋油做的造型退場，多了高聳的前額和凌亂的牙齒；羅慕倫人的外形也有了變化。影集中隨處可見到諸如此類的轉變。

雖然這些變化顯然是科技進步和預算增加的結果，但製作人和影迷經常有自己的詮釋，他們會針對「星艦宇宙」給出一個說法，讓《星艦迷航記》能夠前後一致。原初系列之後，克林貢人的額頭為什麼會隆起？因為他們被病毒感染了。為什麼星艦的艦橋設計不一樣了？因為星艦採組合式設計，艦橋受損或需要升級的時候可以

更換。為什麼《發現號》是原初系列的前傳，裡面的科技卻比原初系列的星艦更高級？因為全像設備在被證實不可靠後全數移除了。一名星艦迷這樣自行詮釋最後這個問題：

〈冥河之歐寶〉（An Obol for Charon）這一集討論維修企業號的時候，大家發現全像通訊系統的問題很大。派克〔艦長〕要工程師把這套系統整個拿掉，回復到以前的 2D 顯示螢幕。這或許也能解釋企業號艦橋上的螢幕為什麼是 2D 的，而且比較小。這可能是設備整修的關係，雖然是臨時應急，但之後就這樣沿用下去了。[4]

雖然為星艦宇宙想出合理的解釋很有趣，但不論星艦迷用多麼聰明的理由來解釋企業號科技倒退的事，最真確的理由依然是：從影集原初系列到《發現號》的 50 年來，電腦合成影像的技術更進步，拍攝預算也增加了。沒有人會真的認為圈內人的詮釋才是真正的理由。

當我們談到人們如何詮釋自己的行為，也會遇到類似的情形。舉例來說，如果你問猶太人頭上為什麼要戴小小圓圓的「奇帕帽」（kippah），客觀的非猶太教徒會這樣解釋：因為 850 年的阿拔斯王朝、1215 年的天主教宗、1577 年以後的鄂圖曼帝國，規定猶太人必須配戴特殊頭飾，後來猶太教的拉比規定，即使再也沒有人強迫猶太人配戴頭飾，嚴守律法的猶太人也應該要戴著奇帕帽。不過，猶太人自己通常不會這樣解釋。猶太教正統派分支「哈巴德派」（Chabad）在網站 chabad.org 是這麼說的：

戴奇帕帽的傳統並不是來自任何經文的規定。這是一種習慣做法，代表我們認同「頭上」有某個人正在看著我們的一舉一動。

《塔木德》提到，占星師告訴一名女子，她的兒子注定會變成小偷。為了不讓這件事發生，女子堅持兒子必須時時刻刻遮住頭部，不要忘了神[*]的存在，並灌輸兒子要敬畏上天的想法。某一天，當女子的兒子坐在棕櫚樹下，用來遮住頭部的東西掉了，他突然萌生出一股想從樹上摘水果吃的渴望，但樹上的水果並不屬於他。於是他了解到，奇帕帽戴在頭上效果強大。[5]

人類學家給了這類解釋一個名字：**主位**（emic）解釋。主位解釋來自文化的深度參與者，而非客觀的旁觀者。人類學家將旁觀者的解釋稱為**客位解釋**（etic）[**]。

關於本書要探討的諸多問題，許多人的心中早已有了屬於主位解釋的答案，一如猶太人自有一套對奇帕帽的解釋那樣。例如，新教徒為什麼不追隨教宗？以下是新教徒自己對這個問題的一些主位解釋：[6]

「世界上沒有完美的人，至少我不認識這樣的人，教宗也不完

---

[*] 譯註：原文為「G-d」。猶太人為了尊敬造物主，會避免寫出造物主的全稱，因此在英文中將「God」寫成「G-d」。

[**] 譯註：emic 的 KK 音標為 /'iːmɪk/，etic 的 KK 音標為 /'etɪk/，兩個字看起來很像，但首字母發音不同。

美。但我聽說，他很優秀。」

「最簡單的解釋就是，天主教徒相信他們和上帝之間需要一個中間人，但新教徒不相信。」

「教宗的權威基礎其實出人意料地非常不明確。」

詩人為什麼要限制自己寫符合抑揚五步格的詩？其中一個主位解釋是：「抑揚五步格模仿人類心臟跳動的節律。」如果你讀過洛克（John Locke）的著作，你已經有了關於權利的主位解釋；如果你是自命不凡的葡萄酒行家，你已經有了關於美學是什麼的主位解釋；至於利他精神和道德，每個人都有這方面的主位解釋。

在這本書裡，我們要放下熟悉的主位解釋。我們也許會探問為什麼新教徒、詩人、洛克、自命不凡的葡萄酒行家會說出他們各自的主位解釋，但對我們來說，他們的說明就跟星艦迷提出的主位解釋一樣，不會是「真正的」解答。

◆

總而言之，這就是我們的目標：運用賽局理論去解釋我們好奇的種種社會之謎。只不過，賽局經常隱而不現，我們要從學習和演化的角度出發才能成功解析出來。我們將著眼於主要獎勵，而不是次要獎勵；我們運用賽局理論挖掘出來的解釋都會是終極解釋、客位解釋，而不是近似解釋、主位解釋。

下一章，我們終於要運用賽局理論了，但我們還不會討論非理

性的人類行為。下一章的內容既與人類無關，也與行為無關，我們
要討論的是動物的性別比，也就是某個物種中，雄性與雌性的比率。
那怎麼會跟……別想了，讀下去，你就知道了。

4

動物出生時，
雌雄為什麼一比一？

　　1871 年，震撼全世界的《物種起源》（*On the Origin of Species*）問世後 12 年，達爾文出版了第二本書《人類的由來及性選擇》（*The Descent of Man and Selection in Relation to Sex*）。他在這本新作的前半探討人類的由來，並指出人類其實和猿類擁有共同的祖先。現代的讀者大多把這項知識視為理所當然，不過達爾文那個年代的人對此有所質疑。《人類的由來及性選擇》後半則是探討性別相關的問題，例如：一開始為什麼會有性別之差？有沒有哪些是常見的性別差異？以及，為什麼會出現這些差異？可想見，達爾文提出了這些問題，是想要從演化的角度加以解釋。

　　甫進入後半部，達爾文就開始大篇幅討論「不同綱的動物的雌雄比例」，也就是物種中雄性對雌性是幾比幾，現在多半簡稱為物種的「性別比」。達爾文這樣起頭：「就我所知，目前還沒有人留意過整個動物界裡兩個性別的相對數量。我要在此提供我所能蒐集

到的資料，不過這些資料的完整度仍差強人意。」[1]

達爾文從討論人類的性別比開始，娓娓道來：「在英國，從
1857 年到 1866 年，這十年之間，平均每年有 707,120 名嬰兒順利誕
生，男女比例為 104.5 比 100；但 1857 年全英國的男女嬰出生比例
為 105.2 比 100，1865 年是 104.0 比 100。」接著他探討英國各地區、
法國，以及基督教徒與猶太人的性別比。不論是何種情況，最後都
得出性別比非常接近 1 比 1 的結論。

接下來達爾文討論賽馬：「熱心的特蓋邁爾先生替我從『賽期
表』蒐集資料，將 20 年來（即 1846 年至 1867 年）出生的賽馬資
料製作成表，其中 1849 年未公布資料，略過不計。賽馬出生總數為
25,560 匹，包括 12,763 匹公馬，以及 12,797 匹母馬，即公母比 99.7
比 100。由於數據量相當大，而且資料橫跨數年、取自英國各地，因
此我們可以信心十足地作出以下結論：關於人類馴養的馬（或至少
賽馬），公母的出生數量幾乎相等。」

他也探討了狗、綿羊、牛、鳥、昆蟲的性別比，其中關於蛾的
部分特別有意思，他有一張表格列出英國各地的朋友為他計算的雌
雄數目，上頭包含如下記錄：「1868 年間，艾希特的赫林斯牧師飼
養 73 種成蟲，包括 153 隻雄性與 137 隻雌性。1868 年間艾瑟姆的艾
伯特‧瓊斯先生飼養 9 種成蟲，包括 159 隻雄性與 126 隻雌性。」
達爾文發現，幾乎每一種動物的性別比都非常接近 1 比 1。

那麼，為什麼動物的出生性別比會接近 1 比 1 呢？

有時候，有些觀念錯誤的高中生物老師會好意指出，答案是：
1 比 1 的性別比可確保雄性與雌性動物在性成熟後，都能分別找到交

配對象。在強調單一配偶制的社會裡，這個答案很符合直覺，但只要稍加檢視即知有誤。

首先，幾乎每一個物種在每一個年齡層，雄性都比雌性更容易死亡，因此動物在交配年齡的性別比是失衡的。如羅伯特・崔弗斯（Robert Trivers）在 1976 年的文章所言：「比起雌性，雄性的死亡率顯然通常較高。資料涵蓋蜻蜓、家蠅、某些蜥蜴和許許多多的哺乳動物。」人類也是如此，達爾文寫道：「出生後的前四到五年，男童的死亡率也比女童高；舉例來說，在英國，出生第一年，每 100 名女童死亡，就有 126 名男童死亡；在法國，這個比例差距更懸殊。」

除此之外，物種並非全數遵循單一配偶制。有些物種可以有非常多個伴侶，例如一頭雄性象鼻海豹通常會與十多頭雌性交配；[2] 其他物種確實會對伴侶忠誠，例如海雀、老鷹、胡狼乃至某些魚類，有時甚至如生物學家喜歡說的，會終生忠於一個伴侶。[3] 假如前述生物老師的答案是對的，那就意味著象鼻海豹的出生性別比會比較低，也就是雄性對雌性的數量較少，但事實並非如此，象鼻海豹、鸚鵡、企鵝的出生性別比都大致落在 1 比 1，和達爾文研究的馬匹和蛾一樣，也和我們人類一樣（留下許多沒伴的男性）。事實上，達爾文本人探討過這一點，他寫道：「就人類而言，一夫多妻制被認為應該會導致女嬰的出生比率較高，但坎貝爾博士針對暹羅的妻妾進行詳細研究，結論是其男女出生比率與一夫一妻制的情況一樣。幾乎沒有動物能像英國賽馬有那麼多的交配對象，但我們隨即會看到，英國賽馬的公母後代在數量上幾乎相同。」

撇除生物老師的答案，我們可以改聽偉大的統計學和生物學家

羅納德・費雪（Ronald Fisher）怎麼說（很遺憾，他也是一名優生學家），這個答案被譽為「演化生物學最著名的論點」，讓他廣受肯定。[4] 最了不起的一點呢，就是這個答案來自不折不扣的賽局分析，雖然賽局理論還要經過很久才會發展出來。

從直覺來看，唯有當性別比維持在 1 比 1，才不會讓親代預期生下某個性別的後代會有較多子孫，如此一來，親代才會接受後代出生性別比為一半一半的隨機比率。讓我們進一步看看這個現象為何站得住腳，又如何立論成形。

費雪的賽局母體包含兩種參與者：雄性與雌性。母體總數並不重要，但為了更具體一些，你可以想像共有 100 個參與者，而且每個世代的母體總數不變。我們關心的是母體的性別比，別忘了，性別比的定義是雄性對雌性的比例，因此，假設費雪賽局的母體有 75 個雄性、25 個雌性，性別比就是 3 比 1；假設有 25 個雄性、75 個雌性，性別比就是 1 比 3。那麼，如果有 33 個雄性，67 個雌性呢？此時，性別比是 1 比 2。

任何一個賽局都要先說明參與者可以採取的行動。在費雪的賽局裡，參與者可以選擇後代的性別。現實生活中的動物當然無法真的選擇後代的性別，但姑且容許我們這樣假定。

接下來，我們要說明參與者可以獲得的報酬。在費雪的賽局裡，最簡單的方法就是將參與者的子孫數視為報酬，也就是參與者的子女可以生出多少後代。講白一點，子孫愈多愈好。

最後，我們要作三個假設。第一、雄性與雌性後代的出生成本相同；第二、只跟非同族系的對象交配，不會近親繁殖；第三、每

個雄性和每個雌性獲選成為伴侶的機率一樣。有了這三點假設，我們就能將討論聚焦在雄性與雌性預期繁衍的子孫數。這些假設當然不見得都符合實際情況，但以此為基礎，我們將能了解這項分析可以應用的範圍。之後，我們會再檢視當這些假設不成立時會發生什麼事，這麼做能讓我們獲益良多。

我們已經蓄勢待發，快來分析費雪的賽局吧。先檢驗在特定的性別比之下，參與者選擇多生某個性別的後代會不會比較好。為此，我們需要計算兩種性別的參與者可以有多少子孫輩。

舉例來說，如果我們選定 1 比 3 的性別比，而母體總數為 100，那就代表有 25 個雄性、75 個雌性。由於母體總數不會增加，所以雄性整體來說將有 100 個後代，平均每個雄性有 4 個後代。那雌性呢？雌性也有 100 個後代，等同於雄性的那 100 個後代，但因為雌性數量較多，用 100 除以 75，每個雌性只有 1.33 個後代。因此，在性別比為 1 比 3 的情況下，費雪賽局裡選擇生下雄性後代對參與者來說比較有利，因為平均來看，生下雄性後代所能擁有的子孫數，將是生下雌性後代的 3 倍。

我們可以套用任何性別比下去計算。舉例來說，當性別比是 1 比 2，生雄性後代所能繁衍的子孫數，將是生雌性後代的 2 倍。差距雖然不如剛才那麼大，但還是比生雌性後代好，因此參與者仍然會選擇生下雄性後代。當性別比是 1 比 1.5，生雄性後代，子孫數會是生雌性後代的 1.5 倍，仍然比較好。我們可以像這樣一直推導下去，只要性別比低於 1 比 1，就代表雄性較少見，此時生下雄性後代就是較佳選項。

那如果是雌性比較少呢？假設性別比變成 1.5 比 1。現在，生雌性後代，子孫數會是生雄性後代的 1.5 倍，所以生雌性後代比較好。當比例提高到 2 比 1，生雌性後代所能繁衍的子孫數將是生雄性後代的 2 倍；3 比 1 時，差距拉大到 3 倍。因此，只要性別比大於 1 比 1，生雌性後代就是較佳選項。換言之，生數量較少的性別，始終較佳。

那性別比 1 比 1 的時候呢？此時，生雄性和生雌性後代所能得到的子孫數目一樣：50 個雄性可得 100 個後代，平均每個雄性有 2 個後代；50 個雌性可得 100 個後代，一樣平均每個雌性有 2 個後代。如此一來，不論生雄性或生雌性，都沒有優勢。

敵不動我不動，達到納許均衡

賽局理論最重要的概念就是**納許均衡**（Nash equilibrium），這是由數學家約翰・納許（John Nash）提出的概念。內容不盡正確的電影《美麗境界》（*A Beautiful Mind*），描述的就是納許的生平。

在納許均衡下，每一名賽局參與者都會考量其他參與者的行動，再選擇自己的最佳策略。如果在其他人不改變策略的情況下，有任何一名參與者可以藉著改變自己當前的策略來獲益，那麼他們就不是位在納許均衡點上。相對地，如果沒有參與者可以透過單方面改變自身當前的策略來獲益，恭喜，達到納許均衡了。

請注意，這個定義的前提是參與者會選擇最佳行動。但這個定義牽涉的更複雜一點，因為每個人都會以一種不斷自我重複、自我參照的方式，根據對手選定的策略為何，作出對自己最有利的選擇，而其他人也同樣會這麼做。乍聽之下或許有點怪，但納許均衡的威

力正是來自這個前提，當你跟著本書一再運用納許均衡之後，就會明白這一點。

　　我們分析性別比時，運用的就是納許均衡，而前述賽局裡唯一的納許均衡點會落在 1 比 1 的性別比。剛才我們按部就班，先探討其他可能的性別比為何不是納許均衡，再證明 1 比 1 才是納許均衡，這也是本書會一再運用的分析方法。

　　這裡再簡單說一次剛才的論述。首先，假設性別比低於 1 比 1，這就代表雌性較多。此時，親代可透過改變策略擁有更多子孫：牠們會想生下比現在更多的雄性後代。若性別比高於 1 比 1，也會發生同樣的狀況：親代同樣可以透過改變策略獲益，只不過這一次變成生下較多雌性後代才比較有利。唯有在性別比 1 比 1 的情況下，親代才無法透過改變原先的選擇獲益。因此，1 比 1 就是「唯一」的納許均衡。

演化，把大家推向納許均衡

　　目前為止，費雪賽局的參與者彷彿是有意識地選擇後代性別，但我們都曉得事情並非如此，是演化替參與者作出選擇。費雪的前輩達爾文這樣描述演化的過程：

　　現在我們來討論一種情況：基於某種不知名原因，導致物種生出較多某個性別的後代，例如雄性。……此時雄性和雌性能不能透過天擇達到相等？由於生物的特徵都是可以改變的，由這點來看，我們可以相當確定某些配對組合會比其他組合生出「雄雌差距小一

些」的後代群體。

換句話說，不同父母生出的後代自然在性別比上會有所差異，而某些父母正巧會生出更多占比較低的性別。在達爾文的例子裡正好是雌性，他說那些父母比較幸運，因為平均而言，牠們會有更多子孫：

假設後代的實際數目維持不變，前者會生出較多雌性，繁殖力因此較高。根據機率法則，繁殖力較高的父母所生的後代，存活下來的數目會較多，從而使得整體趨勢轉為生出較多雌性、較少雄性。因此，雄性與雌性的數目將趨向一致。

演化持續推動最佳化的過程會使母體達到 1 比 1 的納許均衡。怎麼辦到的？因為幸運的父母不僅會繁衍出較多子孫，牠們的子孫也更有可能是雌性，而且每一個子孫生下雌性後代的機率也比較高。隨著時間過去，雌性就不會比雄性少那麼多，使性別比逐漸下降到 1 比 1。相反地，如果一開始性別比低於 1 比 1，雄性比雌性少，同樣會有類似機制發揮作用。這時候，生下較多雄性後代的父母比較幸運，會繁衍較多子孫，並將「繁衍較多雄性後代」的傾向傳遞下去。一段時間過去，雄性增加，性別比又上升到 1 比 1。

只有在性別比是 1 比 1 的時候，情況才達到穩定。此時，父母生下較多的雌性或生下較多的雄性後代，都不會得利，也不會吃虧。即使性別比偶然改變，變化也只是短暫的，因為傾向「生下更多少

數性別的後代」的父母很快就會瓜瓞綿綿，把性別比拉回 1 比 1。難怪達爾文發現，不論觀察對象是什麼，性別比都是 1 比 1。

從這裡開始，我們後續檢視每一種賽局時，目標都是找出納許均衡（有時納許均衡不止一個），此時所有參與者都不會再改變自己的選擇，因為沒有人能透過單方面偏離當前態勢來獲益。

尋找納許均衡的過程有一項重要假設：參與者會選擇最佳化的行動。亦即，在對手選定行動的情況下，如果參與者當下的選擇並非最佳策略，他就會改弦易轍；如果他作的是當前的最佳選擇，則不會改變。不過，正如前幾章所說，這並不代表參與者「有意識地」作出最佳選擇。費雪賽局的「參與者」也可以是賽馬、狗、綿羊、牛、鳥或昆蟲，而牠們不可能有意識地作最佳化的選擇，更不用說選擇後代的性別比。在這些情況下，是演化在牠們背後推動著最佳化的進程。

檢驗模型的好方法：拿掉假設

要怎麼知道我們建立的賽局模型是對的呢？想要證明賽局模型有用，最好的方法就是拿掉假設，看一看會發生什麼事。你也許還記得費雪模型有三大假設，讓我們一一拿掉試看看。

第一項要拋開的假設是：雄性與雌性後代的出生成本相同。這代表在均衡狀態下，雄性與雌性會生出同樣多的子孫。我們已經知道，這件事只會在性別比 1 比 1 的時候發生，但如果雌性後代的出生成本是雄性的兩倍呢？這個嘛，出生成本高昂的雌性需要繁衍兩

倍的子孫數，才能使生出雌性的父母獲得足夠的好處，而雌性要能繁衍兩倍的子孫數，則性別比必須是 2 比 1。如果雌性的出生成本是雄性的三倍呢？此時雌性需要繁衍三倍的子孫數，而這會發生在性別比為 3 比 1 的時候。如果成本只有一半呢？性別比要是 1 比 2。其他以此類推。

生物學家羅伯特‧崔弗斯和霍普‧海爾（Hope Hare）最先想到「雄性與雌性後代出生成本相同」的假設可用來預測性別比，所以這個假設是模型的特點，不是缺陷。[5] 而費雪的模型還提供了更細緻的預測功能，能將生育雄性與雌性後代的相對成本和性別比繫在一起，而非單純預測性別比總是趨向 1 比 1。

崔弗斯和海爾知道，有一些螞蟻種類的雌性出生時體型比雄性大得多，繁衍雌蟻的成本比較高。這些螞蟻種類是否證明了 1 比 1 的性別比規則有例外，並且如模型所預測，會有比較高的性別比？崔弗斯和海爾前往野外尋找答案。他們從大約 20 幾種螞蟻中蒐集第一次離巢交配飛行的雄蟻和蟻后，先謹慎去除未參與後代繁衍的蟻隻，再鑑定螞蟻的性別、計算數量，以取得螞蟻的性別比。除此之外，他們還將螞蟻乾燥、測量體重，藉此粗略估算雌蟻、雄蟻的養育成本，他們再將結果繪製成圖，果然從中看出明顯趨勢。當雄蟻和雌蟻的乾重比為 1 比 1 時，性別比也約為 1 比 1，但如果是雌性較重的螞蟻種類，性別比會提高到 2 比 1、3 比 1、5 比 1，其中一個種類的性別比甚至高達 8 比 1。

如崔弗斯和海爾所預料，雌雄養育成本不同的例外證明了費雪的法則是對的。他們的實地調查為費雪的模型提供了最佳的證據支

持，因為只有費雪的模型預測到他們所發現的關聯性：關於性別比 1
比 1，其他解釋並沒有預測到這一層關聯。例如，回想一下那些立意
良好的生物老師會提出的解釋：不論出生成本為何，雄性和雌性會
在性成熟後兩兩配對，進行交配。倘若根據這個解釋來預測崔弗斯
和海爾所研究的昆蟲，性別比應該是 1 比 1。因此，他們倆提出的證
據令人更加懷疑天真的老師所說的解釋是否正確，也對其他無法預
測「後代生育成本」和「性別比」之間關聯性的解釋心存懷疑。

費雪模型的第二項假設是「只跟非同族系的對象交配」，也就
是同一家族的後代不會互相交配。將這項假設用於預測的人是生態
學家愛德華・赫爾（Edward Herre），他四處尋找近親交配的最佳例
子，發現了無花果小蜂（fig wasp）。[6] 我們可以從無花果小蜂的名
字猜到牠們會把卵下在無花果內，當蜂卵孵化後，一窩幼蟲會待在
無花果裡，直到長大成熟。進入交配期的無花果小蜂只能和果實內
的其他同類交配，在多數情況下，這意味著牠們得和兄弟姊妹近親
繁殖，毫無多樣性可言。

當後代近親交配時，父母如何盡可能增加子孫數目？是不是盡
可能有許多可以懷上後代的雌性，並由一、兩隻雄性替這些雌性受
精就夠了？也就是說，基本上要盡可能縮小性別比？事情真的是這
樣嗎？

這一次輪到赫爾到野外尋找樣本了。他從 13 種無花果小蜂物種
蒐集了一窩又一窩的幼蟲，果不其然，他發現只要是同一隻母蜂在
一個無花果內產下的卵，性別比就會非常低：大多落在 1 比 20 到 1
比 8 之間。父母確實盡可能縮小了後代的性別比。

有時候兩隻母蜂會在同一個無花果內產卵。在有兩個媽媽的幼蟲群裡，有些幼蟲得以和其他族系交配，有些幼蟲則近親交配。此時父母無法由降低後代性別比獲益，最佳性別比應該會落在「最小化的性別比」和「1 比 1」之間。果然，赫爾發現大部分有兩個媽媽的幼蟲群，性別比落在 1 比 7 到 1 比 5 中間，和 1 比 1 還差得很遠，但相較於只有一個媽媽的幼蟲群，性別比高很多了。這個發現再加上同一隻母蜂所生的幼蟲群的性別比，可說是替費雪的模型拿到了關鍵證據。這一次，除了費雪的模型之外，一樣沒有其他對性別比 1 比 1 的解釋能預測交配對象親疏與性別比的關聯。

第三項假設：每個雄性和每個雌性被選為伴侶的機率一樣。但這項假設並不實際，因為有些後代會在擇偶時占上風。其實某種程度上，父母也許能根據自己可以給後代多少資源或自己在擇偶時有多厲害，預測自身的後代能否在交配的競爭中勝出。

崔弗斯和丹·威勒德（Dan Willard）預測，這項假設可能也會影響父母對性別比的選擇。[7] 他們的論點是，比同輩更容易被選為交配對象，對雌性來說幫助有限，因為受制於生理機能，雌性能生育的後代數目往往有其上限。但另一方面，比同輩更容易被選為交配對象，對雄性來說極為有利：在大多數的物種中，成功的雄性會有很多很多的後代，而失利的雄性則一個後代都沒有。崔弗斯和威勒德推測：或許成功的父母會傾向繁衍雄性後代，而失利的父母則傾向繁衍雌性後代，以將各自的優勢發揮到極致？

其後，許多研究紛紛嘗試為我們現在所知的「崔弗斯—威勒德假說」（Trivers-Willard hypothesis）提供證據，雖然有的成功、有的

失敗，但綜合來看，支持這項假說的證據頗有說服力。我們已經知道，麋鹿、水牛、騾鹿、馴鹿、獐鹿、白尾鹿、藍腳鰹鳥、小黑背鷗、鴞鸚鵡、鴿子、知更鳥、雀鳥、蛾類以及人類，全都是成功者繁衍較多的雄性後代，而且這還只是其中幾例而已。[8]

　　不過，崔弗斯和威勒德並沒有預測母體的平均性別比會偏離 1 比 1，他們只說，有一些父母所生的後代性別比，有時候會和母體平均數不同。如果有很多父母這樣，像是出現嬰兒潮，生下雄性後代的比例較高，最後費雪模型提出的機制會發揮作用：其他父母所生的後代的性別比會偏向雌性，直到平均而言，性別比重新回到 1 比 1。果然，即便是有證據支持崔弗斯─威勒德假說的物種，1 比 1 性別比仍然是不變的法則。換句話說，第三項假設有時候會被打破，但即使被打破，費雪的解釋依然說得通，只不過說明時要跳脫個別父母的層次。

◆

　　在這一章結束之前，還要討論幾個能協助我們分析的觀念。

經濟學家愛用的比較靜態分析

　　「如果父母養育雌性後代消耗的資源較多，性別比偏重雄性。」

　　「如果近親繁殖的程度較高，性別比偏重雌性。」

　　「人比較容易對受社會肯定的事物產生熱情。」

　　「人對於自己有望成為佼佼者的活動，產生熱情的機率較大。」

　　這些敘述講的是各種思想實驗。我們在腦海中想像來到某個模型的控制臺，在儀表板上尋找適切的旋鈕並加以撥動，像是「父母投資旋鈕」、「近親繁殖旋鈕」等等，並避免碰到其他的旋鈕。這類思想實驗稱為**比較靜態分析**（comparative statics），因為它比較的是當其他一切保持靜止不變的情況下，若改變某一項因素之後，會產生什麼影響。

　　比較靜態分析是經濟學家預測事物的方式，而這也是本書所採用的手法。比較靜態分析非常管用，但就如我們在討論主要獎勵時所提過，它也有侷限。首先，比較靜態分析並不精細，無法精準預測事物，告訴你「如果你在雷德基六歲時給她一副泳鏡，她成為傳奇泳將的機率為 93.37%」。比較靜態分析只能給你質性或方向的預測，例如：「在其他條件不變之下，平均而言，X 增加很可能會使 Y 增加。」這是我們預期可從模型得出的預測結果，如果拘泥於抓著字面擴大解讀，反而會導致模型失去其真正的意義。

　　除此之外，轉動某一個旋鈕時，通常不太可能不同時動到其他旋鈕。這正好說明了我們為什麼要進行實驗室實驗，以及為什麼會有一群實證經濟學家和統計學家，整天忙著尋找精巧的自然實驗或工具變數，因為在統計學上，這些做法等同於只轉動了一個旋鈕。

情況有別時，詮釋不一樣

　　儘管納許均衡能用於解釋各式各樣的現象，但我們確實需要針對不同的最佳化過程，作出不一樣的詮釋。下面提出兩種可能的不同之處。

　　賽局中的報酬單位是什麼？報酬是什麼，取決於推動最佳化的力量。在這一章中，推動最佳化的力量是天擇，所以參與者的報酬是適應力，以子孫數的多寡來代表。當賽局討論的是有意識的選擇（本書例子多半不是），報酬有可能是愉悅感或人們刻意追求的其他事物；當賽局討論的是由市場力量推動的最佳化，則報酬是利潤。本書裡推動最佳化的力量多半是學習，因此參與者的報酬會是主要獎勵。

　　我們預期什麼時候會發生延滯或外溢效應？生物的演化速度相對緩慢，必須經過好幾個世代，較佳的性狀才會勝出。如果你把某種生物放到新環境中，牠們可能要花很長一段時間去適應。相對而言，雖然在學習的推動下，適應仍非一蹴可幾，但學習可以加快適應的速度。我們認為學習過程會附帶一些延滯效應，但這些延滯不會像鯨魚的「手」持續存在那麼久。另一方面，有意識的最佳化幾乎可說是即知即行，你思考、處理、計算的速度有多快，有意識的最佳化就有多快，因此跟延滯較無關聯。至於外溢效應，也是同樣的道理。

◆

　　我們用費雪的模型來說明本書各個賽局模型所必須符合的黃金準則：模型要能針對現象提出簡潔又具說服力的解釋，解開難解之謎。模型也只需要設定少數幾點假設，而這些假設通常要言之成理。有了假設之後還要檢查，當我們放掉這些假設，以此做為強大的預

測工具時，結果如何？這些預測經常能帶給我們關鍵證據，證明資料的確支持模型提出的解釋，同時沒有其他解釋能預測變數之間的關聯性。

下一章終於要運用賽局理論去理解某些費解的**人類**行為，以及與之相關的喜好和信念。我們將探討一些不用賽局就難以解釋的謎題，並盡可能只動用少數堅實的假設，同時善加運用至關重要的比較靜態分析，盡力提出和費雪的模型一樣具有說服力的論述。

5

鷹鴿賽局
看出誰是老鷹、誰是鴿子

　　你記不記得很久以前，我們是怎麼用現金付計程車費的呢？車程結束時，計費表會顯示總金額，我們再掏出錢包，遞出一張 20 美元紙鈔，拿回零錢，然後頭也不回地離去。這聽起來再自然不過了。

　　可是考希克・巴蘇（Kaushik Basu）說，事情能夠如此順利，其實很神奇。[1]大家為什麼會付錢？為什麼不乾脆直接下車，說自己付過錢就好？反正計程車司機也無法證明你付過錢了沒。而且，為什麼司機不會使出類似招數，堅持要乘客再付一次呢？乘客又不能證明他們付過錢了。還有，對乘客來說，第一張 20 美元紙鈔的價值又不比第二張低，但我們卻不願意像給出第一張那樣，把第二張紙鈔也給出去，為什麼？

　　我們知道這些問題的近似解釋：司機有權收下第一張紙鈔，但無權收下第二張；第一張是他的，但第二張是我們的。如果有異議，雙方可能會吵起來，甚至打架。這種事情不過就是這樣，誰會有疑問？（喔，就是我們。）

是的，顯然我們對物品是否屬於自己，抱有強烈的直覺。但這究竟代表什麼意思？這一章要試著探討這個問題，而我們所要借助的模型是**鷹鴿賽局**（hawk-dove game）。

◆

鷹鴿賽局談論資源的競逐，例如食物、地盤、伴侶、專利、油田或豬隻（是的，豬隻）。這是針對資源競逐而專門設計的抽象賽局，其中有兩名參與者，各自都有兩種策略可以選擇：當老鷹逞凶鬥狠，或當鴿子順服吞忍。對爭奪食物的動物來說，這可能意味著對抗或逃走；對角逐專利的公司來說，這可能意味著提起訴訟或和解；對競逐油田的國家來說，這可能意味著選擇戰爭或讓出油田的探勘權。兩名參與者會一起選定所要採取的策略，這並不是說他們真的會在同一時間進行選擇，而是作選擇的時候，彼此並不曉得對方的策略。

如同所有賽局，這場賽局的報酬不僅取決於參與者本身的策略，也取決於對手的策略。如果兩名參與者都選擇當老鷹，雙方取得資源的機率各半，但一場代價高昂的爭奪戰隨即發生；如果雙方都選擇當鴿子，雙方取得資源的機率同樣各半，但爭奪戰不會發生；如果一名參與者當鴿子，另一名當老鷹，爭奪戰同樣不會發生，而是由當老鷹的一方獲得資源，另一方則什麼都得不到。

我們通常會假設，當爭搶資源的代價高到一定程度時，就不值得為了有機會獲取資源而與對方打鬥，意思就是此時參與者關心的食物、專利或油田固然有其價值，但價值並未高到值得與對方爆發

危險的肢體衝突、提起訴訟或發起戰爭。

　　費雪性別比賽局裡的基礎要素也可見於鷹鴿賽局和其他每一種賽局，亦即：「參與者」會選擇能得到「報酬」的「策略」。參與者可以是動物、人、廠商或國家。至於策略，除了我們已經提過的，例子還包括：生兒子、發怒、以合理價格為公司競標頻寬、封鎖古巴等。報酬則代表某種形式的成功，並且可以換算成某種事物，例如後代數、聲望、金錢或權力。

　　這些參與者、策略、報酬組合在一起形成了賽局，參與者的報酬不只取決於自己的策略，也取決於其他參與者的策略。這是賽局最重要的特點，也說明了為什麼我們很難透過標準的最佳化邏輯去研究賽局，以及為什麼會衍生出專門分析賽局的數學理論。

　　我們可以從嘗試分析鷹鴿賽局的最佳策略，了解賽局的關鍵問題：個別參與者的最佳策略取決於對手的選擇，反之亦然。這種可以不斷循環推理的問題，如何才能找出解答？幸好，納許解決了這個問題，他告訴我們，先替每一名參與者指定一種策略，再檢視「假設其他對手根據這項策略行動時」，個別參與者還有沒有比現在更好的其他策略。如果沒有人能透過改選其他策略獲益，就達到了納許均衡。

　　鷹鴿賽局有哪幾個納許均衡？（是的，納許均衡可以不止一個。）這個嘛，我們得檢視所有的策略組合才會知道：雙方都當老鷹；雙方都當鴿子；這方當鴿子，那方當老鷹；這方當老鷹，那方當鴿子。我們要針對每一種策略組合提問：參與者替換最初的選擇，能否獲得好處？

讓我們從雙方都當老鷹開始看起。個別參與者替換最初的選擇會不會獲得好處？會。因為任一方選擇改當鴿子，境遇都會比現在更好。此時改變選擇的參與者雖然無法獲得資源，但至少也不必投入代價高昂的爭奪戰。因此，雙方都當老鷹並非納許均衡。

那雙方都當鴿子呢？這也不成。因為任一方只要放棄最初選擇、改當老鷹，就能獲得資源，又不需要投入爭奪戰。

那麼，如果一名參與者當老鷹，另一名參與者當鴿子呢？賓果！雙方都無法透過改變來獲得好處。當老鷹的人不需要投入資源爭奪戰，即可獲得資源；但如果他改當鴿子，就必須分享資源。當鴿子的人雖然無法得到資源，但如果改當老鷹，卻會遇到必須一戰的困擾，並不值得。雖然他在這樣的安排下會吃虧，但改變選擇還是得不到好處，而且他不可能指望對手一起同時改變——如果雙方能同時改變，當然很好，但納許均衡不會這樣運作。於是，我們找到了賽局的納許均衡點：「老鷹，鴿子」與「鴿子，老鷹」。雖然結果並不公平，但無論如何，達到了納許均衡。

這個看似平淡無奇的分析結果，隱藏了這一章的重要觀念：只要雙方都預期一方會當老鷹、另一方會當鴿子，那麼雙方都無法從偏離現況獲得好處。誰在預期中扮演哪個角色並不重要，如此預期是不是基於什麼好理由也不重要，重點在於那是大家的預期。不論多麼不公平、多麼不合理，這些預期都會自我應驗。

斑點木蝶爭地盤，為什麼只做做樣子？

鷹鴿賽局的發明者約翰‧梅納德‧史密斯（John Maynard

Smith）和喬治‧普萊斯（George Price）用這種賽局來解釋動物的地域性。[2] 在這裡，令人費解的謎題是：不論鴨、狗，還是鹿，當動物為了爭奪資源打架，牠們之間的打鬥多半只是一種象徵性的動作，先來的動物會強力捍衛資源，後到的動物在試試水溫之後就會撤退。當中會有一兩次猛烈衝撞、幾秒鐘的劇烈振翅，之後衝突就會結束，十之八九由地盤原本的老大勝出，挑戰者則是倉皇撤退。雙方為什麼不會打得更激烈？地盤老大為什麼總是會贏？鷹鴿賽局回答了這些問題：只要打鬥的成本很高，亦即高於分割資源的預期價值，那麼在均衡狀態中，一方會逞凶鬥狠，另一方則會順服讓步。

但誰會逞凶鬥狠，誰會順服讓步？來到地盤的先後順序會影響雙方對於「由誰來扮演老鷹」的期待，而牠們都會預期先到的一方具有攻擊性。我們已經知道，只要有這樣的預期，預期就會自我應驗。對先到的動物最有利的做法是張牙舞爪，因為牠預期後來的動物會讓步；同樣地，對後來的動物最有利的做法是讓步，因為牠預期先到的動物會張牙舞爪。

1976 年，史密斯和普萊斯發展出鷹鴿賽局後沒多久，尼克‧戴維斯（Nick Davies）發表了一份研究，為史密斯的假說提供了證據。這項證據的來源出人意料，它來自戴維斯的家鄉英國牛津外圍森林裡為數眾多的帕眼蝶，[3] 即戴維斯暱稱的「斑點木蝶」。雄斑點木蝶白天大部分會待在一個陽光照射到的範圍，就著陽光暖和身體，等待雌蝶接近。隨著太陽在天空中移動，陽光照射森林地面的位置也跟著移動，雄蝶也會隨之改變停留的地點。以下是戴維斯的描述：

斑點木蝶晚上待在樹頂上，離地面 5 到 15 公尺的地方。一大早，溫暖的陽光照射樹冠上的葉子時，斑點木蝶開始出現活動跡象，牠們會張開翅膀，飛往陽光照到的位置取暖。英國夏令時間早上七點至八點，可以見到一些斑點木蝶在樹梢飛舞，接下來一兩個小時，陽光開始在林地上形成一團一團光點，雄蝶會逐漸降落至地面。從這時起，直到傍晚，可以見到雄蝶一整天都在這些陽光聚積處振翅飛舞。很少看見雄蝶待在林地的陰暗處，牠們似乎偏好有陽光照射的位置，因為東一團、西一團的光點很暖和，可幫助斑點木蝶維持活力……

每隻雄蝶通常都會整天待在同一個光點裡。當太陽在天空中移動，光點位置改變，牠們也會跟著改變位置，但始終停在光點內。白天雄蝶會像這樣追著光點在林地中移動，最遠可達 50 公尺的距離。

雄蝶是在利用陽光保暖，同時也是為了停在顯眼的棲木上，等待雌蝶飛近。雌蝶出現後，雄蝶開始求偶，如果雌蝶受吸引，牠們就會一起飛到樹冠上交配。當然，來的不會只有雌蝶，有時也會有其他蟲隻晃過來。這時斑點木蝶會上前探查，然後不予理會。有時會有其他雄性斑點木蝶從樹冠飛下來，想要爭奪同一塊光點，這時雙方就會用蝴蝶的方式打起架來。讓我們回到戴維斯的描述，看看他怎麼說：

有另一隻雄斑點木蝶飛過的時候，雄蝶會盤旋飛舞。兩隻雄蝶在半空中互相振翅接近彼此，看起來像要撞在一起的樣子。牠們互

相盤旋，朝樹冠的方向垂直往上飛。幾秒鐘後，其中一隻轉向往下，再次停駐在那塊光點裡，另一隻則往上飛入樹冠。

起初戴維斯以為盤旋飛舞是「一種捍衛地盤的方式」，但他很快就注意到木蝶並沒有真的打起來：

我對占據地盤的雄蝶作記號，而在 210 次的雄蝶盤旋飛舞之中，每一次都由占據地盤的雄蝶勝出。即使占據地盤的雄蝶翅膀受損、狀態很差，而入侵的雄蝶翅膀完整無缺、狀態良好，也不例外。可知，僅維持幾秒鐘的盤旋飛舞，完全不能視為兩隻蝴蝶的競逐行為，而是一種慣用的簡短示意。用人類的話語來說，就像是占據地盤的雄蝶告訴對方：「是我先來的。」入侵者則說：「抱歉，我不曉得這個光點已經有人了，我會退回到樹冠上。」

戴維斯推測，或許可以用史密斯的鷹鴿賽局模型來解釋這個現象。我們可以將雄斑點木蝶視為賽局中的參與者，牠們互相競逐一個光點，而這個模型的兩個關鍵假設似乎都適用於斑點木蝶的爭奪戰。首先，光點是一種有價值的資源，因為雌蝶會去那裡尋找交配的對象。不過特定光點並非**真的那麼有價值**，畢竟森林裡還有許多其他光點。除此之外，打架要付出高昂成本，如戴維斯所言：「花太長的時間爭奪地盤，代價可能很高，不僅會浪費時間和精力，雄蝶也可能因此受傷，例如翅膀在盤旋飛舞的過程破掉。」由此可知，斑點木蝶似乎受到某種直覺影響，分別扮起老鷹和鴿子，而且雙方

預期由占據光點的雄蝶扮演老鷹。

戴維斯透過許多方式驗證他的推理，例如，他思考如果雙方都預料闖入者會扮演鴿子，那闖入者為什麼一開始會進入已被占據的光點？答案在於牠們八成是無心之過：闖入者大約每八分鐘就會飛進被占據的光點一次，但牠們飛進沒被占據的光點的頻率是這個數字的兩倍。

他也好奇，如果兩隻雄蝶都認為自己先占據了光點，雙方是否會大打出手？為了了解這點，他必須在兩隻雄蝶都沒注意到對方的情況下，把一隻雄蝶偷偷放到被占據的光點裡。事實證明要辦到這點很難，不過戴維斯最後總算成功讓兩隻雄蝶真的打起來了，而且打鬥時間平均為 40 秒，而不只是一般盤旋飛舞的 3.7 秒。我們再次引述戴維斯的話：

> 我嘗試不引起占據者的注意，把第二隻雄蝶放入被占據的地盤。這麼做的難度相當高，大多時候我都失敗，第二隻雄蝶還沒進入光點就被占據者發現，然後占據者就會飛過來，短暫盤旋，驅趕第二隻雄蝶。但有五次，我成功偷偷將闖入者放進光點，變成有兩隻雄蝶一起占據同一個地方。率先飛起來的雄蝶很快就被另一隻發現，兩隻開始盤旋飛舞……時間是一般盤旋（競逐者曉得誰是占據者、誰是闖入者的情況）的十倍。由此可知，當兩隻雄蝶都以為自己是占據者時，爭奪的態勢會加劇。

最後，戴維斯好奇是否還有其他可能的解釋：也許光點的占據

者擁有守護地盤的優勢？為了檢驗這點，戴維斯將原本占據光點一陣子的雄蝶捉起來，等另一隻雄蝶飛進來占據光點。第二隻雄蝶飛進來以後，戴維斯只等待十秒，就把原先的占據者放回去，雖然這十秒並不足以讓新占據者發展出主場優勢，但新的占據者卻每次都贏得勝利：

　　有十次（每一次都是不同的光點和不同的雄蝶），我用網子把占據光點的雄蝶捉起來。不到幾分鐘就有另一隻雄蝶過來占據那個地盤。我讓接替的雄蝶進入光點停留十秒鐘，再將原先的占據者放回光點。接替的雄蝶馬上飛向原本的占據者，兩隻雄蝶開始朝著樹冠，向上盤旋飛舞。幾秒鐘後兩隻雄蝶分開來，一隻飛向樹冠，一隻回到光點裡。十次都是原先的占據者撤退……

　　雖說原先的占據者總是輸掉地盤，但我心想，牠們至少應該會認真打鬥，不輕易退讓。於是，我拿接替者和重新放回去的占據者之間的盤旋時間，去與其他爭鬥比較……並沒有發現明顯的差異。換言之，原先的占據者不僅敗陣撤退，甚至沒有太多怨言！

　　這些觀察強烈顯示，決定地盤糾紛的法則是「先占者勝利，闖入者撤退」。

這是誰的，你會怎麼判？

　　人類和鴨子、犬隻、鹿、斑點木蝶一樣，會用「是我先來的」來決定事物的所有權歸屬。如果你先到劇場，找了個座位把外套放在椅子上，那這個位子是你的了，就算之後過來的傢伙塊頭比

你大很多,也無妨。如果你買下了喬治城杯子蛋糕店(Georgetown Cupcake)最後一個紅絲絨蛋糕,那它就是你的了,就算排在你後面的人為了買紅絲絨蛋糕,開了一小時的車、排了一小時的隊,那也不重要。先到先贏就足以決定所有權歸屬。

彼得·德西歐里(Peter DeScioli)和巴特·威爾森(Bart Wilson)以一場設計完善的實驗室實驗闡述這個道理。這場簡單的賽局背景設定在一個資源稀少的世界,受試者以虛擬人物的形式參與,到處蒐集莓果,如果沒有吃下一定數量的莓果,虛擬人物就會死亡。莓果生長在灌木上,一次只有一個虛擬人物可以到灌木叢撿拾莓果。如果兩名玩家同一時間想吃同一個灌木叢的莓果,虛擬人物可以嘗試揮拳驅逐其他玩家。這些虛擬人物的身形不同,有些受試者幸運地拿到身材魁梧的虛擬人物,能夠揮出重拳,打贏的機率較高;有些受試者則是拿到弱小的虛擬人物(說不定是參照本書作者身形所繪製的)。

德西歐里和威爾森仔細研究這份資料,想要釐清是什麼決定由誰待在莓果灌木叢裡。他們發現,一般來說,重點不在身材,甚至也跟受試者的健康狀態無關,而是由先到者是誰來決定。通常打過架後,待在灌木叢裡的會是先到的受試者,受試者表現出和鴨子、鹿、斑點木蝶一模一樣的行為。

在人的身上,德西歐里和威爾森記錄下來的這種直覺常識很早就發展出來了。請想一想下面這個對幼童進行的研究:幼童在實驗室裡,觀看有小朋友在玩球、玩娃娃或其他玩具的卡通影片,接著實驗人員問他:「這顆球是誰的?」幼童一律指向先拿到球的卡通

人物。

　　誰先到又一次發揮效果，它影響了人們對於誰會積極捍衛莓果灌木、劇場座位和球這些東西所共同抱持的預期。如果你先到，那麼大家通常不會要求你放棄，因為他們不會預期你會輕易這麼做；同樣地，你也不會輕易放棄，因為你預期其他人不會花太大的力氣爭取。大家都對莓果灌木和劇場座位的所有權抱持共同的認知，而且有誘因依此作出反應。

◆

　　「先到」決定所有權的例子說明了賽局理論學家所說的**不相關的不對稱性**（uncorrelated asymmetry）。「不相關」是指誰先到和鷹鴿賽局裡參與者獲得的報酬，兩者之間不存在直接的關聯性。哪一名參與者先到並無法告訴你誰比較飢餓、更需要資源，或誰比較強壯、打贏機率較高，也無法告訴你誰比較健康，受傷後更有機會存活下來；「不對稱」則是指參與者之間存在先來後到的差異。

　　人們仰賴許多不相關的不對稱性，先來後到只是其中一種。另一種非常重要的不相關的不對稱性是「當下占有」：球在你手中，還是在我手中，與球的價值無關，但我們可以根據這個不對稱性，針對誰會對球採取更積極的行動建立共同的預期。

　　舉例來說，嬰幼兒似乎多半透過目前誰持有一樣東西，去判斷那樣東西的所有權歸誰，要等到稍大一點，大約三歲的時候，才會將所有權和持有者的概念劃分開來。嬰幼兒總是認為，他們看見最

先持有某物的「先到者」就是那個物品的主人，即使目前物品已經不在那個人手中，也不影響嬰幼兒的認定。[4]

有一句知名的諺語說：「現實占有，敗一勝九 *。」意思是我們一般預設持有的人擁有物品，這項原則甚至引發知名的哈特菲爾德與麥考伊家族的夙怨（第 14 章將探討這起事件）。夙怨的開端是這兩個家族為了一頭母豬和牠生的小豬鬧上法院（瞧，就說跟豬有關吧），但雙方都無法為自己提出有力的證據，最後法官決定站在哈特菲爾德那邊，根據「豬隻在他們手上」這件事來裁決豬隻的所有權。這項原則並非英國法所獨有，在羅馬法裡，如果沒有證據顯示某物品是偷來的，或是用其他不正當的手段所取得，此時「占有」（possessio）該物品的人同時也有該物品的「所有權」（dominion）。

另外一種常用的不對稱性是「誰是建造者」。事實上，就連鳥類都有這種觀念，如果鳥類離巢打獵或覓食，回到鳥巢碰上誤闖者，誤闖者會馬上歸還鳥巢。許多種類的小鳥都是如此，牠們的共同預期都建立在「誰是建造者」之上。

人類似乎也很看重誰是建造者，哪個人在土地上蓋了建築物，並加裝籬笆、灌溉系統等設施，讓土地變得更好，那塊土地的所有權經常就歸給他，這叫「原初占取」（homesteading）原則，以下是洛克的（主位）解釋：

---

* 譯註：原文「Possession is nine-tenths of the law.」是一句法律諺語，意思是實際擁有者占上風，在法律訴訟中處有利地位，多半可以勝訴。

　　雖然這個世界和所有次等動物都為人類所共有，但每一個人都獨有一項**財產**，也就是他**自己**這個人。除了他自己，沒有其他人能主張所有權。我們可說，一個人的身體所從事的**勞動**，以及他的雙手所完成的**工作**，完全屬於他。因此他脫離了自然賦予的狀態，他將自身的**勞動**融入其中，加入了某種屬於他自己的東西，使其因此成為他的**財產**。

　　最後，這項不相關的不對稱性被納入了各種法律規定，其中包括 1862 年由林肯總統簽署實施，用於為美國西部大部分土地設定所有權的《公地放領法》（Homestead Act）。這項法令也讓後續遷走西部原住民的行動獲得了一個好理由：這個時候為了省事，西部原住民改善土地所付出的「勞動」，像是有計畫的人為放火[**]、長久使用的大型水牛圍欄等，就都不被認可了。

　　我們還運用哪些常見的不相關不對稱性來建立共同預期？這一次，同樣可以從對兒童的研究一窺究竟。例如，四歲兒童可以理解購買和贈與會改變所有權，並能區分這類改變與偷竊不同。也就是說，在這個時期，兒童能夠藉由「是否付帳」和「是不是贈與物」來判斷所有權的歸屬。先前提到的計程車例子，其中能防止司機和乘客大打出手的機制就是「是否付帳」這種不相關的不對稱性：如果你已經付了車資，司機不會要求你再付一次，因為他預期你不會

[**] 譯註：美洲原住民有人為放火焚燒山林的傳統，目的包括協助維持自然生態平衡，以及燒掉多餘的助燃物，以火制火，防止規模更大、一發不可收拾的自然野火。

接受這種要求；而你面對這種要求也不會讓步，因為你預期司機不會逼你這麼做。

我們來看看法律中剩下十分之一不由先占者擁有物品的例子。彼得‧德西歐里和瑞秋‧卡波夫（Rachel Karpoff）給受試者看財產權經典判例中的一小段文字敘述，例如：

- 《亞莫瑞訴德拉米里案》（*Armory v. Delamirie*）：亞莫瑞在路上撿到一枚戒指，把戒指帶去給金匠估價。金匠拿走戒指上的珠寶，拒絕歸還。
- 《布里吉斯訴霍克斯沃案》（*Bridges v. Hawkesworth*）：布里吉斯在霍克斯沃的店面地上撿到裝滿錢的信封袋。
- 《麥艾維訴梅迪納案》（*McAvoy v. Medina*）：麥艾維在梅迪納開的理髮店的某個檯面上，撿到一個裝有現金的錢包。

接著，德西歐里和卡波夫問受試者誰擁有物品，並要求他們說明判斷理由。他們發現除了「誰製作的」和「持有者是誰」，受試者總是根據「誰掉的」、「誰發現的」、「掉東西的地方屬於誰」去判斷物品的歸屬，大家看法相當一致。

◆

德西歐里和卡波夫的研究說明，人們對財產權的直覺想法具有一致性。例如，在《亞莫瑞訴德拉米里案》，受試者全都認為發現

者亞莫瑞是合理的所有權人。這個結果大概如你所料，而這也是老鷹和鴿子的故事中所不可或缺的要素：**共同預期**。

但這項研究也指出發生衝突矛盾的可能性，也就是數個不相關的不對稱性同時並存的時候。在《布里吉斯訴霍克斯沃案》中，有84%的受試者選擇布里吉斯（發現者）；在《麥艾維訴梅迪納案》，投給兩人的票數旗鼓相當。這兩件案例就像兩隻蝴蝶都自認有權占有某個太陽光點一樣，會讓雙方真的打起來。事實上，他們還真的打起來了，這些研究案例可是來自貨真價實的司法攻防戰。

攻防也有可能是真正的戰爭。1982 年，阿根廷和英國為了福克蘭群島屬於誰而開戰。雙方都堅稱擁有福克蘭群島，阿根廷一路往前追溯到 1816 年，指出西班牙將其放棄的太平洋殖民地統治權給了阿根廷。可是，阿根廷並沒有馬上採取相應的行動，而同一時期，福克蘭群島上卻發展出一小區繁榮的英國人殖民聚落。因此，英國根據長期占有原則，主張擁有福克蘭群島。

以色列和巴勒斯坦的衝突也是類似的情況，雙方存有互斥的不相關不對稱性。以色列根據先占原則主張所有權（至少這是其主張的部分理由）：猶太人數千年前就居住在這些土地上。巴勒斯坦的主張則類似於英國對福克蘭群島的主張：兩千年前太久了，關鍵在這數百年來是誰生活在此。由於不相關的不對稱性很多，像是：「可是，有些猶太人一直住在那裡！而且巴勒斯坦人離開了！」「但他們是被槍指著才離開的！」於是大家吵來吵去，沒完沒了。

◆

現在，我們要從對財產權的理解出發，進一步利用鷹鴿賽局去解釋其他議題。

共同預期會自我延續

目前為止，我們的焦點都放在人們對財產權的直覺想法上，然而，人們也會宣稱擁有其他更抽象的權利，例如言論自由、持有武器、醫療照護等權利。這些權利顯然沒那麼單純，當中有許多值得探索的有趣問題，像是：這些權利從何而來？為什麼有這樣的權利？權利範圍為什麼會向外擴張，使得最初屬於某個群體的權利（例如投票權），逐漸延伸至其他群體？鷹鴿模型並沒有給我們解開這些問題的鑰匙。[5]

不過，鷹鴿模型倒是可以幫助我們理解權利的一個重要面向。鷹鴿模型強調共同預期的重要性，而共同預期一旦建立就會自我應驗。「共同預期的重要性」不只發生在人們對於一顆球、一張紙鈔、一枚戒指等實際物品的所有權歸屬問題，也發生在言論自由、持有武器等更抽象的權利歸屬上。相信自己擁有這些權利的人預期其他人或政府會退讓，所以積極爭取；其他人或政府因為預期他們會積極爭取，實際上也會選擇讓步。

以下是這個主張所引申出的一些含意。

由共同預期所支持的權利，其本身並不需要有邏輯的依據，「我

們認為這些真理是不言而喻的＊」就已經是一個很好的理由了。人們
當然也會舉其他理由去支持自身文化中的某些權利，例如引述洛克
這樣的哲學家的話，或引述宗教文獻，但那些都是主位解釋，若要
了解權利本身為什麼站得住腳，那些解釋並非不可或缺。

　　共同預期可能會隨著文化和時間而有所不同，權利也是。在大
多數的國家，人們並沒有言論自由或持有武器的權利，這些國家的
人們所抱持的共同預期和美國人並不一樣。鷹鴿模型並未說明為什
麼會出現這些差異，但它告訴了我們，只要一個地方出現了某種預
期，不論這是什麼樣的預期，它都會有自己存續下去的傾向。

　　另一個例子是不同文化、不同時期，人們的婚內權利差異極大。
譬如在傳統希伯來文中，先生是「ba'ali」（我的主人），妻子是
「ishti」（我的女人），這樣的稱謂令人聯想到將女性視為財產的舊
時代。時至今日，可能仍然有一些希伯來文使用者認為男女之間是
一種從屬關係，會說出「你在跟『我的』女朋友說什麼」這樣的話，
但大部分的人會覺得這種想法太古板；如果不覺得古板，可能就會
交不到女朋友。共同預期改變了，而且還在繼續改變之中。

　　美國《獨立宣言》與美國《憲法》這類文件可幫助權利憑藉自
己站穩腳步。將權利寫在這類文件裡，並由受人景仰的領袖人物簽
署、廣為流傳，並教導學童認識權利等做法，都對建立共同預期有
所幫助。共同預期一旦建立起來就很難改變，在美國，槍枝暴力的

＊　譯註：原文「We hold these truths to be self-evident.」出自美國《獨立宣言》。

問題難以解決，原因出在持有武器的權利莊嚴地寫入了美國《憲法》的第二修正案。許多美國人願意挺身而出捍衛持有武器的權利，也預期其他人會放低姿態退讓。更別忘了，這可是一群擁槍自重的人。

歷史淵源也以類似方式幫助權利自行延續。德西歐里和卡波夫在研究中使用的經典法律案例之所以成為經典，原因就在於財產權爭議一旦以某種方式解決，人們就會預期往後要以相同方式去解決類似的爭議。

較抽象的權利也是如此，例如「給予差別待遇」的權利。關於甜點師傅是否能拒絕將蛋糕賣給同性伴侶，這樣的案例會上新聞，不是因為大家關心蛋糕，而是因為有比蛋糕更重要的事情為差別待遇設下了先例，例如在住屋、勞務糾紛等領域。先例也在美國的槍枝管控政策中扮演要角，在《哥倫比亞特區訴海勒案》（District of Columbia v. Heller）中，最高法院解釋第二修正案不僅適用於軍方或民兵團體相關人士，也適用於個人。這項判決不僅擊潰了哥倫比亞特區的手槍禁令，也對日後美國對槍枝的管制設下先例。正如鷹鴿模型所述，一旦設下先例，先例會自行延續。

一句「對不起」，為什麼那麼重要？

2011 年 11 月 25 日，標示著美國與巴基斯坦的結盟關係開始陷入重重問題的一天。北大西洋公約組織為了打擊塔利班，在一次軍事行動中未經授權闖入巴基斯坦空域，意外殺死 24 名巴基斯坦士兵。巴基斯坦盛怒之下封鎖美國軍事基地的補給線，美軍基地的後勤運輸大亂，導致美國一個月要花上大約 6,600 萬美元的後勤補給費。

　　起初美國國防部認為巴基斯坦也要為誤殺士兵的事件負責，拒絕向巴基斯坦道歉，其後又發生了一連串不幸事故和侮辱事件，更是導致美國遲遲不願道歉。最後，2012 年 7 月，在危機爆發後歷經整整七個月，美國國務卿希拉蕊終於致電巴基斯坦外交部長，表示：「我們對巴基斯坦軍方的損失表達遺憾。」不到幾個小時，補給線便重新開放。[6]

　　我們都有過與巴基斯坦和美國國務院類似的經驗，曾經堅持要朋友、同事或家人道歉，或苦惱著是否該道歉、如何道歉。為什麼？只是一句「對不起」和「我很遺憾」，究竟為什麼如此重要？

　　鷹鴿賽局告訴我們，這些簡單字句之所以如此重要，原因在於它能讓人建立共同預期。美國向巴基斯坦道歉能清楚讓雙方知道，美國不能任意使用巴基斯坦的空域，而是必須取得許可，否則就要接受處罰。同樣地，朋友、同事或家人的道歉也能讓雙方都明白，假使對方再犯，必須承擔後果。

　　這個觀點對於人們何時該道歉，也提供了細緻的指引。網路上充斥許多以「道歉的力量」為標題所寫成、大力倡導道歉的科普文章；但另一方面，有些人的想法卻如約翰·韋恩（John Wayne）飾演的奈森·布里托（Nathan Brittles）隊長在經典西部片《黃巾騎兵團》（*She Wore a Yellow Ribbon*）裡所說：「先生，永遠不要道歉，這是脆弱的象徵！」你應該要接受誰的建議？這個嘛，道歉當然有其優點，對方比較有可能原諒你，雙方比較有可能重修舊好，但我們現在更清楚知道道歉的代價是什麼：對方會期待你改變行為，如果你不改變，對方很可能會非常生氣。這麼說來，道歉是否利大於弊？有時候的

確如此，但某方面來說，答案會取決於這段關係的價值，以及如果你改變行為後失去的多不多。賽局理論補足了科普文章和經典西部片所缺乏的細微差異。

何時應該表現得更加信心滿滿？

講到建議，下面這些也是我們耳熟能詳的：果敢一點，大聲表達意見，如雪柔·桑德伯格（Sheryl Sandberg）所說：「挺身而進！」如果沒辦法自然做到，好吧，是有一些練習可以幫助你。艾美·柯蒂（Amy Cuddy）在 TED 演講《姿勢決定你是誰》（Your Body Language May Shape Who You Are）鼓勵大家在重要的面試或會議開始前，花兩分鐘擺出「高權勢姿態」，例如「男性開腿」（manspreading）或向後靠著椅背，並把雙腳抬上桌面的坐姿，藉此替自己加油打氣，讓自己顯得更有信心、更勇於發聲和挺身而進。[7]

這是好建議嗎？如果你務實地思考，你可能已經在心裡問自己：「如果這個點子真的這麼好，為什麼大家沒有總是這麼做呢？也許這麼做有其代價？」就像該不該道歉的情況，鷹鴿模型也能幫助我們看清背後的可能代價。表現信心滿滿可能意味著你要扮演老鷹，但如果對方預期你扮演鴿子，雙方就會上演一場大戰。

當然，有時候被預期扮演老鷹的人不一定會這麼做，也許他們曾經被歧視，有容易自我懷疑的傾向；也許他們童年曾經被人霸凌；也許他們的個性就是比較謹慎或沉默寡言；也許那些傾向在過往的情境有其作用，後來卻外溢出來，在這些人進到董事會議室時猛扯後腿（這還挺容易想像的）。在這些例子中，自信果敢一些也許真

的是好建議，這些人應該要深呼吸、舒展雙腿，或許再扮幾個鬼臉，然後……挺身而進！

　　有些情況打上一架可能是值得的。有時候，人們願意為了改變共同預期而大打出手，美國眾議院議員約翰‧路易斯（John Lewis）會說那是「好的麻煩」。這類型的人在踏入董事會議室前學一學柯蒂博士的招數，像運動員進場前那樣替自己打打氣，或許會有幫助。

　　簡單來說，事情不是非黑即白。有時候表現得信心十足一些比較有利，有時候則不利，而鷹鴿模型可以幫你分辨何時應該要自信果敢一些。

這不是症候群，而是求生策略

　　斯德哥爾摩症候群（Stockholm syndrome）一詞出自某一起失敗的斯德哥爾摩銀行搶案。在該案中，人質不但拒絕出庭當警方的證人，反而還籌錢為綁匪辯護。[8] 雖然聽起來很不理性，但這群斯德哥爾摩人質的反應其實相當普遍。

　　斯德哥爾摩症候群有兩種常見的解釋，第一種是綁匪對人質洗腦；第二種則是說，人質和綁匪在非常緊張的狀態下長時間相處，以至於人質對綁匪產生同理心。這兩種解釋顯然至少某種程度上都是對的，但洗腦為什麼會起作用？如果在緊張狀態下長時間相處就能自動引發同理心，綁匪為什麼沒有對人質產生一樣深刻的同理心，也就是出現利馬症候群（Lima syndrome）？實際上，利馬症候群遠不如斯德哥爾摩症候群那麼常見。

　　在用鷹鴿模型為這些常見解釋補上不足之前，我們要先說一說

另一種看似截然不同的現象。

1940年代，有一位心理學家做了一場娃娃實驗，把兩個娃娃擺在一個小孩子面前，一個膚色淺，一個膚色深，再詢問孩子一連串的問題：哪一個是乖娃娃？哪一個是聰明的娃娃？哪一個是好娃娃？接下來發生的事非常揪心：黑人小孩指著白皮膚的娃娃，說那是乖娃娃、聰明的娃娃、好娃娃。

1954年，最高法院在《布朗訴教育局案》（Brown v. Board of Education）中裁定學校不得實施種族隔離政策，首席大法官厄爾・華倫（Earl Warren）在裁決中引述這項實驗的結果，並寫下黑人兒童「對自己在群體中的地位抱持自卑感，對其心靈與心智可能產生無法抹滅的影響。」[9]

娃娃實驗記錄了即使是兒童，也會將自己觀察和經歷的種族歧視內化，並開始相信自己低人一等。我們一樣可以證明性別歧視會內化，家暴受害者常說另一半有理由對他們施暴；而且在跨文化的調查中，經常有三分之一以上的女性回答，「為了處理女性的不當行為」而對女性暴力相向是「應該的」。[10]

雖然就像斯德哥爾摩症候群那樣，內化的種族歧視和性別歧視一開始看似令人驚訝，也令人氣餒，但這些對暴力、虐待、歧視的反應，或許已經是被綁架、被歧視、被虐待的人所能夠作出的最佳反應了。在這些情境中扮演老鷹，你會預期自己一直挨打，甚或發生更糟糕的情況。因此把自己看得比較低下，或認為自己應該接受命運、認為施虐者或綁匪值得同情甚至值得崇拜，是一種維護自己的舉動。關於斯德哥爾摩症候群，曾經遭人綁架的娜塔莎・坎普希

（Natascha Kampusch）說那「不是一種症候群，而是求生策略。」[11]

　　當然我們必須承認，內化的種族歧視、性別歧視以及斯德哥爾摩症候群，都不是只靠著自我應驗的預期而得以成真。畢竟在鷹鴿模型裡的每個參與者，從競逐中勝出的機率是一樣的，但種族歧視、性別歧視、綁架等情況卻存在著真實的權力不對等！不過，鷹鴿模型也告訴我們，人們的權利觀和價值觀容易受到「表現得積極主動」是否為最佳策略所影響。遺憾的是，當積極提出要求卻會招來處罰時，參與者的最佳策略是避免提出這樣的要求，而打從心底貶抑自身價值正好能讓人做到這點。

	老鷹	鴿子
老鷹	$\dfrac{V}{2} - C$	V
鴿子	0	$\dfrac{V}{2}$

■ 設定

- 標準的鷹鴿賽局有兩名參與者，每一名參與者從兩種行動中作選擇：當老鷹或當鴿子。
- 參與者 1 的報酬矩陣如上圖所示。依照慣例，參與者 1 從兩個橫列當中選擇，參與者 2 從兩個直行當中選擇。

- v 代表競爭資源的價值,且 $v > 0$;c 代表兩名參與者都當老鷹時,互相爭奪資源的成本,且 $c > 0$。
- 參與者 2 的報酬依相同方式決定,所以在這個報酬矩陣中省略不列。

■ 有利的策略組合

- 「老鷹,鴿子」與「鴿子,老鷹」:參與者 1 當老鷹、參與者 2 當鴿子,或反過來,如粗框處所示。

■ 均衡條件

- 只要打鬥的成本大幅高於資源的價值($\frac{v}{2} < c$),「老鷹,鴿子」與「鴿子,老鷹」就是賽局唯二的納許均衡。嚴格來說,這是本賽局僅有的純粹納許均衡。本書焦點不放在參與者可以從不同行動中隨機選擇的混合納許均衡。

■ 詮釋

- 由誰獲得資源,有可能取決於隨機發生的事件,例如誰先到達某個地方。只要這個隨機事件影響了大家對於誰當老鷹的預期心理,就會決定資源落入誰的手中。換言之,在鷹鴿賽局裡,預期會自我應驗。
- 鷹鴿模型並未指明參與者以什麼樣的事件來決定如何行動,這個影響參與者決策的事件或情況取決於諸多因素,例如情境、文化、先例,以及效率方面的考量。

6

昂貴訊號賽局

讓人知道你的厲害

　　古羅馬人熱愛馬賽克與製陶藝術；波斯人熱愛花園藝術；15 世紀，一種用法國西南部菘藍花＊辛苦發酵調製而成的淺粉藍，令歐洲快速增長的中產階級人口莫不為之瘋狂。菘藍染料貿易為這個地區帶來可觀財富，使其擁有「富饒之地」的美稱。16 世紀，西歐上流社會迷上精緻掛毯；在此同時，中國人、韓國人乃至於日本人，也對陶藝、絲綢和屏風畫熱切著迷。

　　今天，我們對正宗丹麥世紀中期現代主義家具愛不釋手，對費時費力以番紅花製成的產品讚美不已，並歌頌（真的唱歌）藍寶堅尼跑車和酩悅氣泡酒，砸大錢買動輒數百美元的椰子鞋（Yeezy）或潮牌 Supreme 的 T 恤，或花費不知道比那高出多少倍的金錢去買勞力士手錶。除此之外，還有早在古羅馬人愛上馬賽克磚和陶藝之前

＊　譯註：*Isatis tinctoria*，又名歐洲菘藍、大青等，染料提取自葉子和莖部。

　　就已十分流行的珠寶首飾，直到今天，許多正在翻閱本書的讀者，手指和手腕上都戴著這樣的首飾。雖然每個時期、每個文化，做法上有些許差異，但有一件事情不變：人類有熱愛奢華事物的傾向。

　　為什麼？用馬賽克磚鋪設地面，效果沒有一般的地磚來得好。花園的確很美麗，但波斯人不能換一種不必大量使用珍貴水資源的娛樂方式嗎？菘藍也是，它是很美的顏色，但現在人們開發出許多製作菘藍染料的方式，似乎就再也沒有人對藍染如此狂熱。至於掛毯藝術，大部分的人會覺得，如果整間客廳掛滿這些掛毯，實在有夠過時，但蘇格蘭的瑪麗女王，當年就是這樣裝飾大廳，還受到眾人極力讚揚。大塞車的時候，藍寶堅尼跑車和本田汽車行駛速度一樣；椰子鞋也不比 Clarks 品牌推出的鞋子舒服多少；Supreme T 恤用於印製圖案的布料，通常和沃爾瑪百貨（Walmart）一件 10 美元的 T 恤沒兩樣；勞力士手錶的時間精準度，還比 45 美元的卡西歐 G-SHOCK 手錶略遜一籌，論堅固程度，更是差多了。英國倫敦塔（Tower of London）展覽的圖坦卡門法老王木乃伊，身上鑲有黃金和珠寶，我們的讀者也有珠寶盒，盒內整齊排放黃金和珠寶首飾，而這些物品只會閃閃發光，並沒有實際用途。人們喜歡奢華而無用的物品，發自內心地愛著它們，可是我們不禁想問，為什麼？

　　是什麼原因，促使橫跨不同時期的人們喜愛奢華的物品？

　　不論人們是否有所意識，馬賽克磚、花園、藍寶堅尼跑車、勞力士手錶的用途，當然是炫耀財富。我們會看見賽局理論如何證實這個直覺想法，賽局理論也將幫助我們預測奢侈品掀起風潮或退燒的時機。我們對奢侈品的愛好有一個地方不太尋常：購買奢侈品做

為財力訊號，實際上會消耗你所炫耀的財富，既然如此，為什麼人們還要去喜歡這些象徵物品呢？

　　達爾文和同一時期的生物學家注意到一個類似的謎團。[1] 許多物種的雄鳥會長出浮誇的長尾巴，尾巴愈長、愈浮誇，愈有吸引力。把一隻雄鳥的尾巴變短，那麼這一隻不幸的雄鳥在那個交配季節所能築出的巢穴數量會大幅減少，但在此同時，牠捕獵蟲子的能力將大幅提升，更能輕快靈敏地在空中飛行──雖然牠也會哀嘆自己孤單的處境。雌鳥為什麼要對長尾巴著迷？長尾巴不是會讓牠們的交配對象和後代的獵捕能力下降，而且比較難閃避掠食者嗎？

　　麥克・史賓賽（Michael Spence）和艾蒙・薩維（Amnon Zahavi）在同一時間各自進行研究，以昂貴訊號的賽局來回答這一類問題。我們將在這一章介紹這種賽局，藉此解開這些謎題。[2] 之後再將昂貴訊號運用於許多其他的謎團，例如：為什麼在某些文化中，男性要把小指頭的指甲留得很長？為什麼藝術家要對創作設下人為的規範，例如抑揚五步格？還有，為什麼某些極端正統的猶太教派這一類的宗教團體，要規定信徒參加某些似乎嚴格過頭的宗教儀式？

雄孔雀美麗尾巴的啟示

　　昂貴訊號賽局模型中有兩名參與者，一名是訊號發送者雄孔雀，可以發送代價高昂的訊號：長出長尾巴；另一名是訊號接收者雌孔雀，會觀察發送過來的訊號，並根據訊號選擇如何回應發送者，也就是接受或拒絕對方成為交配對象。

　　發送者有可能是受雌孔雀青睞的對象，但也有可能不受青睞。

在這個模型中，我們將雄孔雀分成兩種類型：基因較好的高階孔雀和基因較差的低階孔雀。接收者不知道發送者的類型，畢竟雌孔雀又不能把唾液樣本寄到「23 與我」（23andMe）基因檢測公司，只能看見雄孔雀發送的訊號，也就是尾巴的長度。

接下來的部分是關鍵。照理說，不論雄孔雀屬於哪個類型，發送訊號的成本都很高昂，但對高階孔雀來說，成本相對較低。關於這個現象的解釋是：對所有雄孔雀而言，如果有長尾巴，就要費力躲避掠食者和不讓自己被寄生蟲感染，但身體強健的雄孔雀比較有餘裕，比較不會被掠食者捉到或感染疾病。轉換成人類和我們剛才討論過的奢華手錶，其中概念在於對每一個人來說，購買奢華手錶都是浪費錢的行為，但比較有錢的人即使花掉那筆錢，仍然能夠支付食物和安全庇護的開銷。

於是，發送者要決定的是基於本身屬於高階孔雀或低階孔雀，是否該發送昂貴的訊號（要長出長尾巴或短尾巴）。不論所屬類型為何，發送者都能長出長尾巴，或不長長尾巴。而接收者所要決定的是，若發送者發出了昂貴訊號，或發送者不發出昂貴訊號，自己是否要接受牠。接收者可以只接受長尾巴的孔雀、只接受短尾巴的孔雀，或兩種都不接受。

這場賽局關鍵的納許均衡如下：唯有在發送者是高階孔雀的情況下，雄孔雀才會發送昂貴訊號，而且唯有在雄孔雀發送訊號的情況下，接收者才會接受發送者。也就是說，只有身體強健的雄孔雀會長出長尾巴，而且雌孔雀只會和長尾巴的雄孔雀交配。即使長尾巴讓情郎們較難躲避掠食者、更容易染上疾病，雌孔雀仍然會選擇

長尾巴的雄孔雀。

為了證明這是納許均衡，我們要如以往一樣：檢查所有可能的變化情形。

- 讓我們從身體強健的雄孔雀討論起。現在，這隻雄孔雀要負擔長尾巴的成本，但可獲得被雌孔雀接受的好處。牠該改變選擇、不發送訊號嗎？只要長出長尾巴的成本小於被接受的好處，牠就不會改變選擇。

- 那身體虛弱的低階孔雀呢？牠該改變選擇、長出長尾巴嗎？這樣牠就得負擔長出長尾巴的成本，不過這麼做也代表，牠有可能找到伴侶。聽起來很不錯。但如果長尾巴必然導致牠落入狐狸口中，因此喪命，那麼牠就不會改變選擇。

- 那雌孔雀呢？牠有兩種方式可以改變原先的選擇。牠可以拒絕有長尾巴的雄孔雀，或接受沒有長尾巴的雄孔雀。第一種代表牠拒絕了優秀的男士，第二種代表牠接受了體弱多病的雄孔雀。或許都不是好主意。

恭喜！確認這是納許均衡了。不僅如此，我們也得知納許均衡的達成時機。也就是：

- 對高階孔雀而言，身為訊號發送者，被雌孔雀接受的好處大於長出長尾巴的成本；但對低階孔雀而言並非如此。
- 訊號接收者喜歡和高階孔雀配對，不喜歡和低階孔雀配對。

經濟學家稱此為**分離均衡**（separating equilibrium），因為在這個模型中，高階孔雀和低階孔雀採取不同的行動，而接收者從牠們的選擇就能分辨誰是高階孔雀、誰是低階孔雀。身體強健的雄孔雀只要展示尾巴，就足以讓雌孔雀知道牠的所屬類型。

太陽鳥，外在勝過了實在？

孔雀石太陽鳥（malachite sunbird）為昂貴訊號模型提供了極有力的證據。研究人員不僅以此證明長出長尾巴能有更多的交配機會，也證明長尾巴的成本高昂，而且對體弱的雄鳥來說成本更高。

研究人員通常會以兩種方式去證明長尾巴的孔雀石太陽鳥交配機會較多。第一種很容易想到：捉幾隻雄鳥，量一量牠們的尾巴長度，再追蹤這些雄鳥，看看長尾巴的雄鳥是否在繁殖方面比較吃香。通常會評估雄鳥找到交配對象的速度，或一季能夠生育幾窩雛鳥。例如，馬修‧艾文斯（Matthew Evans）和哈奇威（B. J. Hatchwell）的研究發現，紅簇孔雀石太陽鳥（scarlet tufted malachite sunbird）的尾巴長度分布範圍從近 15 公分到 20 公分出頭，差距 33%。他們還發現，尾巴長度接近 20 公分的太陽鳥找到交配對象的速度是其他雄鳥的兩倍，有些甚至一季就能生育兩窩雛鳥，其他雄鳥則只能生一窩雛鳥。[3]

第二種方式是在實驗中以人為介入，控制鳥隻的尾巴長度。這麼做有助於區分尾巴在性吸引力方面扮演的因果角色，確保雌鳥不受可能與尾巴長度共變的其他特質所吸引。實驗會將鳥隻的尾巴剪去一半，再用夾板重新固定。雄鳥通常隨機分派為三組實驗組，第

一組尾巴接回後變短，第二組變長，第三組不變。接著，研究人員將牠們放走，等待並觀察哪些雄鳥生育的雛鳥窩數較多。尾巴變短的雄鳥生育的雛鳥窩數比尾巴變長的雄鳥少，在艾文斯和哈奇威的太陽鳥研究中，數量大約相差一半。真是不幸的結局。[4]

　　但長尾巴是否成本高昂？是的。雖然長尾巴的雄鳥繁殖成功率較高，但在飛翔和獵捕方面卻嘗到了苦頭。研究人員比較少看見尾巴變長的太陽鳥在空中飛行，而且這些尾巴長的太陽鳥打獵時，成功捉到獵物的頻率較低，有些鳥隻的成功比率甚至低了不只一半！在此同時，尾巴變短的太陽鳥一定突然覺得身輕如燕。研究人員較常看見牠們在空中飛行，這群太陽鳥甚至變成了更凶猛的獵捕者，當牠們飛離棲木獵捕，捉回的蟲隻比例更高了一些。以前是尾巴拖累了牠們！至於尾巴長度不變的太陽鳥，則沒有發生顯著的變化。

　　研究人員也曾以其他種鳥類為對象，研究尾巴的高昂成本。除此之外，研究顯示，動物還會以其他行為發出昂貴訊號，例如：雛鳥發出啁啾聲告訴母鳥肚子餓了，或告訴母鳥吃得飽飽的才有力氣離巢自立，但啁啾聲有可能會引來掠食者。現在，我們認為是時候把焦點拉回到人類身上了。

炫富的四個條件

　　勞力士、馬賽克磚、鑽石，以及我們在這一章開頭講的其他奢侈品，都是人類的一種（也許是唯一一種？）昂貴訊號。這些訊號要顯示什麼？不是飛翔能力，也不是獵捕能力，而是財富。[5]

　　雖然這件事似乎不證自明，但我們還是要說一說如何透過一定

的程序歸納出結論，驗證這樣的一句話有沒有道理。

檢查某件事物是否為昂貴訊號時，我們通常要問一問下面這四個問題：

人們是否能根據訊號推論某樣值得嚮往的事物存在，而且若不這樣發出訊號，其他人難以查證訊號發送者真的擁有這樣事物？是的。人們確實認為擁有名錶、美麗的馬賽克地磚和大鑽戒的人很有錢；而且財富本身並非顯而易見，畢竟我們通常無法翻閱別人的銀行帳冊。

發送這個訊號是不是浪費的行為？是的。我們說過，勞力士是相當堅固的手錶，也相當準確，但其堅固和準確度比不上卡西歐的 G-SHOCK 系列。馬賽克磚鋪得好，可以打造出耐久的優秀地板，但其耐久和優秀程度比不上鋪得好的一般地磚。至於鑽石，則在工業之外毫無用處。

對發出訊號的人來說，發送成本是否相對較低？是的。對富有的律師來說，購買勞力士意味著多接幾件案子和加幾晚的班，但對大部分的人來說，購買勞力士代表接下來三年只能吃白飯配豆子。手錶價格或許是一樣的，但代價大不相同。

假如其他人能更輕易地發送這個訊號，大家對訊號的喜歡程度是否會降低？價格下降，低階參與者即可透過發送訊號獲得好處，導致接收者再也無法以此推論發送訊號的是否為高階參與者。這代表昂貴訊號有一項獨一無二、令人驚訝的特色：倘若價格變便宜、數量充裕，我們反倒會減少對昂貴訊號的喜愛。勞力士、馬賽克磚、鑽石這一類的奢侈品是否如此？是的。如果在加油站附設的便利商

店用 45 美元就能買到勞力士，就再也沒有人會深受勞力士吸引了。現在馬賽克磚可以大量生產，一平方英尺只要幾美元，熱度不再了。那鑽石呢？使用高級烤爐，就能以低廉的成本製造人工鑽石。這些人工鑽石是否和在地底深處由火焰燒出的真鑽一樣浪漫、一樣迷人？建議你不需要費心去找答案了。

身材、膚色與白襯衫

　　看來奢侈品的確是一種展現財富的昂貴訊號，但你看見的昂貴訊號也許更多，不止於此。以下要談一談其他幾種昂貴訊號。請記得，這些例子和炫耀性消費不一樣，人們通常不太會意識到自己正在發送訊號，而是單純比較喜歡這個樣子。不過從隱藏賽局的角度來看，這件事並不重要。畢竟，太陽鳥也不會有意識地計算納許均衡，而只是單純受長尾巴所吸引。

　　身體質量指數（BMI）。2002 年，旅人影業（Journeyman Pictures）發行紀錄片《肥胖之家》（*Fat Houses*），影片由介紹奈及利亞城市卡拉巴（Calabar）的女性巴蒂雅（Batya）展開。巴蒂雅正在為幾個月後的婚禮作最後準備，她的媽媽幾乎整天都在煮飯，而幾乎足不出戶的巴蒂雅只要負責不斷休息和吃東西，為大喜之日增胖。家人甚至請來專門的女性按摩師，將增厚的脂肪推到對的位置，讓巴蒂雅能夠在未婚夫面前展現迷人魅力。

　　雖然增肥的習俗正在逐漸消失，但在奈及利亞南部依然偶爾可以看見人們這麼做。在非洲大陸另一端，撒哈拉沙漠和大西洋之間、地廣人稀的國家茅利塔尼亞，也有稱為「催肥」（leblouh）的習俗。

不久前，在兩個大洋之外的大溪地，上流社會人士也還有增胖的做法。當時，大溪地王室有個知名作風，就是會到一座島嶼度假——這座島嶼後來被馬龍・白蘭度（Marlon Brando）買走——在那裡持續休養和吃吃喝喝，好讓自己魅力超凡。雖然現在，西方文化中，大部分的人都希望自己是瘦子，但 19 世紀以前的畫作顯示，沒多久前，西方人的喜好其實與巴蒂雅和她老公的喜好差異不大。

　　昂貴訊號模型或許能幫助我們理解，為什麼有些文化會發展出對高 BMI 值的喜好，以及為什麼那樣的喜好會改變。在卡路里相對來說較為稀有和昂貴的地方，只有能負擔卡路里攝取成本的人才會變胖，因而形成了喜好高 BMI 值這樣的分離均衡。但當所得提高、卡路里的成本下降呢？今時今日，在大部分的地方，低所得的人不用花大錢也能吃到撐。事實上，要吃到撐太簡單了，所以高 BMI 值不流行了。

　　糖、香料及一切美味。昂貴訊號模型也可以幫助我們理解，17 世紀晚期，歐洲人對糖和香料的喜好為什麼出現劇烈的轉變。中世紀和文藝復興時期初期的食譜和其他記錄顯示，不像一般人所認為的那樣，在當時，各行各業的歐洲人其實都非常喜愛香料。丁香、多香果、豆蔻皮、肉桂、薑、南薑（泰式料理常用的一種薑）、黑胡椒、天堂椒、番紅花，都會來上一些，也會加糖，所以當時許多地中海燉菜都滿甜的。糖和香料都是昂貴的舶來品，所以加糖、加香料煮菜很奢侈。無法頻繁這麼做的小康家庭，會等到聖誕節這一些特殊節日才在料理中放入糖和香料，但商人和仕紳階級卻經常吃香料濃郁的料理。

　　歐洲人與印度群島展開貿易後，糖和香料的價格下跌，就連先前節省使用糖和香料的小康家庭都負擔得起。法王路易十四統治時期，凡爾賽宮長廊上，新的菜式誕生。宮廷主廚除了製作甜點之外，幾乎不能在其他食物中加入糖和香料，「他們說食物應該要吃出原味，不要在食物裡放香料。肉要有肉的味道，你加入的食材只能用於加強食物原有的風味。」這股風潮從路易十四的宮廷吹向歐洲各地──雖然深感挫折的英國人會馬上承認只成功了一半。糖和香料曾經是一種昂貴訊號，但之後再也無法維持在納許均衡，而我們的喜好也隨之改變。[6]

　　（小指頭的）長指甲。韋德‧謝帕德（Wade Shepard）在部落格《浪跡天涯》（*Vagabond Journey*）寫道，至今仍然經常見到中國的男性留長指甲。[7]泰國、印度東北部、埃及也有這樣的做法，這些地方的男性通常只留長小指頭的指甲，但也不是每個人都只留長小指頭的指甲。這種做法以前更普遍，而且其來有自：埃及男性早在青銅器時代早期就有留長指甲的做法。普遍來說，現在的人不會覺得男性留長指甲特別好看，但如果問埃及男性為什麼要留長指甲，他們多半會給你相反的答案，說那樣很好看。覺得很奇怪嗎？

　　雖然留長指甲並不是一種展示財富的訊號，但從昂貴訊號模型來看，他們這麼回答一點也不奇怪。謝帕德說，對方告訴他：「這樣別人才知道他們不是做累人的工作。」對靠體力活過日子的人來說，留長指甲的成本實在太高了。對教師、政治人物、醫師來說，留長指甲能把他們區別開來，顯示他們從事較具威望的職業，並因此培養出留長指甲的喜好。[8]

社會從農業轉型到其他工作，對長指甲的偏好也在轉變。我們的學生馬上告訴我們，中國的都市年輕人認為留長指甲很老派。

白皙的皮膚。在東亞和南亞許多地方，人們認為白皮膚很美，而全世界的皮膚美白產品，市值高達 83 億美元，[9] 快跟海地的國內生產毛額一樣多了。我們的文化則是與此南轅北轍，許多人反而會刻意坐在戶外曬太陽，或到日曬沙龍把皮膚曬黑。然而，如中世紀詩作對窈窕淑女的描寫，以及印象派繪畫中女性撐陽傘在公園散步的情景所顯示，其實大部分的時期，西方人喜歡的是白皙的皮膚。這是怎麼一回事？

白皙皮膚被當成昂貴訊號的故事和小指頭的指甲一樣。正如對農民來說，不讓小指頭的指甲沾染泥巴，要付出高昂的成本，對農民來說，不曬到太陽的代價也很高。所以在目前仍有大量農業人口的地區，或是直到近期才沒有大量農業人口的地區（延滯效應），人們對白皮膚的偏好有區別作用，可顯示皮膚白皙的人從事聲望較高的辦公室工作，或有錢到根本不必工作。

在西方國家，自工業革命以來，從事體力勞動的人逐漸離開農場，改在室內工廠上班。對這些勞工來說，維持皮膚白皙的成本不算很高。事實上，真的要說，到晴朗的海濱度假村度假，或在泳池邊悠閒地度過午後時光，成本還比較高。因此，人們改為喜歡曬成褐色的皮膚。

當然，我們沒有否認這或許與對有色族裔的歧視有關，意思是在被殖民過的地方，人們繼續保有種族歧視論者所認為「好」的觀念。世界有許多面向，有時同樣一個偏好的產生會有不同的源頭在

共同作用，我們只是要表達：昂貴訊號是其中一個源頭。

　　白襯衫。白襯衫長期以來一直都是男性不可或缺的正式服裝，在西方扮演類似的角色。在我們寫這個章節的前幾天，《GQ》雜誌才剛刊登一篇文章表示：「白襯衫是時尚男子的基本衣款。」[10] 但白襯衫的歷史可追溯到五百年前的英國都鐸王朝。在當時，一般英國男性通常都會穿一件外套，將襯衫完全遮住。紳士們不需要工作，比較容易讓襯衫維持乾淨，他們開始用絨毛或絨紗替領子和袖口製造凸起效果，甚至交代裁縫師替外套開衩口。[11] 根據推測，這樣能讓別人更容易看見他們身上的襯衫多麼潔白，藉此與無法保持襯衫乾淨的農人和勞工區隔開來。經過數個世紀，西服的外套已逐漸演變成現在的樣式，更清楚露出衣領、前襟和袖口，炫耀外套下方穿著潔白如新的襯衫。在此同時，藍領勞工這個名稱來自於他們真的會穿藍色的上衣。藍色可以有效隱藏襯衫上的污漬和油漬，這也是牛仔褲是藍色的原因。事實上，傳統上使用靛藍染料不僅是為了隱藏污漬，這種染料還能防污、防焰。

　　就像長指甲和白皙皮膚的例子，我們預測當工作逐漸從工廠轉移到辦公室，或污漬變得更容易清除，人們能更輕鬆維持襯衫的潔白時，由白襯衫統治的王朝將會結束。在倫敦，這個目前仍然可說是男性正式服裝的時尚之都的地方，白襯衫依然是王道，但白襯衫正在讓位給由不同色彩和款式所組成的創意穿搭。

　　藝術真跡。每一年有上千萬名遊客造訪的羅浮宮，是全世界最受歡迎的博物館，八成遊客來到此地都是為了親眼目睹一件藝術品：〈蒙娜麗莎的微笑〉。光是這一幅畫作的觀賞人次就超過梵蒂岡博

物館的遊客人數，達文西筆下這名神祕的少女，讓許多慕名而來的人甘願平均排上一、兩個小時的隊伍，只為了站在大約三公尺外，跟一群渴望見蒙娜麗莎一面、舉著自拍棒的遊客擠成一團，欣賞一幅極小的畫作。這可不是絕佳的觀賞體驗，大部分的人也都曉得，而且許多旅遊網站也都警告過了。可是，嘿，你總得看一看真跡，不是嗎？

　　什麼，等一等，怎麼會？是這樣的。如果你想好好看一看〈蒙娜麗莎的微笑〉，真的仔細研究一番，你大可不必跑到巴黎，只要到維基百科去看就可以了。沒錯，你可以在維基百科看到這幅名畫的許多張高解析度影像，你可以把這些影像下載到電腦裡，在空閒時仔細鑽研每一個毛細孔。這些影像甚至經過用心編輯，將畫作從達文西時代保存至今所發生的泛黃校正回去，真是非常貼心。這樣一定比從 4.5 公尺外越過一家子荷蘭人的頭，努力瞥一眼原作，能獲得更多資訊。

　　可是，那些只是平面螢幕上的數位影像，就連情感最不豐沛的人（我們已經很不感情用事了）都得承認，看那些影像和看真正的〈蒙娜麗莎的微笑〉不一樣。可是有哪裡不一樣？看畫作表面反射出來的自然光很特別嗎？嗯，也許吧，但我們對此存疑。世界上有好多〈蒙娜麗莎的微笑〉的高級複製品供人欣賞，有一些需要高超的技巧和對細節的高度專注才畫得出來，售價至少五萬美元，但沒有人排隊看那些複製畫。如果〈蒙娜麗莎的微笑〉吸引人的主要特點在於它的物理性質，那複製畫應該能從這位巴黎貴婦偷走一些訪客。顯然，欣賞真品有其獨特之處。

2011 年，喬治‧紐曼（George Newman）和保羅‧布倫（Paul Bloom）安排了一場精心設計、目標明確的實驗，證明人們多麼看重藝術真跡。他們讓受試者看兩幅非常相像的畫作，畫作內容是新英格蘭人有點過度引以為傲的木廊橋。他們隨機挑選一幅，告訴受試者這幅畫得比較早，另一幅比較晚，以避免畫作的物理性質影響實驗結果。實驗的關鍵操作是，告訴某些受試者畫作出自同一位藝術家，暗示兩幅畫是同一系列的畫作，但告訴其他受試者兩幅畫出自不同藝術家，暗示他們第二幅是贗品。接著，問受試者對兩幅畫的想法。被告知畫作出自同一位畫家的受試者，以及被告知畫作出自不同畫家的受試者分別替第二幅畫打分數，前者的給分是後者的三倍以上。紐曼和布倫的實驗結果確認：不是（只有）畫作的物理性質，而是「真跡」這件事使畫作充滿吸引力。[12]

　　藝術迷為何如此看重真跡？昂貴訊號模型提出一個簡單的解釋。因為真品很稀有，不論是買下來或飛到巴黎去看，對每個人來說成本都很高，但個中道理和勞力士手錶一樣，對不那麼富有的人來說，這更是一筆難以負擔的代價。因此，有錢人可以透過購買或欣賞真跡，有效地將自己與不太有錢的人區分開來。相反地，贗品或維基百科上的高解析度影像，對窮人或富人來說，在成本上沒有太大的差異，所以那不是有效的訊號，至少無法有效展現財力。

　　我們可以推估，人們對真跡的著迷，會在藝術這類從終極角度看來內在價值不多的事物上，表現得特別強烈，但會在由實際功用產生價值的湯匙、暖爐等事物上弱化。紐曼和布倫透過變化版實驗來證明這一點，他們這次不問受試者畫作，改問受試者對汽車的看

法。這麼做的前提是：汽車的價值主要來自功能，也就是從甲地開到乙地。除此之外，實驗的其他內容是一樣的：他們給受試者看兩輛非常類似的車子，並告訴一半受試者汽車出自相同的製造商，但告訴另一半受試者汽車出自不同的製造商。果不其然，受試者現在不太在乎第一輛汽車是由相同的製造商生產，還是由另一間製造商生產。兩輛汽車幾乎是一樣的，所以他們給這兩輛車打了一樣的分數。當發送訊號的動機減弱，對真跡的偏好隨之消失，道理就這麼簡單。

英式餐桌禮儀，不能簡約就好嗎？

希望我們剛才討論的例子，已經說服你相信訊號會在許多方面形塑我們的審美觀。但前面提到的只是蜻蜓點水，如果將發送財富和職業訊號，擴大到發送其他受人歡迎的特質呢？例如，有時候我們不只會發送自己有錢的訊號，還會嘗試發送其他訊號來顯示自己**來自金錢世家**。為什麼？以下是我們的猜測：出身有錢人家的人不只擁有資源，還認識其他擁有資源的人，並且擁有必要的財力和使用資源的權力。接下來我們要擴大應用到這一類訊號，探討我們透過訊號展現的其他事物。

禮儀。在 Netflix 影集《王冠》（*The Crown*）裡，邱吉爾設法說服伊莉莎白女王取消度假行程，在白金漢宮設宴款待美國總統艾森豪，[13] 女王勉強答應後，白金漢宮的工作人員展開了忙亂的準備工作，用推車把儲藏室裡堆積如山的杯子、盤子、刀子、叉子、湯匙，一疊一疊推出來擦亮。每一張椅子的紅色絨布墊都仔細刷過，至於

那張大小有如停機坪一般的餐桌，則由一名僕人穿著防護拖鞋在上面半蹲走路，用打圓的手勢將桌面一塊不漏地擦個晶亮。後來邱吉爾病倒，宴會取消，沒有使用的餐具又統統放回儲藏室。

《王冠》、《唐頓莊園》（*Downton Abbey*）、《柏捷頓家族：名門韻事》（*Bridgerton*）的影迷們經常可以在劇中欣賞到令人嘆為觀止的英式餐桌擺設，每一個場面都非常壯觀，若說每一張桌子都擁有自己的郵遞區號也不為過。這一大堆的餐具是怎麼回事？吃甜點也許會需要使用另一支叉子，但真的有必要特地為蝦子、沙拉、主菜各準備一支叉子嗎？麵包需要另外盛盤嗎？需要使用三、四只不同的高腳杯嗎？為什麼要大費周章購買和保存這一大堆的餐具，還要學習各種正確使用餐具的荒謬禮節？你說，為什麼不乾脆手邊有什麼食器用什麼就好了呢？

讓我們用先前提出的問題來檢視餐桌禮儀是不是一種昂貴訊號，以及假如它是昂貴訊號，是展現什麼事物的昂貴訊號。我們首先要問：餐桌禮儀傳達了什麼？現在，讀到這一章了，你也許會想回答，使用一大堆餐具是為了表示你負擔得起。雖然那是「部分原因」，但占比不高，因為知道怎麼使用這些餐具也很重要。當別人看見你擁有良好的餐桌禮儀，不會單純推論你很有錢，而是料想你「出身良好」。

接下來要問：餐桌禮儀的成本高昂嗎？絕對很高。《唐頓莊園》必須請一名顧問來指導演員和劇組人員如何正確擺放餐具，以及餐具的使用禮儀。喜歡蕭伯納經典名劇《賣花女》（*The Pygmalion*）及其現代翻拍版的人都知道，故事中，希金斯教授並非一夕之間將

出身低微的伊萊莎改造成公爵夫人，而是花了好幾個月的功夫訓練她，其中餐桌禮儀的重要性不容小覷。在 1990 年改拍的《麻雀變鳳凰》（*Pretty Woman*）裡，由茱莉亞・羅勃茲飾演的女主角請餐飲業的朋友替她惡補餐桌禮儀，結果這麼做並不夠。當服務生送來不是她以為的沙拉，而是開胃菜時，可以看見她拿起一支叉子，數叉子有幾爪，想要努力回憶起該用哪一支叉子。

這類令人發噱的場景凸顯了學習禮儀所需要付出的努力，以及如果你不是從小生長在上流社會家庭，身為成人，你要付出更多心力才學得會這些規矩。由此可知，餐桌禮儀不僅僅是昂貴訊號，對並非出生在金錢世家的人來說，成本更高。所以，針對我們前面的第三個問題：對發送訊號的人來說，其成本是否較低？答案：是的。

我們要問的第四個問題，也是最後一個問題：如果其他人能更輕鬆地發送這個訊號，餐桌禮儀是否可能不再時興？有證據支持這一點。這一個世紀以來，學習正確的餐桌禮儀比從前更容易了，部分原因在餐桌禮儀普及，有更多人可以教你；部分原因在於出現 YouTube 這一些推動民主化的力量，讓每一個能上網的人都有機會學習分辨吃沙拉和吃蝦子的叉子有什麼不同。正式的西餐也有些退流行了。美國名聞遐邇、數一數二昂貴的芝加哥米其林三星餐館「段落符號」（Alinea）擺設非常簡約，有時還會直接將食物放在餐桌上給客人享用。

雖然我們主要討論餐桌禮儀，不過不是只有餐桌上有一定的規矩。舉例來說，黛安娜王妃和查爾斯親王訂婚後，開始接受密集的宮廷禮儀訓練，學習以什麼順序稱呼王室成員、如何稱呼王室成員、

可以與王室成員談論哪些事、必須依照什麼順序行進等。影集《王冠》中不斷出現這一類的規矩及伴隨而來的挑戰，即使對如黛安娜王妃這樣受過適當教育的人來說，要學習這些規矩都很困難。其中，有一些規矩當然不只是為了顯示一個人的教養，例如女王走在隨行人員前面是有道理的（參見第 13 章關於象徵性動作的討論）；但有一些規矩存在的目的，很可能是為了發送訊號。

　　品酒。任何葡萄酒行家都會告訴你，想要培養敏銳的味覺，要喝很多的葡萄酒，所以你也許會再一次天真地以為，對葡萄酒的喜好，也是一種顯示財富的訊號。但實情不只如此，行家不光是比我們更懂如何分辨葡萄酒的獨特風味，還更懂得如何談論風味。行家要學會如何談論葡萄酒，不能只靠喝很多葡萄酒，還必須和同樣身為行家的朋友或父母兄姊一起暢飲，由這些人教導他們如何談論正在品嚐的葡萄酒。因此品酒除了傳達出行家負擔得起喝那麼多酒，也傳達出行家的朋友或父母擁有深厚的文化涵養，足以教會他們如何談論葡萄酒。

　　我們要如何確認，品酒「不只是」顯示財富的昂貴訊號？很簡單。如果有一個人來到加州納帕，走進葡萄園的品酒室，說：「我要這裡最貴的酒。」你會怎麼想？[14] 這樣的人顯然發出他很有錢的訊號，但也發出他沒有格調的訊號。這就像有人購買知名高價品牌凱歌香檳（Veuve Clicquot）的酒，卻不認識比較少人知道但品質更好的釀酒廠，或只喝納帕等地出產的葡萄酒，嫌棄帕索羅布斯（Paso Robles）的葡萄酒；或者，買了好酒來喝，卻除了「好酒」之外，完全不懂得如何形容葡萄酒的風味。在這些例子當中，當事者顯然都

買得起好酒，但缺乏品酒訓練，而訓練程度，才是評判的重點。

節律。請看下面這段由地下饒舌歌手大 L（Big L）所寫的歌詞：

How **come**? You can listen to my first **album**
（怎麼會？你聽我的第一張專輯）

And tell where a lot of n***as got they whole style **from**
（就知道好多黑鬼的創作靈感來源是啥）

So what you *acting* <u>for</u>?
（你還在裝什麼裝？）

You ain't *half* as RAW, you need to *practice* <u>more</u>
（你這個遜咖，練練再來）

Somebody tell this n***as something, <u>'fore</u> I *crack* his JAW
（誰來跟這個黑鬼講一講，以免我一拳打爛他下巴）

You running with boys, I'm running with men
（你跟小男生混，我和男人為伍）

I'mma be ripping the mics until I'm a hundred and ten
（我到一百一都還要唱翻全場）

Have y'all n***as like "Dammit, this n***a's done done it again"
（你們這群黑鬼是不是想，要命，這黑鬼又來了）

我們將押韻的字用相同樣式標示出來。粗體押同一個韻，斜體同一個韻，畫底線的同一個韻，小型大寫字母同一個韻，灰色字同一個韻。

　　押韻本身聽起來就很悅耳，能夠加強歌曲的節奏感，有時能幫
助聽眾聽清楚歌手唱的是哪一個字。但像大 L 這樣的大師，或我們
先前提到的錢斯、阿姆、鐵面人 MF Doom 等饒舌歌手，他們的押韻
格式非常複雜，可知他們不只是為了歌曲好聽或幫助聽眾聽清楚。[15]
這些複雜的押韻會不會是一種昂貴訊號？如果是，那是為了傳達什
麼訊息？

　　我們認為這是展現創作才華的訊號。先前提過四個問題，我們
要藉由其中三個是否可得出肯定回答來確認這件事：

● **人們是否能根據訊號推論某樣值得嚮往的事物存在，而且若
不這樣發出訊號，其他人難以查證訊號發送者真的擁有這樣
事物？**

是的。人們確實認為，大 L、錢斯、阿姆、鐵面人 MF Doom
還有莎士比亞所寫的詞句特別巧妙又有創意。事實上，有個
廣受各類樂迷（尤其饒舌樂迷）所喜歡的音樂網站，就以「天
才」命名：genius.com。

● **發送這個訊號是不是浪費的行為？**

複雜的押韻格式會讓咬字變難，由此可知，複雜的押韻格式
是一種浪費資源的做法。作詞人不能隨心所欲選擇第一個想
到的字，而是必須挑選一組互相押韻的字，用這一組字編故
事。愈是複雜的押韻格式，一句話裡哪個位置能用哪些字就
愈受限，而且要找出能夠湊在一起的字會更困難。

- **對發出訊號的人來說，發送成本是否相對較低？**

  對我們這些未經訓練和較無此方面才華的人來說，使用這樣
  的押韻格式的成本當然比較高。請想像，嘗試只用像大 L 這
  麼複雜的押韻格式，去告訴別人你今天過得如何。不，不要
  用想的，花時間真的試一下。要花不少時間，對吧？但那一
  天大 L 未經準備即興創作出上面那段歌詞，而且他還兩度告
  訴錄音的人，他「很疲憊」。

　　我們推測對藝術創作設下人為限制具有雙重目的，而押韻只是
一例，創作限制提升藝術作品，同時也是供藝術家展現才華的訊號。
這或許也能幫助我們了解視覺藝術中的某些限制，例如堅持以現成
物為創作素材，或從多角度呈現同一指涉物（被描繪的事物）。這
些限制很可能確實可以達到人們所稱的目的，使用現成物創作，確
實引人思考究竟何謂藝術、誰來決定何謂藝術，並幫助我們看見日
常物品的美。多角度呈現同一物品，的確是提供其他視角、降低圖
像靜態感的好點子。

　　但昂貴訊號或許為這些限制受歡迎的原因提供了另一個解釋：
或許它們之所以受歡迎，一部分原因在於限制會帶來新挑戰。你可
以「只用」你發現的某個現成物，去傳達某一個概念嗎？即使指涉
物經過分割打散，再拼湊在一起，你也能透過這樣的指涉物，去帶
出觀者的情緒反應或傳達概念嗎？假使完全不參考任何現實生活物
品，只用線條、形狀等基本元素和一致的色彩創作呢？難度很高。

　　為什麼 20 世紀之交這類人工限制會瓦解？我們不是首先提出

這個觀點的人，其原因或許是從這個時候開始，創作符合實際的圖像已不具挑戰性。在那之前，藝術家可以藉由嘗試創造視覺錯覺、解剖學研究（達文西）、發明新奇的鏡子和透鏡裝置——維梅爾（Vermeer）應該屬於這類吧——等方式，使畫作和雕塑作品盡可能逼近現實，炫耀他們的才華。歐內斯特·梅索尼爾（Ernest Meissonier）創作〈法國戰爭〉（*The French Campaign*）的時候，找來數量有如一支軍隊的馬匹和模特兒，等雪下到他要的厚度，再讓模特兒騎馬列隊踏過新積的雪，好讓他更精準畫出被拿破崙軍隊踏過的雪地。這些巧妙的辦法充分誇耀了藝術家的創作能力。但照相機問世後，藝術家不得不尋覓新的挑戰。這顯示了「挑戰」的存在至關重要，至於是「什麼」挑戰，則是次要的問題。當然，新挑戰會帶來新的創意思維，藝術的世界也隨之豐富。

　　宗教規範與敬拜。猶太教極端正統派「哈巴德魯巴維奇哈西迪猶太教」（Chabad-Lubavitch Hasidism）*的網站 Chabad.org 上寫，[16] 教徒一睡醒，必須在起床前誦唸一段簡短的禱告詞：「感謝神，喔，現世與永久的君主，祢慈愛地恢復了我的靈魂，祢的信實是偉大的。」接著信徒會清洗雙手。這裡的「接著」，意思是「馬上」洗手：

　　沒有洗手，不得步行四肘（不同派別的規定不同，一肘約 45 到 55 公分）。早晨不洗手，不得觸碰眼耳口鼻和肛門，也不能觸碰衣服食物和任何有血管破損的地方。

---

* 譯註：簡稱哈巴德派。

千萬別以為這很麻煩，因為除此之外還有 13 條針對如何洗手的規定，例如以下擷取自 Chabad.org 網站的規定：

- 洗手方式：
  - 以右手持拿盛水容器，將之放置於左手。
  - 先將水倒於右手，再倒於左手。
  - 再重複兩次。每隻手各洗三次：右、左、右、左、右、左。
- 除了在聖殿被毀日（Tisha b'Av）和贖罪日（the day of atonement）必須將水倒在手指上之外，其餘日子必須將水倒至手腕高度。
- 洗手水不得用於其他用途，且必須倒在不會有人去的地方。

接著是關於穿著和走路的規定，是的，走路也有。這些規定「只」有 12 條，而我們最喜歡的一條是：「要小心，不能走在兩隻狗或兩隻豬中間。此外，不能允許犬隻或豬隻從兩個人中間通過。」那是很糟糕的事，和在聖殿被毀日潑溼手腕一樣糟糕。

目前為止，我們只講了哈巴德派猶太人早晨必須遵守的八頁日常規矩當中的三頁，而且我們縮減很多。後面五頁談盥洗室規矩、禱告或讀書的整潔、賜福祈禱、早晨賜福祈禱（這裡並沒有寫錯，確實有一頁談賜福祈禱，另一頁談早晨賜福祈禱），以及禱告前的規定，再多說明幾項禱告前「不能」做的事。例如，可以喝茶或咖啡，但不能加牛奶和糖，也不能在禱告開始前和鄰居聊天。喔，還有，規定清楚寫著，這整整八頁的早晨儀式必須在黎明之前完成，因為

禱告要在黎明之前開始。

　　極端正統派的猶太教徒有遵守不完的宗教規範，已經夠嚴格了，但世界上還有其他宗教，虔誠的信徒會定期舉行各式各樣耗費時間甚至帶來痛苦的儀式。普吉島的素食者會泡熱油、徒步過火和用尖銳物品刺自己；有些什葉派穆斯林、基督徒、猶太教徒會鞭打自己；東歐的東正教基督徒則會泡冰水，這類例子族繁不及備載。

　　為什麼要制定這些麻煩的規矩和儀式？因為一旦加入某個團體，就可以享受各種好處。實驗室的實驗顯示，一般而言有宗教信仰的人會（對教友）展現出更強烈的合作和平等精神，因此他們更加信任彼此，對彼此來說，也是更值得信賴的人。[17]日常生活經驗也證實，教友會邀請彼此共享安息日大餐，借錢或送東西給遭逢困境的教友，或在短暫交往後與教友結成連理。但這會引起搭便車的問題：有些人希望從團體的慷慨獲得好處，又不願意長久留在團體裡回報這份慷慨。

　　這時，理查・索西斯（Richard Sosis）對於昂貴訊號的闡述就派上用場了。[18]一堆規矩和儀式？那些是想要加入宗教團體所必須負擔的成本。你必須花時間努力學習這些規矩，並遵守這樣的儀式，才會被團體接納。這些成本多半要事先付出，極端正統派的猶太教徒必須長年學習這些規範，教團才會認同你有履行宗教義務的能力；你必須買兩套鍋具，一套煮牛奶，一套煮肉。中途離開的人縱使付出相同的前期成本，也無法享有加入團體的多數好處。留下來卻只出席每月一週末的賓果之夜的成員也一樣，他們的付出得像其他深刻融入的成員一樣多，但所能獲得的好處不會那麼大。在均衡點上，

為團體所接納的成員是能讓團體相信會留下和全心投入的成員。[19]
當然，他們並非刻意為之！遵循規矩和儀式乃是出自真誠、深刻的
信仰。

　　索西斯和其他人類學家為這套關於昂貴訊號的闡述提供了可觀
的證據，以下摘述其中一些重點：

● 宗教信仰愈多元的地方，教徒就愈有可能流入其他宗教團
　體，所以這些地方的教徒會更嚴格遵守宗教儀式。

● 儘管有正式規定，要求信徒對皈依猶太教的成員一視同仁，
　但又稱為哈雷迪（Haredi）的極端正統派猶太教徒在婚配方
　面嚴重歧視這些中途皈依的信徒。雖非正式區分，卻實際有
　別。為什麼？因為哈雷迪通常會懷疑中途皈依者的信仰是否
　真的那麼虔誠。如索西斯所言：「看來，從小在哈雷迪社群
　長大的人認為加入教團的成本很高，若非早期教化便無法獲
　得相當的回報。」

● 社群要求成員遵守的義務愈是繁重，社群存續的時間就愈
　久。以色列的吉布茲（kibbutzim）社會主義合作農場，以及
　美國 19 世紀的共同生活團體，都是證明。[20] 羅德尼·斯塔
　克（Rodney Stark）也認為，天主教這樣的主流宗教信仰在
　減輕教徒的義務後，逐漸被仍然對信徒保有高度要求的福音
　教派追趕上，其中一個原因就在這裡。[21]

● 社群對合作的需求程度愈高，就愈會要求成員遵循繁重的儀
　式。畢竟，如果不需要成員互相合作，當成員不長久待在團

體裡與成員互助也沒什麼關係，搭便車將不再是大問題。有
沒有這樣的例子？在許多文化中，較常參與戰爭的社群裡，
更常在兵役年齡的男性身上製造刻意顯露的疤痕。[22]

● 宗教團體期望成員履行的儀式愈是繁重，往往成員的配合度
也愈高。當不同吉布茲農場的成員參與同一個公共財賽局
時，如果是成員較常上猶太教堂的吉布茲農場，其成員對
公共財賽局的貢獻度也會比較高，而且高出許多。我們可
以從這裡清楚看出，那些代價高昂的破曉前宗教儀式有其
效益，得以確保只有虔誠投入團體活動的人才能獲得足夠
的回報。蒙瑟拉・索勒（Montserrat Soler）也在坎東伯雷教
（Candomblé）信徒發現一樣的現象，這個教派盛行於薩爾
瓦多的貧民窟，以及巴西從前進行奴隸貿易的中心地區。[23]

◆

　　這一章，我們討論了各式各樣看似古怪又浪費的喜好和做法。
這些喜好和做法可以當成一種有效的訊號，用於傳達許多不同的事
物，而那也許是你擁有某些喜好，或參與各種活動的背後原因。你
在別人身上看見某些奇特、令你不解的喜好或做法，原因或許也在
於此。

　　假如你想自己觀察，去發掘新的昂貴訊號，以下是我們的建議。
首先，要確認昂貴訊號是否存在，我們給了你一份很好用的檢查表：
發送訊號是否讓發送者看起來更好？發送訊號是否會浪費資源？對

某些人來說特別浪費嗎？當訊號浪費的資源變少了，這個訊號會不會消失？

確認昂貴訊號存在後，請試著挖掘訊號究竟傳達出怎樣的訊息。問一問這些問題或許有用：發送這個訊號，對哪些人來說比較容易，或對哪些人來說比較困難？看到這個訊號的人會作怎樣的推論？在什麼樣的情況下，人們會特別看重這個訊號？訊號本身是否非常適合傳達特定類型的資訊？

◆

下一章，焦點要放在一種特別難以理解的訊號發送方式：讓有利的訊號難以被人看見。除此之外，還要探討發送這些特別難以理解的訊號，究竟要傳達什麼訊息：也就是，訊號發送者並不介意某些人視而不見。

昂貴訊號賽局

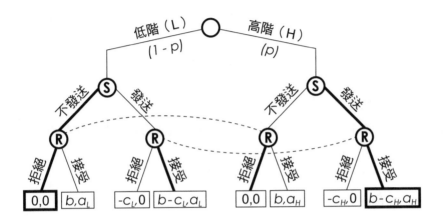

■ 設定

● 發送者（S）是高階參與者的機率為 p。若非如此，發送者 是低階參與者。

● 發送者選擇是否發送訊號。若發送者是高階參與者，其發送 訊號的成本為 C_H，且 $C_H > 0$；若發送者是低階參與者，其發 送訊號的成本為 C_L，且 $C_L > 0$。

● 接收者（R）無法得知發送者的類型，但可以看見訊號（亦 即，無法區分虛線連接的決策節點）。看見訊號後，接收者 選擇是否接受發送者。

● 接收者只願意接受高階參與者。接收者接受高階參與者可獲 得的利益為 a_H，接受低階參與者可獲得的利益為 a_L，其中 $a_H > 0 > a_L$。

- 不論發送者屬於哪個類型，若被接收者接受，發送者可獲得的利益為 b，且 $b > 0$。

■ 有利的策略組合

- 唯有在發送者是高階參與者的情況下，發送者才會發送訊號；唯有在發送者發送訊號的情況下，接收者才會接受發送者（圖示中粗線處）。此時兩種類型的發送者會採取不一樣的行動，稱為「分離」。

■ 均衡條件

- 對高階參與者而言，被接受的好處足以彌補發送訊號的成本，但對低階參與者而言並非如此。亦即：$c_L \geq b \geq c_H$。

■ 詮釋

- 均衡條件下，參與者為了發送訊號顯示身分類別會浪費資源。
- 關鍵在於備受青睞的參與者發送訊號較不費力，這是均衡的必要條件。
- 雖然有幾分違反直覺，但假如訊號變得容易發送，反而可能被棄用。

7

埋藏的訊號
讓適合的人知道就好

　　麥可‧史賓賽發展出我們在前一章提及的昂貴訊號賽局時，其中一項主要應用在於解釋為什麼即使在頂尖大學學到的許多知識，不見得對工作真的有幫助，一流雇主仍傾向僱用擁有顯赫學歷的人。你已經知道史賓賽的答案了：文憑可以幫助人們發出訊號，展現許多有用但難以觀察到的事物，例如求職者的智力、埋首鑽研的能力、社交技巧、家族人脈等。

　　可是當你對著一群哈佛學生，訴說這個關於昂貴訊號的背景故事，他們會先緊張地笑，接著總會有一名學生反駁，被問到在哪裡念書時，他們會回答：「波士頓。」除非對方堅持追問：「波士頓哪間？」他們才會講清楚。如果說，顯赫的哈佛大學文憑重點在於容易展現他們擁有聰明才智、付出努力，或擁有厲害的人脈，哈佛大學生不就把整件事情搞砸了嗎？

　　在這簡短的一章，我們要討論人們為什麼有時候要刻意隱瞞或埋藏令人稱羨的特質或耀眼的成就，以及為什麼這麼做能使人欽佩。

就讀哈佛大學是件不簡單、大家通常也想要知道的事情，但哈佛大學生為什麼要隱瞞這點？為什麼有些有錢又有成就的人會在第一次約會時，避免強調自己從事社經地位較高的工作，或擁有一座法國莊園？這些明明也是約會對象可能感興趣的話題，但許多人卻會覺得急著把這些事情說出口，對方可能會覺得自己缺乏教養。為什麼大家會敬佩在生活和穿著打扮上謙虛得體的有錢生意人？如果有錢人馬上展現財力、權力，對每個人來說不是都比較方便嗎？簡單來說，謙虛只會讓其他人難以獲知有用的訊息，何以是一種「美德的顏色」（the color of virtue）？[1] 還有，哪些人會表現謙虛？何時表現謙虛？畢竟，不是所有哈佛大學生都會隱藏他們就讀哈佛。有些人幾乎不管到哪裡，都會穿戴哈佛紀念衣帽。此外，也不是所有生意人都過著謙虛有度的生活，有些人可是住在紐約曼哈頓俯瞰第五大道金碧輝煌的公寓裡。

謙虛只是埋藏令人稱羨或耀眼事物的一個例子。以下還有幾個例子，同樣令人不解。

費解的匿名捐贈

在影集《人生如戲》（*Curb Your Enthusiasm*）第六季裡，主角賴瑞・大衛（Larry David）捐錢幫美術館增建翼廊。賴瑞參加開幕式的時候，本來對看見名字貼在翼廊入口很興奮，但他的興奮之情，很快就因為發現美術館另一處翼廊由「匿名人士」捐贈而被澆熄了。

他感到擔心，對太太雪瑞兒（Cheryl）說：「現在我看起來像是沽名釣譽的人。」接著劇情急轉直下，匿名人士竟是賴瑞的宿敵泰

德‧丹森（Ted Danson），而且出席開幕式的人都曉得泰德是匿名捐款人。泰德備受稱讚，賴瑞黯然失色，洩氣地離場。搭計程車回家的路上，他告訴雪瑞兒：「沒有人告訴我可以匿名捐贈再告訴大家，不然我也會那樣做！」

匿名捐贈和謙虛態度令人不解，原因是一樣的：捐贈既花錢又麻煩，我們會想知道是哪些人出錢出力。金主大費周章不讓別人知道捐贈者的身分，能使金主得到什麼好處？隱瞞這項實用資訊，又為何會受人景仰？這些問題的答案難以一眼看穿。什麼人會在什麼時機匿名捐贈，也不是立刻就能給出答案的問題。

假裝不在意的愛

2012 年最紅的一首歌是卡莉蕾（Carly Rae Jepsen）的《有空叩我》（*Call Me Maybe*）。這首「流行舞曲……描述期待迷戀對象回撥電話」，十分朗朗上口，就連小賈斯汀（Justin Bieber）都表示，「或許是我聽過最容易記住的一首歌」。[2]

經典的副歌歌詞「call me maybe」（有空叩我）故作覯脈，高聲唱出一道謎題：不管多麼迷戀對方，都會努力不讓自己表現出過度熱切的樣子。當我們把電話號碼給了自己迷戀的對象，我們會若無其事地說「有空」打給我；當我們拿到心儀對象的電話號碼，我們會等個三天才打過去；如果是對方打來，我們會強迫自己等一等再回撥，諸如此類。我們甚至也會在認識新朋友的時候玩這種遊戲。

既然整顆心都在對方身上了，為什麼要隱藏這份悸動？表露心中的強烈情感，不是對大家都比較好嗎？不是能讓對方知道我們的

心意，才不會不小心讓對方以為「他（她）其實沒那麼喜歡我」嗎？

「澀」之美

在日文裡，有一個詞叫「渋い」，用於形容尋常可見卻優美高雅的事物。就像某件陶器，上面的釉彩或許有些原始、不太搶眼，卻是一件非常平衡、賞心悅目的作品。就像某個房間或花園，或許非常簡樸，卻布置或種植得很有品味，身處其中或用於觀賞，特別令人心曠神怡。

英文裡沒有相對應的詞彙，但西方人也能體會和追求「澀」之美的低調或細微美感。例如，古典音樂鋼琴家葛瑞格里・索柯洛夫（Grigory Sokolov）或許不是多數人耳熟能詳的名字，但有些評論家稱他為當今世上最偉大的鋼琴家，不僅稱讚他擁有完美無瑕的演奏技巧，更稱讚他「超越表面的彈奏和表演功夫」，[3] 並認為其他更有名氣的鋼琴家，例如郎朗、伊曼紐爾・艾克斯（Emanuel Axe）、葉夫根尼・紀辛（Evgeny Kissin），「追求的是炫技」。[4] 如果你沒那麼喜歡鋼琴音樂，比較常聽流行樂曲，你也許記得 1990 年代晚期，出道即一鳴驚人的「瓶中精靈」克莉絲汀（Christina Aguilera）當時也遭人批評，太急於展現非凡的歌唱才華。

我們發現，視覺藝術領域也欣賞這樣的「曖曖內含光」。在外行人眼裡，許多畫作和雕塑品像出自精力充沛的四歲孩童之手，但事實上，要完成這些作品需要高超技巧和大量的專門知識。這令人聯想到馬克・羅斯科（Mark Rothko）以方形色塊構築的大型油畫，羅斯科去世後，博物館藏品維護人員將羅斯科的油畫送至高科技實

驗室分析，希望解釋羅斯科的神祕藝術創作技巧，結果「研究顯示，羅斯科所使用的素材，並非一般藝術創作者可以買到的材料；他運用這些素材改變油畫的特性，依照需求調製出想要的流速、乾燥時間和顏色」。[5] 四歲孩童不可能創作出這樣的作品。

　　羅斯科或索柯洛夫這些藝術家，為什麼不顯露精湛的技藝？隱藏才華為何能提升藝術創作的境界？

當低調本身就是昂貴訊號

　　謙虛、匿名捐贈、裝酷或擺架子、「澀」之美，這四種看不透的行為都有一個共通點：涉及值得嚮往的事物，但當事人不大聲張揚，而是隱瞞，這與我們根據昂貴訊號模型所推測應該出現的行為似乎完全相反。在昂貴訊號模型裡，訊號愈明顯，對發送者愈有利。既然如此，如何運用昂貴訊號模型，同時解讀這些新謎題？

　　答案其實很簡單。這一次我們不詳細解釋整套模型了，[6] 基本概念在於：隱瞞本身即是昂貴訊號。發送什麼訊息？這個訊號在表示，某些人沒看見你的某些有利訊號，你也承受得起。[7]

　　當然，如同標準的昂貴訊號模型，在這一點達成均衡意味著「隱瞞」的代價相當高昂，而備受青睞的發送者的成本相對較低，或對他們來說利大於弊。這個情況何時發生？

　　以下是幾種可能性。

　　多項正向訊號：第一種情況是某些發送者可能具備許多正向特質，例如同時擁有一座莊園、一份好工作、輝煌的慈善事業、安穩的家庭生活、養了一隻可愛的小狗等。對這樣的訊號發送者來說，

總會有一項正向特質被人看見，即使隱瞞其他正向特質，他也承受得起。而且只要接收者看見這項正向特質，就足以推論發送者還有許多其他優點，光是這一點本身就令人印象深刻。

「你之前說春假要到某個地方度假，對吧？你要去哪裡？」

「那個，我們家在法國香檳地區有房產。」

「一定很美，你們去那裡都做些什麼？」

「哦，我會去附近的慈善機構幫忙。那星期我要去當志工。」

「你們為什麼選擇在香檳地區置產？」

「這個嘛，我們沒人清楚耶，我們家擁有那間屋子好幾代了。」

什麼，好幾代？

反過來看，如果是只擁有某一項成就或長處的人，這樣的策略會對他形成難以負擔的高昂成本。要是一直沒聊到他想講的事情呢？都還沒讓接收者刮目相看，接收者就走掉了。

發送者有發送許多訊號的能力，即使隱瞞某些訊號也不要緊，這樣的可能性或許能夠解釋，為什麼索柯洛夫和羅斯科這樣的藝術家喜歡「曖曖內含光」，粉絲們也對此讚譽有加。也許，這些藝術家厲害到有好多訊號被埋藏起來也無妨，他們曉得總有訊號會被看見。看樣子，索柯洛夫的技巧確實高超到承受得起埋藏幾個訊號。他16歲就登上鋼琴大賽最高殿堂，此後擁有一群追隨他的樂迷。羅斯科也是一位受過嚴謹訓練和才華洋溢的畫家，初出茅廬即展現各種畫風的優秀技巧。

長期人際關係：這是第二種可能性。有些訊號發送者也許打算與接收者長久互動，願意等待對方發現他們擁有莊園、好工作或從事慈善事業。就算對話只聊到狗狗公園裡的小狗，導致接收者此時此刻未能發現他的某一個正向特質，也不是什麼要緊的事。接收者明天、下星期或不用幾個月就會發現了。這類發送者不需要急著自己誇口擁有莊園，他能承受等一等，而且這麼做可以發出他願意等待的訊號。

相形之下，「把妹達人」*遇見女性時，會立刻講出自己練過的故事，使出這個他們稱之為「高價值展示」（demonstration of higher value，簡稱 DHV）的招數，以凸顯自己的長處。把妹達人不像有意經營長久關係的訊號發送者，他們需要搶時間大肆宣揚，因為他們願意投注在目標身上的時間有限，等待可能會導致訊號接收者無法在短時間內發覺訊號發送者的優點。

外部選項（outside option）：第三種可能性是發送者也許有其他選擇，例如有其他追求者，或有許多其他感興趣的事情等，因此不一定非得和這名接收者配成對。如果接收者得知他有一座莊園，很好，但如果接收者沒發現，也沒什麼大不了，發送者還有其他聊天對象，還有其他事情。別無選擇的發送者就禁不起這麼做了，要是無法令這名接收者刮目相看，接下來幾個月，他們將只能孤孤單單地瞪著自己杯底的葡萄酒。

---

* 譯註：pickup artist，簡稱 PUA。

忠實粉絲：我們認為，第四種可能性最常發生在藝術領域。藝術家非常受歡迎、有一大票粉絲，就算隱瞞某個訊號，世界上總會有某個狂熱的粉絲把訊號找出來。此時，埋藏訊號反而是一種炫耀，炫耀你夠厲害，擁有狂熱的粉絲。

當索柯洛夫在看似簡單的莫札特奏鳴曲中，融合細膩而困難的華麗演奏技巧，許許多多反覆播放索柯洛夫曲目、熱中的鋼琴學生，絕對不會聽不出來。羅斯科應該也是，他在藝術圈已建立聲望：他接受過名師的指導，與傑出的藝術家共事，並在奧勒岡波特蘭和紐約市開過個展，之後才將重心轉移到顏料的創意發揮上。

因此我們或許能預料愈是有名氣的藝術家，愈有可能隱瞞更多關於自身的訊號。至少，這樣預料應該是對的。雖然這麼做的原因很多，但藝術家確實傾向於在技藝成熟後，轉趨低調。2019 年，《紐約時報》樂評誇讚總是「庸俗」炫技的郎朗，稱其琴藝超凡入聖，但近來郎朗巡迴表演的曲目已有向索柯洛夫看齊的意味：由蕭邦、柴可夫斯基、拉赫曼尼諾夫等浪漫時期作曲家所作，響亮、明快、激昂、討觀眾喜歡的曲子，改為彈奏莫札特和貝多芬等作曲家所作「別緻優雅的」曲子。

特定觀察者：這是第五種可能性，也是最後一種。雖然許多藝術家都希望藝術作品能受愈多人喜歡愈好，但有些藝術家可能會將焦點縮小，旨在吸引一小群同儕藝術家、評論家或鑑賞家。或許他們的願望不單純是名利，而是希望透過引領藝術趨勢和影響未來世代的藝術家，在藝術界留下珍貴的寶藏；又或者，他們真的很需要經紀人、評論家等圈內人幫忙把作品賣給願意砸大錢的收藏家，或

幫助他們在頂尖藝廊辦展覽，就像羅斯科和「十人」（The Ten）畫家團體的做法。

　　埋藏訊號對這些藝術家有利：看出訊號的同儕藝術家、評論家、鑑賞家，會知道藝術家追求的不是名聲，而是這一小群受眾所在乎的事物。

　　索柯洛夫和羅斯科正是如此，他們都刻意推拒名氣。索柯洛夫拒絕進錄音室錄製專輯，也不在美國巡迴表演，而這兩種做法都能為他吸引更多樂迷，同時增加口袋深度。羅斯科則公開表示自己厭惡藝術的大眾化：

　　整個民主概念中最嚴重的錯誤，就是誤以為文化功能必須在共同的基礎上發展。這樣的觀點的的確確會混淆我們為評鑑藝術品所建立的所有價值觀，這種教育方式關注所有人都能接觸到的文化，但實現這個目標所消弭的是文化本身。

　　相較於羅斯科，觀念上比較不那麼嚴肅的藝術家們似乎相當享受與大眾的互動。對他們來說，受眾愈多愈好。畫家湯瑪斯・金凱德（Thomas Kinkade）擅長畫出「像家一樣的溫馨小屋、鄉村的教堂，以及鮮豔枝葉間緩緩穿流而過的河水……構築出夢幻田園景色」的暢銷畫作。雖然被指責販售庸俗藝術品，他卻不以此為恥，而是說：「每一個人都能對滿園芬芳、美麗夕陽，以及恬靜的大自然和溫馨舒適的小屋產生共鳴。」[8] 當金屬製品合唱團（Metallica）的長髮吉他快手柯克・哈米特（Kirk Hammett）被問到，對於有人指控他們為

了賺錢出賣靈魂有何看法，他這樣回答：「出賣？我們確實統統賣
光了。上一場巡迴演唱會，幾乎每一站的門票都銷售一空。」重點
是就連嚴肅的藝術家和評論家們通常也會不情不願地承認，金凱德
和哈米特才華洋溢——才華洋溢，但很張揚。

　　如果藝術家埋藏訊號是為了讓其他藝術家、評論家和鑑賞家留
下深刻印象，我們可以推測，比起一般大眾，他們會以讓藝術家、
評論家、鑑賞家更能輕易發掘的方式去隱瞞訊號。誰都能聽出音樂
家的手指動得很快，或看出田園景色多麼逼真迷人，但只有經驗豐
富的人了解，優雅地彈奏出緩慢沉穩的樂句多麼不容易，也只有經
驗豐富的人才會好奇，藝術家如何創作出他的畫作。這就是藝術家
辛苦創作令人驚豔的作品，又同時不讓大多數人容易看出的原因。

　　當發送者埋藏訊號主要是為了讓特定觀察者留下印象，這個可
能性有助於解釋匿名捐贈者的行為動機。某些人捐錢給慈善機構或
博物館，是希望參觀博物館的一般大眾將他們的名字和好事畫上等
號。有些捐贈者則是來自某個關係緊密的小團體，他們在乎的是與
團體成員建立良好的關係。例如，泰德・丹森的主要目的似乎是討
雪瑞兒的芳心（雪瑞兒沒多久就和賴瑞離婚了）。他知道雪瑞兒會
出席美術館翼廊的啟用典禮，並且很有可能聽到其他出席者的談話，
得知他就是那位匿名人士。事實上，泰德並沒有任情況自然發展，
而是自己把這件事告訴雪瑞兒。

　　舉例來說，新英格蘭家族組成的上流社會團體「波士頓菁英」
（Boston Brahmins），數個世紀以來都是波士頓各個慈善團體與機
構的主要贊助者，其贊助對象包括波士頓美術館（Museum of Fine

Arts）和波士頓交響樂團（Boston Symphony Orchestra）。波士頓菁英以行事低調聞名，總是選擇匿名捐款。最近出了一篇關於波士頓菁英的報導，幾乎沒有波士頓菁英成員願意接受採訪。當撰文者最後氣餒地問，為何沒有人願意接受訪問，對方有禮貌地回：「波士頓菁英只能在出生、結婚、辭世時登上報刊。」這些家族也以緊密的聯繫而聞名。有一首流傳已久的小曲是這樣唱的：「老城波士頓真美好，這裡是豆子和鱈魚的家鄉；羅威爾家族只和卡伯特家族交談，卡伯特家族只和上帝交談。」

　　波士頓菁英堅持為善不欲人知，表示到波士頓博物館或音樂廳的一般大眾，不會知道他們慷慨大方的善舉。但如泰德・丹森極其有趣的舉動所揭示，為善不欲人知並不代表這項資訊不會洩漏給熟人。無法得到普通波士頓人的讚譽，對他們來說不會造成什麼損失。要是羅威爾家族的波士頓菁英成員真的在乎能不能令卡伯特家族的波士頓菁英成員刮目相看，卡伯特家族的波士頓菁英成員必定會得知這項資訊。

◆

　　埋藏訊號與我們前一章探討的其他昂貴訊號一樣，會以特定形式暗示訊號傳遞的是怎樣的資訊，以及傳遞資訊所能獲得好處的是誰。不論出發點是你有忠實粉絲、有許多外部選項，還是關心的是長期人際關係，埋藏訊號都是傳達這類資訊的絕佳方式。

　　在下一章，我們要討論完全相反的訊號：證據。

8

證據賽局
搞懂帶風向的背後動能

　　這一章首先詳細介紹證據的三種操弄方式，分別是：選擇性揭露、選擇性搜尋、無鑑別度檢驗（又稱確認性檢驗）。之後提出三個對應模型，藉此了解人們會在什麼情況下用這些方式操弄資訊，以及為何這麼做。

IG 只放最棒的照片

　　任何玩社群媒體 Instagram （以下簡稱 IG）的人都知道，IG 世界的首要原則是「只放最棒的照片」。在這個全世界第三大的社群媒體上，你只要大致瀏覽一下 IG 動態消息就會發現使用者恪遵這項原則，放眼望去盡是海外旅遊景點照、令人口水直流的美食照，以及看起來最美麗的自拍照，絕對不會出現凌亂的房間、燒焦的晚餐，或明顯禿了一塊的頭皮；即使有少數人張貼這類不太光彩的照片，也幾乎都是基於幽默或反諷才這麼做。市面上甚至有應用程式透過機器學習技術，幫忙使用者篩選看起來最美麗動人的自拍照。

我們將「隱惡揚善」的資訊操弄方式稱為：選擇性揭露。

選擇性揭露絕非 IG 使用者的專利。當我們向人介紹朋友或同事的時候，也會強調他們最可取的長處（萊恩「很會」烤麵包！），避而不談較不討人喜歡的特質（那傢伙尿尿完「從不」洗手，是我才不碰那個麵包）。網路交友檔案製作指南宣稱「務必強調自身最迷人的特質」，[1] 公開倡導選擇性揭露；履歷撰寫指南更是露骨地要急著找工作的求職者「集中展現成就」，並告訴他們「要精心篩選寫進履歷的資訊，也要精心拿掉某些資訊」。[2]

政治新聞也是選擇性揭露充斥的領域。2018 年，美國的有線新聞網路幾乎要被邊境移民潮的報導給淹沒了。微軟全國廣播公司（MSNBC）和美國有線電視新聞網（CNN）的報導內容，將焦點放在移民為了逃離黑幫暴力和政治迫害而紛紛設法入境美國；福斯新聞（Fox News）則主要報導年輕男性移民將在美國製造騷亂。移民潮裡其實有幾口之家，也有年輕男性，但不同的新聞頻道會迎合他們想要呈現的報導，挑揀其中一群人當作新聞，並為了方便，略而不談另一群人。[3]

大約在移民潮占據新聞版面的同一時期，佛羅里達州男性薩尤科（Cesar Sayoc Jr.）向名人和政府官員接連寄送炸彈包裹，做出了一連串恐怖行徑。沒多久大家就發現，薩尤科寄送炸彈有一貫的行為模式，被他鎖定的目標都是赫赫有名的民主黨員，或曾經重砲抨擊川普的組織或人士，這些炸彈收件人包含前副總統暨未來總統拜登、參議員柯瑞·布克（Cory Booker）、前國務卿希拉蕊、CNN、勞勃·狄尼洛（Robert De Niro）、參議員賀錦麗（Kamala Harris）、前總

統歐巴馬、喬治‧索羅斯（George Soros）等。薩尤科的犯罪行為未
經縝密規劃，不到幾天當責單位就查明炸彈客的身分，並將其逮捕
歸案。數日後他們扣留了他的車子，那是一輛貼滿支持川普的貼紙
的白色廂型車。福斯新聞在報導這起事件時替貼紙打上了馬賽克，
在推特上被許多人砲轟是刻意不讓觀眾看見薩尤科是川普支持者的
證據。[4]

　　從各家新聞網蒐集而來的報導文稿字句統計，可看出有線新聞
頻道的選擇性揭露程度。川普擔任總統的前兩年，CNN 和 MSNBC
密集報導關於川普陣營與俄羅斯勾結的新聞。穆勒（Mueller）、佛
林（Flynn）、普丁、克里姆林宮、莫斯科、俄羅斯、妨礙司法等字詞，
在這兩家的報導出現的頻率，比在福斯新聞出現的頻率高。同一時
期福斯新聞最常出現的字詞則是：鈾、班加西（Benghazi）*和伺服器，
顯示福斯新聞的報導，主力仍然放在希拉蕊及其醜聞事件。[5]

　　政治人物也和報導政治的新聞網一樣善於選擇性揭露，這點從
美國任何一份國情咨文即可見一斑。2015 年，美國總統歐巴馬在國
情咨文開場白自豪地對國會說：「我們在阿富汗的作戰任務結束了。」
略而不提上千美國軍隊仍駐紮阿富汗，而政府沒有讓這些軍人回家
的打算（2021 年才由拜登總統撤回駐軍）。就在十年之前，布希總

---

* 譯註：班加西位於地中海沿岸，是利比亞第二大城市。2012 年，位於班加西的美
　國領事館外發生暴動事件，造成美國駐利比亞大使等人死亡。事後，美國眾議院
　要求調查時任國務卿的希拉蕊的相關通聯和電子郵件往來記錄，發現希拉蕊以私
　人信箱處理機密文件，引發「電郵門」爭議。

統也在 2005 年的國情咨文開場白將美國涉外事務粉飾一番：

新一屆國會議員齊聚之際，我們這些在民選政府機構任職的人都享有一項莫大的殊榮：我們是由我們所服務的人民選舉推派而擔任公職。今晚，我們要與阿富汗、巴勒斯坦自治區、烏克蘭，以及自由的主權國家伊拉克的新任民選領袖共享這份殊榮。

你不覺得，布希也省略了很多至關重要的細節嗎？至少我們看得出來，民主、共和兩黨都同意一件事：最好避談壞消息。

聽一聽企業高階主管的簡報，你也會從中發現選擇性揭露的蹤跡。舉個可信的例子來源，你可以到「尋找阿爾法」（Seeking Alpha）和「彩衣傻瓜」（The Motley Fool）這類投資理財網站，查看公司電話法說會的文字記錄（這是美國每季舉辦的電話會議，由高階主管向股東報告公司的營利狀況）。點選展開電話法說會的文字記錄檔，你會看見上面寫了許多像是「有信心」、「非常期待」、「史上最佳」、「基本面強健」等描述；「擔憂」、「失望」、「績效不佳」等詞則不會出現。以下是蘋果公司執行長提姆·庫克（Tim Cook）在 2019 年 7 月 30 日的法說會內容：

這是我們有史以來最強健的六月季度——受惠於服務業務創下的歷史最佳營收、穿戴式裝置的成長速度、iPad 和 Mac 電腦的強勁表現，以及 iPhone 趨勢的顯著進步，我們在所有地區市場皆看見這樣的大好前景，我們對未來深具信心。2019 年餘下的日子將令人期

待萬分，我們將在平臺上推出重要產品，提供新服務和多款新產品。

　　他完全沒提到蘋果公司最重要的產品 iPhone 營收掉了 12%，幅度高於多數分析師的預期。是的，這確實是蘋果「有史以來最強健的六月季度」，但成長僅 1%。執行長庫克略而不談這個細節，耐人尋味。[6]

　　選擇性揭露真的很常見，這是人們的第二天性，而且我們並非不曉得那是選擇性揭露，我們都知道人們會選擇在社群媒體張貼最能顯示出好的一面的內容，或在履歷寫上最厲害的成就。我們都知道，CNN、MSNBC、福斯新聞會篩選報導內容。我們都看得出，政治人物在操弄資訊，有個老掉牙的笑話說，只要看政治人物是不是在動嘴巴，就知道他們是不是在說謊。企業和高階主管的言論？我們說，那叫「公關」。

給我找到出兵伊拉克的理由！

　　另一種常見的資訊操弄方式是四處搜尋有利於己的證據，並極力避免搜尋不利證據。

　　麥可・伊斯科夫（Michael Isikoff）與大衛・科恩（David Corn）在其著作《傲慢》（*Hubris*）中講述，布希政府如何引導人民支持美國出兵伊拉克。這本書開頭寫道，由錢尼副總統主導的政府與中情局一起證明海珊持有大量的大規模毀滅性武器，而且他還贊助恐怖主義份子。儘管根據官方說法，這是一場情報蒐集活動，但從相關的訪談和文件可知，「布希和幕僚並不是在尋找有助於決定是否出

兵伊拉克的情報，而是要想辦法說服人民支持美國出兵。這份情報的目的不在決定是否發動戰爭，而是爭取支持。」

布希政府避重就輕，不提政府刻意尋找支持入侵伊拉克的證據：

> 錢尼執著於……巴格達與恐怖份子的關聯，尤其是海珊與蓋達組織互相往來的說法。中情局撰寫報告回答副總統屢次提出的問題，並將報告送至副總統辦公室。這些報告大多表示，並無具體證據支持錢尼隱而不宣的臆測：海珊與賓拉登勾結行動。但錢尼與其頑固的幕僚長路易斯‧李比（I. Lewis Libby，綽號「速克達」〔Scooter〕）始終不滿意，不斷要求中情局提供更多證據。中情局行動處副處長麥可‧蘇利克（Michael Sulick）事後表示：「他們彷彿希望我們找出檔案隱藏的東西，或提出不同的答案。」

當不利證據出現時，布希政府會忽視證據，並阻止官員進一步蒐證。

想當然，當政府內外的情報分析人員或其他專家針對網羅海珊黨羽的理由提出反駁或不利的資訊時，這樣的資訊會被忽略或不受重視。

這是個悲慘的故事，一部分原因在於，這場情報混仗的內部記錄描述了許多情節，顯示情報人員和政府官員其實正確掌握伊拉克的武力、巴格達與蓋達組織的關係，以及戰爭將會引起的問題。但他們都敗給了內部的官僚大戰，他們的意見也不受執意（或死硬）

征討海珊的白宮所重視。

　　為了達到宣傳特定政府事務的目的而積極搜尋有利證據，並阻擋不利證據的人不只有錢尼和布希。五百年前英國國王亨利八世決心娶安妮・博林（Anne Boleyn）為妻，加速英國脫離天主教會和宗教改革的腳步。這一時期，亨利八世最信賴的主政大臣湯瑪斯・克倫威爾（Thomas Cromwell）召來一小群英國最厲害的神學家，協助尋找證據支持國王的說法，證明他才是英國教會領袖，而非教宗。神學家們前往英國各地，從修道院圖書館蒙塵的典籍蒐羅有利事蹟，集結成大部頭書籍，並為了省事，絕口不提支持或認定教宗等同於最高神權的大量文獻。

　　近期則有布雷特・卡瓦諾（Brett Kavanaugh）被提名為美國最高法院大法官的爭議，當中有許多明顯可見的選擇性搜尋跡象。當卡瓦諾被指控性侵時，共和黨國會議員仔仔細細調查了指控卡瓦諾的女性，甚至訪問她在約莫 25 年前就讀研究所期間約過會的男性，企圖挖出暗示該名女性有錯的證據。[7] 在此同時，美國聯邦調查局被指示調查這起案件，但被告知不需要調查得太認真。川普嚴格限制了聯邦調查局的調查範圍，[8] 顯然希望調查不會翻出更多顯示卡瓦諾有罪的細節。

　　下面這個關於選擇性搜尋的例子，在美國長大的讀者應該都曉得。美國的小學生都學過五段式作文法，而維基百科這樣描述五段式作文中每一段的功能：

前言的目的在於告訴讀者文章的基本前提，並描述作者的論點或中心思想……分成三段的主文要提出一點或多點證據、事實等來支持文章主旨。結論段……分析並總結整篇文章。[9]

選定一個立場，用第一段描述你的立場，接下來閱讀文獻，從中蒐羅支持該立場的證據，構成後續的三段內容。你是否心想，要找出反對的證據也很容易？別擔心，作業可沒這樣要求你。五段式文章可是經過老師批准的資訊操弄手法。

否認氣候變遷的扭曲手法

除了選擇性揭露，我們還會用另一種相當偏頗的方式製造證據，達到操弄資訊的效果：不管真相，只要檢驗之後出現的是看起來有利的證據就行了。

2015 年，艾爾‧高爾（Al Gore）為推動氣候變遷教育所創辦的非營利組織「氣候真相計畫」（Climate Reality Project）在官網發表文章，指出氣候變遷否定論者經常使用哪些手法去扭曲關於氣候變遷的事實。他們強調，氣候變遷否定論者會特別挑選氣候特別炎熱的年度，例如 1998 年，然後將那一年與之後的年份比較，再告訴你地球的氣溫並沒有上升。另一種常見手法是歡天喜地指出氣溫特別低的那幾天或寒流來襲的日子，當作地球暖化沒有發生的「證據」。[10]他們顯然忽略兩件事：一、天候會改變；二、雖然科學家預估平均氣溫會持續上升，但是溫差本身也會變大，代表了極低溫的出現頻率更高。

　　是的，氣候變遷否定論者刻意從「全球暖化並未發生」的說法出發，去挑選特定的氣候變化趨勢。然而，想辦法找出從哪一年起算能顯現這樣的趨勢，會是衡量地球是否暖化的最佳做法嗎？顯然不是。此外，一如選擇性揭露和選擇性搜尋一樣令人費解：即使人們曉得，寒流來襲才發推文表示氣候並未變遷，其實只是提出偏頗的氣候統計資料，但為什麼氣候變遷否定論者仍然喜孜孜地發推文？

　　我們會尋找能確認預期結果的證據，而刻意挑選只是其中一種做法。2020 年川普競選連任時的一份問卷調查結果說明，還有另一種製造有利證據的方式。這份問卷向受訪者提問：「目前為止，你認為川普總統的施政表現如何？」答案選項包括「優異」、「很好」、「普通」等。[11] 調查結果揭曉，是的，川普獲得民眾的支持。相反結果有可能出現嗎？不會。調查有參考價值嗎？沒有。另外一個明顯的例子則是：英國首相東尼・布萊爾（Tony Blair）在發現證據並不支持海珊推動大規模毀滅性武器的說法時提議：「營造海珊拒絕大規模毀滅性武器檢查的樣子。」只要營造出海珊拒絕接受檢查的樣子，海珊究竟是否持有大規模毀滅性武器就不重要了。

　　究竟誰最該為製造確認性證據負責？也許你不知道答案，但其實就是科學家。科學家的製造方法有兩種，一種是進行模稜兩可的實驗，使結果同時符合自己偏好支持的理論，又不與相反論調衝突。另一種則要提到 2010 年代初，社會科學領域開始飽受「再現危機」（replication crisis）的爭議打擊。有一小群統計學大師自發向世人揭露，許多知名的研究結果其實站不住腳，僅是統計上的偶然，無法再現（這真是令人震驚）；但就在幾年前，醫學研究也飽受相同的

爭議打擊（這真是雙重震驚）。怎麼會這樣呢？其實研究人員有許多招數可以不斷研究，直到找出自己期望的結果。他們可以投入多項實驗變數，卻只報告顯示特定結果的實驗；他們可以執行數次統計檢驗，卻只報告產出最佳結果的檢驗；他們可在實驗將要產出符合統計顯著性的結果之前，立刻終止實驗。只要你投入大量時間和金錢，就能得到想要的結果：儘管結果無法再現，也不具多少教育意義。這就是問題所在。[12]

◆

我們有許多操弄資訊的方法，選擇性揭露、選擇性搜尋、無鑑別度檢驗只是其中三種。現在，我們要來分析，這些賽局如何維持均衡。

證據賽局

想要找出問題的解答，我們必須先建立三種簡單的賽局，它們只是某一種賽局的變體而已。這些賽局可描述當訊號發送者希望說服訊號接收者抱持特定信念，而且他也可以運用某些工具來影響那些信念時，他會如何行動。發送者最重要的一項工具就是他能掌控手上的證據，因此這些賽局稱為**證據賽局**（evidence games）。

開始進入實際模型前，我們要先花點時間好好解釋一下，當我們談到「證據」和「說服」時分別代表什麼意思。

■ 狀態、事前／事後機率、說服

讓我們從定義**狀態**（state）開始。狀態是訊號發送者希望說服接收者相信的事情，求職者可能想說服招聘人員相信他具備做這項工作的資格；被告可能想說服陪審團相信他不是殺人犯。在這兩個例子和本章所要探討的所有例子裡，只有兩種狀態，我們分別稱之為「高階狀態」和「低階狀態」。

每當我們提及「狀態」時，我們也必須告訴你這些狀態發生的機率。我們假設高階狀態的發生機率為 p，代表**事前機率**（prior probability），也就是證據提出前，每個人都相信的事實。例如，求職者符合資格的機率為 30%，或殺人案被告有罪的機率為 65%。

接收者並不曉得實際的狀態，他會以前述的事前機率當作起點，再根據自己看見的證據和自身的期望來發展出**事後機率**（posterior probability）的信念。[13] 關於接收者的事後機率如何構築出來，必須花一些時間才能說得清楚，而這裡的重點在於事後機率決定了發送者的報酬。

不過，不論接收者的事後機率正確與否，都不影響發送者的報酬，而證據乃至狀態也都不受影響。因此，不論實際狀態為何，發送者的目的都是盡量影響接收者的事後機率，使接收者更有可能相信高階狀態就是實際狀態。換言之，不論求職者是否真的符合資格，他所期望的都是讓招聘人員相信自己符合資格；不論被告是否真的犯下殺人罪，他所期望的都是讓陪審團相信自己沒有殺人。這就是我們使用「說服」一詞所代表的意義：發送者藉由讓接收者相信高階狀態，使自己的報酬增加。

■ 證據

接下來我們要談一談「證據」。證據的主要作用在於提供關於實際狀態的資訊，畢業生代表證書證明了求職者是優秀的應徵者，而被告藏在衣櫃裡的凶器則證明了他是凶手。

不過，我們希望證據還要具備幾項特點。第一，某樣證據（例如表示某人曾經擔任畢業生代表的證書）只有存在或不存在兩種可能性。應徵者要嘛有證書、要嘛沒有證書，或者被告的屋裡有凶器或沒有凶器。

第二，如果證據存在，我們不必費力就能加以驗證。求職者可以向面試官出示證書，也可以掃描後寄出電子檔；他也可以告訴面試官頒發證書的學校，讓面試官打過去驗證求職者是否曾經擔任畢業生代表。

第三，我們無法毫不費力地證明「證據並不存在」。舉例來說，我們無法輕易證明凶器沒有被藏在某處。

第四，發送者無法輕易偽造證據，或偽造證據之後，無法輕易開脫。是的，求職者可以偽造證書來證明自己曾經擔任畢業生代表，但偽造證書需要特殊器材，而且面試官也許會直接打電話向學校求證證書的真偽。再說，面試官也有可能打給報社，甚至報警。因此，基於這些模型建立的目的，我們就假設發送者不可能偽造證據。

現在，我們要來建立證據的模型。首先，我們要分別指定不同狀態下，證據存在的機率。高階狀態下，證據存在的機率為 q^h；低階狀態下，證據存在的機率為 q^l。因此，假如 6% 的優秀求職者曾經擔任畢業生代表，0.1% 的糟糕求職者曾經擔任畢業生代表，那麼 q^h

$= 6\%$，$q^l = 0.1\%$。

假設 q^h 和 q^l 為已知（之後我們會更改這項假設），並假設只要證據存在就會被看見（之後這項假設也會變更），因此接收者看見證據後，會直接改變對狀態抱持的信念。這裡需要運用貝氏定理，貝氏定理用一條方程式來告訴我們，看到證據的時候，高階狀態發生的機率為何。根據貝氏定理，如果你收到證據，則高階狀態的發生機率為 $pq^h \div [pq^h + (1-p)\,q^l]$；如果沒收到證據，高階狀態的發生機率為 $p(1-q^h) \div [p(1-q^h) + (1-p)(1-q^l)]$。

在我們的例子裡，如果你看見畢業生代表證書，那麼你相信求職者符合資格的機率為 96%，這反映出，畢業生代表多半符合求職資格；相反地，如果你沒有看見證書，那麼你相信求職者符合資格的機率為 28.7%，略低於 30% 的事前機率，但差異不大。由於許多符合工作要求的求職者，在校時期不曾擔任畢業生代表，所以這個數字很合理。[14]

什麼樣的證據才有用

我們要強調證據具有三項特性。你將看見，這三點在分析中扮演了要角。

如果某個證據能使你更加相信某個狀態，則我們稱之為支持證據或有利證據。畢業生代表證書是其中一例，看見這個證據會使面試官更有可能相信面試對象是合格的求職者：當他看見證據，事後機率為 96%，而事前機率僅 30%。貝氏定理告訴我們，高階狀態下比較容易產生的證據（$q^h > q^l$）是支持證據。請注意，就算 q^h 很小，

只要 q^h 大於 q^l，依然可以產生支持證據。事實上，我們已經在剛才的例子看過了。q^h 只有 6%，但仍然大於 q^l 的 0.1%。也就是說，雖然大部分符合工作要求的求職者都不曾擔任畢業生代表（畢竟當過畢業生代表的人少之又少），但只要擔任過畢業生代表，仍會提高面試官相信你是合格求職者的事後機率。

如果 q^h 和 q^l 都很高，則表示證據很有可能存在或很常見；如果 q^h 和 q^l 都很低，則表示證據很罕見。這一點並不影響它是不是支持證據。以我們的例子來說，大部分的求職者都不曾擔任畢業生代表，事實上只有 1.87% 的求職者（= 30% × 6% + 70% × 0.1%）當過畢業生代表。這項證據非常罕見，但它是很強的支持證據！

如果看見證據會大幅改變你的事後機率，那麼我們也說這些證據是具有鑑別度或資訊豐富的證據。q^h 和 q^l 之間差距愈大，事後機率的變動幅度就愈大，代表證據的鑑別力愈強。在 $q^h = 1$ 且 $q^l = 0$（或 $q^l = 1$ 且 $q^h = 0$）的極端例子裡，不論你事前抱持怎樣的信念，看見證據後你會獲得完整資訊並確知狀態，我們可以預期到，事前機率的變動幅度就是這麼大。而在另一種 $q^h = q^l$ 的極端例子裡，證據被觀察到所產生的事後機率和事前機率 p 一樣，代表觀察者無法獲得任何有用的資訊。這裡也請注意，不論證據是否具鑑別度，都與它是不是可能存在的證據或支持證據無關。

接下來：我們要用第一個模型來分析發送者會選擇分享怎樣的證據，再討論發送者會花費精力搜尋什麼證據，最後則討論發送者會嘗試製造怎樣的證據。

模型 1：揭露

我們在這個模型中假設，假如證據存在，發送者會觀察到證據，並進一步決定是否向接收者揭露證據。只有在發送者選擇與接收者分享時，接收者才看得見證據。當他看不見證據，他並不曉得原因出在證據不存在，還是發送者選擇不分享證據。為了簡化，我們假設變數 q^h 與 q^l 為已知，且發送者一次針對一項證據作決定。這是一個非常簡單的情境假設，卻能精確體現我們先前強調的關鍵證據特性。尤其請注意，若發送者取得證據，他可以藉由發送證據來證實自己取得證據；但另一方面，發送者無法偽造證據，也無法證明自己未取得證據。

我們所要聚焦討論的問題：在 q^h 與 q^l 數值固定的情況下，發送者會選擇揭露還是隱瞞？如你所見，發送者是否揭露證據會是一條由 q^h 和 q^l（以及 p）組成的函數。理論上，發送者有許多選擇，想怎麼做都可以，例如只分享罕見的證據，或只分享鑑別度高的證據；[15]也可以只在事前機率低的情況下分享證據。[16] 實際上，我們只會專心討論一種策略：發送者只在 $q^h > q^l$ 的情況，揭露證據的策略。換言之，假如是支持證據，選擇揭露；假如不是，選擇隱藏。我們將此稱為「支持性揭露策略」。

接下來要看，接收者如何構築信念。我們假設，接收者會根據對發送者的預期和他看見的情況來構築自己的信念。來解釋一下這是什麼意思。假設接收者預設發送者採支持性揭露策略，且以先前提過的畢業生代表為例來看，$p = 30\%$，$q^h = 6\%$，$q^l = 0.1\%$。

當發送者向接收者揭露證據，要計算接收者的事後機率很簡單，

而我們在前面計算過，此時事後機率為 96%。假如接收者沒有看見證據，他會預設發送者未持有證據，因為這是支持證據，持有證據的發送者應該會選擇揭露。我們也在前面計算過，此時事後機率為 28.7%。

再挑一個不是支持證據的例子。假設 $p = 30\%$，但 $q^h = 0.1\%$，$q^l = 6\%$。嗯，現在接收者預期發送者不會揭露證據，沒有看見證據，則信念不會有任何改變。事後機率和事前機率一樣，都是 $p = 30\%$。

假如出乎意料，接收者真的看見證據，事後機率還是會改變，而且變成 0.7%，簡直糟透了！

以下依照先後順序，摘述這場賽局的各種運作機制，希望能幫助你理解：

1. 狀態已經確定，高階狀態發生機率為 p。接著要確定證據是否存在，高階狀態下證據存在的機率為 q^h，而低階狀態下證據存在的機率為 q^l。

2. 發送者觀察證據是否存在。若證據存在，可決定揭露或隱瞞。決定為何，取決於 p、q^h、q^l。

3. 若證據存在，且發送者選擇揭露，則接收者可看見證據。否則，接收者無法看見證據，且無法分辨原因出在證據不存在，還是證據存在但發送者隱瞞。接收者根據所見情況，以及對發送者的行為期待，更新對狀態的信念。

4. 發送者的報酬取決自接收者的信念。發送者的報酬隨著接收者對高階狀態的信念嚴格遞增，但報酬與狀態本身，以及證

據是否存在、分享與否，並無關聯。

　　主要結論是：支持性揭露策略是這場賽局的唯一均衡。換言之，在均衡狀態中，只有當證據是支持證據時，發送者才會揭露證據（若且唯若 $q^h > q^l$）。[17] 接收者會根據前面描述的過程構築信念，比較特別的情況是，如果沒有看見支持證據，他對狀態的信念不會有太大的改變，因為他知道發送者無論如何不會揭露證據。[18]

　　我們可以透過標準分析技巧，了解為什麼這是納許均衡：檢查發送者選擇改變，能否獲得好處。假如發送者無法取得證據，他就什麼都不能做；所以我們只需要檢查兩種可能的變化情況：隱瞞支持證據，或揭露不利證據。

　　隱瞞畢業生代表證書之類的有利證據不會帶來太大幫助，因為接收者預期發送者會揭露這類證據，假如發送者並未揭露，他會假設發送者並未持有證據，並下修事後機率。在我們給的例子裡，$p = 30\%$，$q^h = 6\%$，$q^l = 0.1\%$，替換原本揭露有利證據的選擇，改成隱瞞有利證據，會使接收者的事後機率從 96% 降至 28.7%，下降幅度明顯。整體而言，只要 $q^h > q^l$，改變就會導致事後機率下降，即發送者的報酬降低。

　　若發送者選擇改成揭露不利證據呢？在這個情況中，發送者選擇改變之前，接收者預期發送者不會揭露這類證據，因此當證據並未出現，接收者的事後機率會和事前機率一模一樣，沒有改變。若不利證據被揭露，接收者雖然驚訝，仍會根據證據構築信念。由於這是一項不利證據，事後機率會下降。舉例來說，當 $p = 30\%$，$q^h =$

0.1%，$q^l = 6\%$，接收者相信的機率會從 30% 下降至 0.7%。講出凶器藏在衣櫃裡，可不是讓陪審團與你站在同一邊的好辦法。

請注意，在均衡點上，接收者知道發送者可以選擇隱瞞證據，因而會依發送者的做法作相應的解讀。儘管如此，發送者仍然會盡可能作最佳選擇。

模型 1 就分析到這裡。接下來，我們要證明，發送者一樣只會搜尋支持證據。

模型 2：搜尋

前一個賽局裡，我們假設如果證據存在，發送者自動就會看到。而在這個賽局，我們要討論如果發送者需要花費精力尋找證據，會發生怎樣的情況？這個模型的關鍵假設是：接收者看不見發送者在搜尋上花了多少功夫。表示當他沒有看見證據，他無法分辨原因出在證據不存在，還是發送者沒有努力搜尋。

我們要像先前那樣建構模型。這次一樣有高階和低階兩種狀態，而高階狀態的發生機率為 p，參與者同樣無法直接觀察到狀態。同樣地，證據不一定存在，高階狀態下證據存在的機率為 q^h，低階狀態下證據存在的機率為 q^l。

發送者是否取得證據，取決於證據是否存在，以及發送者是否努力搜尋。為了簡化，我們只討論兩種努力程度：消極以對和全力以赴。若證據存在，消極以對的發送者，取得證據的機率為 f_{min}，全力以赴的發送者，取得證據的機率為 f_{max}，其中 $1 \geq f_{max} > f_{min} \geq 0$。有一點我們還是提一下：假如證據不存在，不論發送者多麼努力搜尋，

都不可能找到。

發送者積極搜尋證據必須付出成本。消極以對的成本為 0，全力以赴搜尋的成本為 c，且 $c > 0$。舉例來說，c 可以是中情局探員分析衛星照片和電話文字稿，或查訪消息來源的工作時數。

重點在，接收者無法直接觀察到發送者是否努力搜尋。人民並不曉得中情局探員花了多少時間挖掘證據。

接下來的情節發展與模型 1 大同小異：若發送者取得證據，可選擇是否與接收者分享。然後，接收者會根據所見情況和對發送者的行為預期，構築事後信念。最後，當接收者的事後機率提高，發送者的報酬會增加。

如同先前的模型，發送者的選擇取決於 q^h、q^l 和 p，至少在理論上，他有各式各樣的選擇，例如：只全力搜尋鑑別度極高的證據並揭露所有找到的證據，或只在事前機率非常低的情況下搜尋證據，但永不揭露。但在實際情況中，這一次，我們一樣可以把焦點縮小到一種策略，即發送者會全力搜尋所有支持證據，並揭露取得的證據。此外，發送者只會消極搜尋不利證據，永不揭露；換言之，唯有在 $q^h > q^l$ 時，才全力搜尋並揭露證據。我們可以稱此為「支持性搜尋」，你可能猜到，支持性搜尋策略會是這場證據賽局的唯一納許均衡。

當接收者預期發送者採支持性搜尋策略，他將如何構築信念？姑且使用與先前相同的參數（$p = 30\%$，$q^h = 6\%$，$q^l = 0.1\%$）。我們可以假設，當發送者消極尋找存在的證據，證據的取得機率 $f_{min} = 5\%$；當發送者全力搜尋存在的證據，證據的取得機率 $f_{max} = 95\%$。由於這

是支持證據，因此接收者的預期是發送者會全力搜尋，而且如果取得證據，發送者會予以揭露。若接收者看見證據，其事後機率不變，仍然是 96%；[19] 若接收者未看見證據，事後機率降為 28.8%，[20] 而這是將發送者全力搜尋證據的狀況考量進來的事後機率。假如接收者預期發送者消極以對，事後機率仍會降低，但僅降至 29.9%。換言之，若接收者預期發送者積極搜尋證據，但沒有看見證據，此時事後機率降低的幅度會更大。

在伊拉克戰爭前，帶領聯合國調查伊拉克持有大規模毀滅性武器計畫的漢斯・布利克斯（Hans Blix），在反對出兵伊拉克時強調聯合國非常積極尋找證據：「我們大約發起七百次查驗，皆未找到大規模毀滅性武器。」目的想必是促使聽者將缺乏證據解讀為「既然聯合國都全力搜尋了，竟然還找不到」，以降低他們心中的事後機率。

以下是事情發展的完整時序，希望能幫助你理解：

1. 狀態已經確定，高階狀態發生機率為 p。接著要確定證據是否存在，高階狀態下證據存在的機率為 q^h，而低階狀態下證據存在的機率為 q^l。

2. 發送者選擇消極搜尋（$c = 0$）或全力搜尋（$c > 0$）。作決定的依據為 c、p、q^h、q^l。接收者無法觀察到這個決定。如果證據存在，消極以對的發送者找到證據的機率為 f_{min}，而全力以赴的發送者找到證據的機率為 f_{max}，其中：
$1 \geq f_{max} > f_{min} \geq 0$。

3. 假如發現證據，發送者可選擇是否揭露。
4. 接收者會預期發送者會不會積極搜尋證據，並根據這個預期來更新事後信念。當接收者相信高階狀態，發送者的報酬會增加。

我們說過這場證據賽局的唯一均衡為：搜尋成本不會太高，發送者採取支持性搜尋策略。因為若搜尋成本過高，發送者不會搜尋；成本過高意味著發送者會衡量成本 c 與努力搜尋的預期效益，亦即證據找到後，接收者信念提高的效益。[21]

在此同時，接收者會預測發送者的行為，比起消極的發送者，當積極的發送者無法找到支持證據，接收者的事後機率下降幅度較大。而且如先前所討論，對於沒看見非支持證據毫不在意。

儘管如此，發送者無法透過改變獲得好處。改為消極搜尋支持證據，對發送者有害無益：雖然向接收者展示支持證據的機率下降，但因為接收者仍預期他全力以赴，所以當接收者未看見證據時，會根據預期構築事後信念，這是很糟糕的結果。當然，改為積極搜尋不利證據一樣沒好處。這是因為發送者要多負擔搜尋成本，去搜尋自己根本不想揭露的證據。

模型 3：檢驗

第三個模型要討論：發送者可以決定檢驗方式，由此得到想要的證據。

此時我們假設發送者對 q^h 和 q^l 有某種程度的掌控力。具體來說，

我們允許發送者在一組數值中選擇 q^h 和 q^l 的數值。[22] 由於我們已經知道發送者不會想要檢驗出非支持證據，所以焦點可以縮小至只檢驗支持證據（由此可知 q^h 始終大於 q^l）。接收者只知道 q^h 和 q^l 落在某個區間，無法得知發送者如何選擇。發送者選擇後，根據狀態以及發送者選擇的 q^h 和 q^l 形成證據。後半段和前面兩個模型一樣：發送者一樣要選擇是否向接收者揭露檢驗產生的證據，接收者一樣會根據自身所見以及自己對發送者會如何選擇的預期，更新事後機率。

舉例來說，假設 $p = 30\%$，發送者可從兩種檢驗中選擇。兩種檢驗的 q^h 都是 6%，但其中一種 $q^l = 1\%$，另一種 $q^l = 0.1\%$。在這個例子裡，當 $q^l = 0.1\%$，q^h 和 q^l 差距較大，這是鑑別度較高的檢驗。假如接收者預期發送者選擇 $q^l = 0.1\%$ 的檢驗，事後機率我們計算過：接收者看見證據的事後機率為 96%，沒看見證據的事後機率為 28.7%。不過，另一種 $q^l = 1\%$ 的檢驗是比較有可能產生證據的檢驗：高階狀態下證據的取得機率相同，但低階狀態下證據的取得機率較高。不過，q^h 和 q^l 的差距較小，檢驗的鑑別力較差。我們可以從接收者的事後機率看出為什麼鑑別度較低。當接收者預期發送者選擇此種檢驗，看見證據的事後機率為 72%，而沒看見證據的事後機率則為 29%。看見證據不會對他造成太大影響，沒看見證據，事後機率也不會下降太多。

以下這個現實世界的例子有助於理解模型。請想像你是發送者，正在設計國民對總統施政滿意度的調查問卷。你可以決定要放哪一些問題、受訪者可以在哪些答案之中作選擇、問卷發給哪些對象、要發給多少人等。這些決定會影響 q^h 和 q^l，進而影響證據的屬性。

為了顯示這點，現在我們假設國民對總統的滿意度為高階狀態：高、低階狀態下，問卷調查取得有利回應的機率分別為 q^h 和 q^l。你可以選擇只將問卷發給總統的死忠支持者，那麼就算總統普遍不受人民愛戴，仍然有高比例受訪者表示總統做得很好，此時 q^h 和 q^l 都很高，原因就在於你選擇了不具鑑別度的檢驗。相反來看，你也可以針對總統的成就與失敗設計問題多元化的問卷，讓受訪者能夠選擇表達滿意或不滿意，並將問卷發給具代表性的樣本。如此一來，假如總統真的深受愛戴，就有可能收到有利回應；假如總統不受愛戴，就有可能收到不利回應。換言之，q^h 很高，q^l 很低，具有鑑別度。不論你選擇哪一種檢驗，其他人都會看見調查結果，得知結果是否對總統有利。不過，若要得知問卷的設計方法，則必須深入了解才行；當然啦，他們也許有足夠的經驗或能力去推敲問卷的設計方式，進而影響對結果的解讀。

以下依照時序，摘述賽局的運作機制：

1. 狀態已經確定，可為高階或低階狀態。高階狀態發生機率為 p，發送者或接收者都不曉得狀態為何。

2. 發送者從某個可選擇的範圍，選擇 q^h 和 q^l，且 $q^h > q^l$。發送者可參考 p 來選擇，但無法以實際狀態為選擇依據。雖然接收者知道有哪些選項，但無法看見發送者的選擇。證據已經確定可以是存在或不存在，其機率取決於狀態，以及發送者對 q^h 和 q^l 的選擇。

3. 其他和模型 1 相同。發送者選擇是否揭露存在的證據，接收

者則根據所見，及其對發送者如何選擇 q^h 和 q^l 的預期，構築事後信念。發送者的報酬與接收者的事後機率為一條遞增函數。

在均衡點上，發送者會同時讓 q^h 和 q^l 最大化。嚴格來說，是讓取得證據的機率 $[pq^h + (1 - p)q^l]$ 最大化，並揭露取得的證據。這個無鑑別度檢驗策略可確保支持證據很有可能出現，同時讓證據無法傳達太多資訊。

因為接收者會預期到這點，所以不會太認真看待證據，因此信念也不太會更動。我們舉出的例子即是這個情況：當接收者預期發送者選擇 $q^l = 1\%$ 的檢驗，不論是否看見證據，事後信念的變動幅度都比較小。

而且，與前面兩場賽局一樣，發送者無法透過改選鑑別度較高的檢驗來讓自己變得更好。如果他選擇鑑別度較高的檢驗（在上面的例子裡，$q^l = 0.1\%$），接收者不會知道他選擇鑑別度較高的檢驗，依然會認為他選擇不具鑑別度的檢驗（$q^l = 1\%$），並根據這個想法去解讀證據：當他看見證據，事後機率會維持在 72%，而非知曉發送者選擇何種檢驗時的 96%；而當他未看見證據，事後機率不會改變（無益），但發送者讓接收者看見證據的機率降低了（有害）。

或者，回到民調的例子：從發送者的角度看，最佳問卷設計方式是只問支持者，而且只問引導性強的問題，藉此盡量提高「總統受人民愛戴」這個有利結果的出現機率。看見結果的人不一定知道問卷調查的設計細節，但會猜測那是無鑑別度檢驗，不會太相信問

卷結果。儘管如此，總統幕僚不會想採取鑑別度較高的問卷調查方法，除非能有辦法證明所採用的是鑑別度較高的調查，否則無論如何，別人都會認定問卷調查有所偏頗。

◆

雖然前面討論完的這三種證據賽局，每一種關注略微不同的資訊操弄方式，但三者之間還是有許多共通點。讓我們來討論其中一些共通之處，並檢查我們的假設是否合理。

發送者擁有私有資訊。私有資訊是指並非所有參與者都知道這項資訊。這是三種證據賽局模型的共同核心概念。模型 1，只有發送者知道自己手上有什麼證據；模型 2，只有發送者知道自己是否努力搜尋；模型 3，只有發送者知道自己選擇怎樣的檢驗。此時私有資訊帶來誘惑，對發送者來說，不好好利用太可惜。在第一個模型，只有發送者知道自己是否取得支持證據，給了他隱瞞證據的機會。在第二和第三個模型，只有發送者知道自己是否努力搜尋或選擇怎樣的檢驗，代表他可以選擇：使支持證據取得機率最大化的做法。

當然，在這些例子裡，接收者預期發送者會操弄只有他自己知道的私有資訊，但有所預期並不等於觀察到。在第一個模型中，接收者知道發送者有可能取得非支持證據，但仍然無法看出發送者是否真的取得了。在第三個模型中，接收者會預期發送者如何選擇，但假如發送者嘗試改變選擇，接收者也無法看出來，因而無法獎勵這麼做的發送者。

發送者擁有私有資訊的假設，是否符合現實？我們認為是的。IG 使用者了解自己的照片，而追蹤者只能看見貼文；執行長比投資人更清楚了解公司的績效表現；錢尼比社會大眾更清楚中情局會如何行動；研究人員比參加研討會的人更清楚了解自己的資料，以及可以進行怎樣的檢驗。簡言之，關於取得的證據以及證據的取得方式，訊號發送者確實往往能比其他人擁有更多資訊。

發送者可以省略資訊，但無法順利偽造資訊。我們的模型也假設，發送者可以做某些事而不受懲罰，但有些事則無法順利辦到。我們假設發送者可以隱瞞證據、隱瞞是否努力搜尋、隱瞞採用哪種檢驗方式，但假設發送者無法順利偽造證據。假如其他人可以嚴懲隱瞞資訊的行為，發送者就不會隱瞞資訊；假如發送者可以順利偽造證據而不受罰，就會偽造證據。

不可否認，我們的假設很極端。在現實生活中，隱瞞資訊有時會為自己招來麻煩，而且你有時候可以順利造假而不被抓到。我們是用極端的例子表達：一般而言，做某些壞事通常比較容易開脫（也就是，隱瞞資訊），但有些壞事比較難以開脫（偽造證據）。

首先，偽造證據比隱瞞證據更容易被抓到。舉例來說，面試官只要打電話給求職者就讀的學校，就能驗證求職者是否謊稱當過班級畢業生代表。但面試官必須打電話給求職者讀過的每一間學校、求職者過去的雇主、求職者曾擔任志工的機構等，才能驗證求職者是否在履歷中隱瞞犯罪情事。除此之外，假如被抓到，偽造證據（有所作為）所受的處罰通常比隱瞞證據（無所作為）來得重。之後的章節會討論為何如此，目前，我們只打算指出這是常例。

在 IG 上，你絕對不可以上傳不是自己拍攝的照片，很多時候這麼做會觸犯法律，但如果你曾經剪了糟糕的髮型，但不把那段時間的醜照貼上去，沒有誰會怪你。偽造資訊的執行長多半會丟掉飯碗，甚至鋃鐺入獄，就像安隆公司的傑佛瑞・史基林（Jeffrey Skilling）和塞拉諾斯公司的伊莉莎白・霍姆斯（Elizabeth Holmes）那樣；但賈伯斯和馬斯克這一些資訊操弄大師很少受罰，更別說人們甚至還很推崇他們。

在學術圈也有類似事蹟。哈佛大學的馬克・豪瑟（Marc Hauser）因為偽造數據東窗事發而被解僱，他想藉由出書東山再起，但徹徹底底地失敗了。與此同時，沒有什麼社會科學家因為進行了無鑑別度檢驗，而必須面對嚴重後果。這些例子都告訴我們，偽造比無作為受的懲罰更重，看來是個與現實相符的假設。

接收者會根據發送者的行為，進行調整。在這三類賽局中，接收者都會用精密複雜的方式構築關於狀態的信念，他不只要考量發送者的把戲，還要使用貝氏定理計算機率，彷彿沒什麼能難倒他。

第一個模型最能清楚顯示接收者隨發送者的做法調整。我們比較接收者對缺乏支持證據的發送者，以及缺乏非支持證據的發送者，是否有所差別：當求職者未能在履歷表上寫出曾任畢業生代表，面試官幾乎可以斷定，這名求職者實際上未曾擔任學校的畢業生代表。然而，不揭露持有凶器的被告，並不會使陪審團改變對被告是否為殺人凶手的看法。

第二個模型也是。接收者會考量未提出證據的發送者是否努力搜尋，若為支持證據，且發送者積極搜尋，接收者的事後機率下修

幅度較大。第三個模型的調整行為發生在：相較之下，接收者不會
認真考慮確認性證據。

現實世界的訊號接收者真的會像模型所提出，去考量發送者的
行為嗎？我們確實會在別人無法提出支持證據時產生負面推論，尤
其是在認定發送者積極搜尋證據的情況下。我們知道，其他 IG 使
用者不會把人生低谷的照片貼上 IG；我們甚至知道，如果有人很久
沒發文，可能需要關心一下，也許對方過得不好。同樣地，我們會
預期約會對象在第一次約會有所保留，即使對方不主動談論以前的
壞事，也不會太在意。投資人也知道，如果庫克沒有在法說會提到
iPhone，這個嘛，那一季的 iPhone 銷量很可能不太亮眼。歷史學家
或記者也一樣，資料來源未提及不好的事，他們不會就此認定沒有。
柯林・鮑爾（Colin Powell）發表知名（臭名昭彰）的演講後，聯合
國安全理事會並未與布希政府站在同一邊，想必是認為既然全世界
規模最大、資金最多、最先進的情報機構已耗費數月搜尋證據，仍
然缺乏有力證據，這就說明了許多事。學術文章審閱者也多半曉得，
研究人員略去某個明顯的數據、某張表格、某項統計檢定，這個嘛，
很可能是因為資料不太有利。

直覺也會告訴我們證據鑑別力不足。假如有人滔滔不絕地以
1998 年為起點談論氣候統計數據，你可以從中知道，對方並非隨意
講出這個年份，形跡可疑。我們通常無法確切分辨其他人是不是採
用無鑑別度檢驗，但我們曉得有這個可能性，所以別人的話不可盡
信。如果川普陣營宣揚如我們先前假設的民調結果，大部分的人不
會知道 95% 的滿意度究竟從何而來，但可以憑直覺猜到，問卷裡放

的不是極具鑑別度的問題，或避免把問卷發給持相反意見的人。簡而言之，儘管這些賽局對現實世界的接收者條件要求頗高，但訊號接收者似乎可以勝任，而且他們不僅勝任，還實際參與。

　　現實世界的接收者當然不可能總是仔細考量發送者的行為。如果他們沒有特別留意發送者的能力和動機，也許不會完全隨著發送者的偏頗行為去調整自己的信念。舉例來說，他們可能會低估某些事情有多麼容易，像是重新進行實驗，或指派更多中情局探員去挖出與預定說法相符的訪談內容和照片；他們也有可能以為發送者毫無偏見，只是想傳達資訊，殊不知發送者的目的實際上是說服看資料的人。如此一來，接收者無法隨著發送者的資訊操弄行為來作適當調整，但發送者操弄資訊的動機並不會因此消除，發送者也不會因此選擇另一種資訊操弄手法。事實上，這只會讓發送者的操弄更具破壞力：除了蒐集、分享錯誤資訊（可見於我們的模型），還會讓接收者產生偏頗的信念（我們的模型無此情形）。

　　另外還有個情況，人們也可能不會隨對方操弄的資訊充分調整：當他們在騙局中參一腳的時候。舉例來說，看政治新聞的時候，我們「也許是」媒體意圖說服的對象，但我們「也可能」正在蒐集證據，想要以此說服他人，媒體只是證據的蒐集管道。此時，我們不會把媒體提供的資訊打折扣，因為我們其實不是訊號接收者，而是發送者。這和我們的模型並不衝突，只是分析起來要更謹慎。

　　儘管接收者心存懷疑，但發送者無法藉由改變來獲益，操弄資訊仍然會是均衡解。即使接收者留意到有操弄資訊的情形，並且會根據發送者的偏頗行為去調整自己的信念，但發送者別無選擇，只

能繼續操弄資訊。隱瞞支持證據或揭露非支持證據對他都沒有幫助，而更公正地搜尋或提供證據也沒好處，畢竟其他人還是會認為發送者偏頗，並以這個角度去評判發送者提供的證據。

也就是說，如果我們想知道，為什麼即使會被別人看穿，IG 使用者、企業執行長、錢尼副總統和學術圈的人仍然要進行選擇性揭露、選擇性搜尋和無鑑別度檢驗，這個嘛，模型指出了答案：他們是在均衡點上行動。這是唯一均衡點！他們懷抱說服他人的動機，而且關於他們手中的證據和取得方式，他們掌握了只有他們自己曉得的私有資訊，這就是原因。

◆

最後，我們要嘗試打破模型的某些假設，透過我們一貫的手法，看看能不能獲得更深刻的見解。

目前為止，發送者希望接收者相信他們是符合資格的求職者或不是殺人犯，而有些訊號發送者希望接收者相信海珊持有大規模毀滅性武器，另有一些發送者希望接收者相信川普是受人民愛戴的總統。重點在於「不論事情是否為真」，發送者希望接收者相信這些事。簡單來說，發送者的行為動機是說服。

讓我們來打破這個假設。畢竟，有許多情況，發送者希望提供資訊，而不只是說服他人。舉例來說，如果訊號發送者的目的是撮合兩個朋友，他當然希望雙方能墜入愛河，但如果兩人就是不合拍，除非他想一次失去兩個朋友，否則他也不會希望兩人誤以為彼此情

投意合。

　　另一個類似情況是，情報機構或許並不是在尋找開戰的理由，而是幫助總統和社會大眾正確認識某一個國家是否具有大規模毀滅性武力。還有，許多獨立於競選團隊的民調公司，單純希望訂閱者能清楚掌握輿論對總統的看法，他們又是如何呢？這樣的發送者會在三種賽局中如何行動？他們還是會只揭露和搜尋支持證據嗎？即使實際狀態是低階狀態，他們還是會採用盡可能取得支持證據的檢驗方式嗎？不會。在這三場賽局中，希望提供資訊的發送者會採取的行動，會與企圖說服的發送者相當不一樣。

　　在第一場賽局中，發送者會揭露所有他能取得的證據，不論是支持還是非支持證據。「傑夫是認真、有創意和傑出的商業人士。去年，他的身價增加了九百億美元！他有時候會不斷談論外太空，經常有些過於熱切。我也應該提一下，他個子不高，『頭全禿了』，但他有健身，我覺得他長得滿好看的，以科技業的人來說，算高顏值。你有興趣的話，我可以給你看照片。」

　　在第二場賽局中，發送者不會只搜尋支持證據，而是兩種證據都會搜尋。他會投入資源調查，除了去了解蓋達組織的新成員是否來自伊拉克（如美國中情局當年的發現），也會嘗試了解是否還有其他可能的理由。他會投入資源了解海珊個人是否涉入其中（我們最後得知他並未涉入），以及蓋達組織新成員是否也經常來自伊拉克的鄰近國家（我們最後得知他們經常來自鄰近國家）。當然，一般來說這是情報機構的正常做法。根據麥可‧伊斯科夫和大衛‧科恩的說法，在錢尼攔著中情局，不讓他們盡力搜尋會產生非支持證

據的線索前，中情局確實想要努力調查。

那第三場賽局呢？別忘了，希望說服對方的發送者，即使實情處在低階狀態，他也會盡力提高證據的取得機率，例如只向總統的支持者發送民調，或只擺上「優異」、「很好」、「普通」這一類的答案選項。想要提供資訊的發送者絕對不會這麼做。他們會設計極具鑑別度的測驗，將低階狀態下取得支持證據的機率**降至最低**。我們已經討論過能夠怎麼做了，包括：設計內含總統失敗經歷的多元化問題、同時給予能夠表達滿意與不滿意的選項、盡可能將問卷發給包括反對黨在內的眾多人士等。這就是獨立於競選團隊的民意調查機構在做的事。

由於選擇性揭露、選擇性搜尋、無鑑別度檢驗的出現時機是發送者的目的不在提供資訊，而在說服接收者，因此這些行為能在我們不確定時，幫助我們確認發送者的動機。如果某人想要撮合你跟他的朋友，而這個人一味說對方的好話，那你就可以推測這人並非真心在促成一對佳偶，而是一心一意要促成你們見面約會；威脅探員不得搜尋非支持證據的副總統（錢尼副總統據說如此），目的不在挖掘伊拉克是否持有大規模毀滅性武器的真相，而是帶著發起戰爭的目的從事宣傳；如果政治人物只會一字不漏地轉述精挑細選的氣候統計資料，很可能是拿了艾克森石油公司（Exxon）的政治獻金，諸如此類。選擇性揭露、選擇性搜尋、無鑑別度檢驗，是辨別訊號發送者是否抱持說服動機的好指標。

接下來，我們要打破第二項假設：發送者可以提出已取得的證據當作證明，但無法證明自己沒有取得證據。我們已經說過這項假

設通常很有可能是對的。執行長可以輕易地提出公司的特定績效統計數據，但他很難證明沒有投資人該擔心的統計數據；對情報機構而言，公布已經找到的證據比較容易，證明自己不遺餘力搜尋證據比較困難；研究人員要呈現特定迴歸結果很容易，要證明自己執行過各種相關迴歸檢驗，且所有檢驗都指向同樣的結果，則困難許多。

　　但有的時候，發送者可以證明他們沒取得證據的事情是真的。如果雇主認為有前科的人無法勝任工作（對前科犯來說，不幸的是，雇主通常如此認為），那麼我們可以預期，有前科的求職者會隱瞞這項非支持證據。然而，沒有前科的求職者只要說自己沒有前科就足夠了。有意僱用他們的人，可以做背景調查，驗證求職者的說法。因此，即使有些求職者可能試圖隱瞞非支持證據，雇主最後還是可以獲得資訊。事實上，這是由諾貝爾獎得主保羅‧米爾格隆（Paul Milgrom）提出的特殊案例。米爾格隆證明，當證據可以自由驗證，「接收者最後獲得完整資訊」會是均衡點。現在這已成為經典的研究結果。[23]

　　最後，有時候發送者可能無法輕鬆隱瞞自己的不作為。這就是預先登記（preregistration）制度成為規範後，社會與醫療科學界的景況。預先登記制度規定研究人員必須在實際分析前，公開預告將會如何進行統計分析。預先登記制度可以讓我們了解，研究人員是否略過某些事先承諾執行、可提供資訊的檢驗，藉此降低研究人員刻意忽略資訊的行為誘因。當刻意忽略的行為變得難以隱藏，操弄資訊的做法也會跟著減少，因而帶動科學進步。這類巧思可說是多多益善！

◆

　　這三種賽局是針對本章開頭所講的三種資訊操弄方式所量身打造的賽局，它們分別是：選擇性揭露、選擇性搜尋、無鑑別度檢驗。不過人們當然還有許多其他操弄資訊的方法，舉例來說，在交友網站 OkCupid 上，男性的平均身高比全國平均身高多了 5 公分，而且驚人的是他們的身高不多不少，剛剛好 183 公分。女性則比全國平均身高剛好多 2.5 公分。真的如此嗎？最有可能的解釋是許多 OkCupid 用戶將身高數字稍微誇大了一些，如果你相信部落格文章和論壇內容所寫，這也是 OkCupid 用戶本身抱持的一般認知。[24]

　　我們提的三種模型並未涵蓋這類資訊操弄方式。在我們的模型中，發送者先取得證據，再將證據發送給接收者。但在 OkCupid 網站上，你可以自己填寫身高，不需要提供證明。

　　但在這個例子，同樣可見這三類證據賽局的共通點：發送者的動機是說服（大家通常都愛比較高的伴侶）、存在私有資訊（OkCupid 用戶的身高），而且關於哪種謊言會被拆穿和受到懲罰（如同不作為，稍微誇大一些比較難發現或被證明），這件事情本身也存在不對稱性。在均衡狀態下，發送者會說謊，但有限度，只會把身高誇大 5 公分；而接收者雖然留意到他們說謊，會在部落格和論壇上表達失望，但發送者無法透過改變做法獲得好處：若接收者預期發送者會把身高誇大 5 公分，而發送者沒有這麼做，接收者會以為對方比實際身高矮 5 公分，導致發送者的約會機會變少。除此之外，諷刺的是，潛在配對者對發送者的身高預估，準確度會因此**降低**。

　　重點在於，儘管模型的細節會隨不同的資訊操弄方式而變化，但我們希望你在閱讀說明之後，能夠掌握前文強調的幾項共通點。

◆

　　下一章我們將看見，證據賽局不僅能解釋嘗試說服他人時所會出現的怪異行為，它還能解釋人們在說服自己時的怪異表現——即心理學家所說的「動機性推理」。

賽局 1：揭露

■ 設定

- 事件狀態只會是高階狀態或低階狀態兩種。
- 發送者的動機是說服，對應到我們的模型，表現在假設發送者的報酬會隨著接收者對高階狀態的事後機率遞增；發送者的報酬僅取決於此條件。
- 發送者有可能取得（或無法取得）「證據」。取得證據的機率取決於事情的狀態：高階狀態下的證據取得機率為 q^h，低階狀態下的證據取得機率為 q^l。我們稱高階狀態下較有可能

取得的證據為「支持證據」，此時 $q^h > q^l$。

● 發送者在取得證據的情況下，選擇是否揭露證據。

● 接收者根據 q^h 和 q^l、他是否預期發送者揭露證據，以及發送者是否真的揭露證據，去更新對狀態的信念。請注意，接收者不作選擇，也不會獲得報酬，僅止於更新信念。

■ 有利的策略組合

● 唯有在證據是支持證據的情況下，發送者才揭露證據。

● 接收者抱持與此相同的預期，並隨之調整信念。如果發送者沒有揭露支持證據，他會認為發送者沒有取得證據。但如果發送者沒有揭露非支持證據，由於接收者曉得發送者不會揭露非支持證據，所以他不會據此推論發送者是否取得證據。

■ 均衡條件

● 這個策略組合無論如何都是這場賽局的唯一均衡。

■ 詮釋

● 我們會在什麼時候看見別人選擇性呈現證據？即：當他們的動機是說服別人，且隱瞞證據比偽造證據更容易的時候。

● 何謂「支持」證據？當發送者希望別人相信某個狀態，這個狀態下，比較有可能產生的，即為「支持」證據。

賽局 2：搜尋

已選定狀態	發送者選擇是否要努力搜尋證據	發送者有可能取得（或無法取得）證據。若發送者取得證據，選擇是否揭露	接收者構築對狀態的信念

■ 設定

- 同樣地，事件狀態只會是高階狀態（機率為 p）或低階狀態兩種。發送者傾向讓接收者相信高階狀態，高階狀態下的證據產生機率為 q^h，而低階狀態下的證據產生機率為 q^l。

- 發送者選擇要消極以對，還是全力搜尋證據。若消極以對，則不需要支付成本，此時取得存在的證據的機率為 f_{min}。若全力搜尋，則需要支付 $c > 0$ 的成本，此時取得存在的證據的機率為 f_{max}，且 $f_{max} > f_{min}$。當發送者取得證據，選擇是否揭露。

- 接收者無法觀察發送者是否努力搜尋，但可以看見發送者是否取得證據。接收者構築信念時，會根據自己是否觀察到證據、q^h 和 q^l，以及自己對發送者是否努力搜尋的預期。

■ 有利的策略組合

- 發送者永遠不搜尋非支持證據，無論如何只搜尋支持證據。

- 接收者考量發送者有可能採取選擇性搜尋，因此看見支持證據時會認為發送者有全力搜尋。此時，比起發送者未努力搜尋的情況，事後機率的改變幅度較小。

■ **均衡條件**

● 接收者對發送者是否努力搜尋的信念，將會受是否看見證據所影響。唯有發送者的成本 c，數值小於發送者的預期效果時，發送者才會搜尋支持證據。此條件可寫成：$c \leq (f_{max} - f_{min})\Phi(\mu^1 - \mu^0)$，其中 $\Phi = pq^h + (1-p)q^l$ 是取得證據的無條件機率，$\mu^1 = pq^h f_{max} \div [pq^h f_{max} + (1-p)q^l f_{max}]$ 是接收者看見證據的事後機率，$\mu^0 = p[(1-q^h) + q^h(1-f_{max})] \div \{ p[(1-q^h) + q^h(1-f_{max})] + (1-p)[(1-q^l) + q^l(1-f_{max})]\}$ 是接收者未看見證據的事後機率，先決條件為接收者預期發送者全力搜尋。請注意，為了簡化，我們假設發送者的報酬與接收者的事後機率為一條線性遞增函數。

■ **詮釋**

● 只要證據的搜尋成本不會太高，發送者就會搜尋支持證據，但他永遠不會搜尋非支持證據。

● 我們會在什麼時候看見別人這樣選擇性搜尋？當他們的動機是說服別人，而且隱瞞搜尋過程的細節比隱瞞搜尋結果更容易的時候。

賽局 3：檢驗

| 已選定狀態 | 發送者選擇執行哪一種檢驗 | 發送者有可能取得（或無法取得）證據。若發送者取得證據，選擇是否揭露 | 接收者構築對狀態的信念 |

■ 設定

- 同樣地，事件狀態只會是高階狀態或低階狀態兩種。發送者傾向讓接收者相信高階狀態。

- 發送者不曉得狀態為何，必須選擇一種「檢驗方式」。每項檢驗都有一組機率（以 q^h 和 q^l 表示）。這組機率來自集合 Q，不論哪一種檢驗，集合 Q 內，$q^h > q^l$ 始終成立。

- 若 q^h 和 q^l 都很大，代表不論狀態為何，發送者都很可能取得證據，稱為「無鑑別度檢驗」。若 $q^h >> q^l$，代表高階狀態下，證據產生的可能性大很多，稱為「具鑑別度的檢驗」。

- 發送者選擇一種檢驗方式之後，狀態和發送者選擇的檢驗方式會影響證據的產生。證據產生，發送者就會取得證據，此時，發送者選擇是否向接收者揭露證據。

- 接收者無法觀察到狀態，或發送者選擇哪種檢驗方式，但知道有哪些可進行的檢驗方式（Q）。接收者只能看見發送者是否向他揭露證據，而他會根據發送者是否揭露證據、預期發送者從集合 Q 選擇的檢驗，以及是否預期發送者揭露證據，來構築狀態是高階的信念。

■ 有利的策略組合

- 發送者選擇同時使 q^h 和 q^l 最大化的檢驗，即不具鑑別度的無鑑別度檢驗。具體而言，他從 Q 當中選擇使 $pq^h + (1-p)q^l$ 最大化的 q^h 和 q^l，其中 p 是高階狀態的發生機率。若證據產生，發送者揭露證據。

- 接收者預期發送者選擇無鑑別度檢驗。因此，當他看見證據，信念的變動幅度不會太大。

■ 均衡條件

- 這個策略組合無論如何都是這場賽局的唯一均衡。

■ 詮釋

- 發送者會在什麼時候執行「無鑑別度檢驗」？即：當發送者的動機是說服他人，而且檢驗細節比結果更難被人觀察到的時候。

- 有些發送者的動機是說服他人，有些發送者的動機是提供資訊，兩種不同的發送者設計檢驗，會有怎樣的差別？以說服為目的的人，不論真相為何，認為支持證據產生機率愈大愈好；若是以提供資訊為目的的人，則只會希望在高階狀態下，產生支持證據。

- 一如前述，我們沒必要認為發送者或接收者「不理性」。

9

動機性推理

相信自己希望相信的

上一章，我們把焦點放在發送者試圖說服他人時如何扭曲證據；然而，IG 使用者、公司執行長和政治名嘴自己的信念最後經常也跟著扭曲了，至少和他們要我們所相信的一樣扭曲。我們要援用羅伯特・崔弗斯、威廉・馮・希伯（William von Hippel）和羅伯特・庫茲班（Robert Kurzban）的研究，[1] 在前一章的模型內增加一個簡單的變化，去解釋為什麼我們經常內化自己操弄的資訊。如此一來就能解釋許多偏頗的信念，以及占據心理學文獻一大部分的**動機性推理**（motivated reasoning）。

我們會先從介紹動機性推理文獻的重要發現開始，接著討論內化現象，以及內化與前一章的資訊操弄方式可如何用於解釋動機性推理。最後幾頁內容則證明，這樣可幫助我們分析動機性推理，或至少掌握個中意義。

過度自信：人總是把自己想得比實際更好，例如比真實狀況更健康、更聰明、更有魅力、更會開車等。下面的經典實驗證明了這點。

請看看下面這些關於特質的形容詞，並以1到7分來表示形容詞與你的相符程度，其中1代表「完全不符」，7代表「非常相符」。

勢利
樂於合作
體貼
缺乏技能
衝動
惡毒
憂愁
可靠
嚴屬
大膽
信任他人
古怪
叛逆
足智多謀
有禮貌
善良

現在，請以同學或同事為對象，再打一次分數。平均而言，他們在這些特質形容詞上獲得幾分？

你應該猜得到，在樂於合作、可靠等正面形容詞上，大家給自

己打的分數通常高於給一般同儕打的分數，而在缺乏技能、衝動等負面形容詞上，則是會將他人的分數打得比較高。如果你認為自己並未落入這個陷阱，這個嘛，只是讓你知道一下，大部分的人都和你一樣，認為比起一般人，他們在這個測驗中的偏見沒有那麼強。[2]

不對稱更新（asymmetric updating）：如果發送者的最佳化做法是只拿出支持證據，那麼對發送者而言，最佳化做法也是讓自己相信偏頗的信念，只根據支持證據更新信念，但不根據非支持證據更新信念。你怎麼會去內化並不打算交出去的非支持證據呢？你不需要這麼做，而且如崔弗斯等人所言，更糟糕的是，如果你內化了非支持證據，會有意外揭露非支持證據的風險。

事實上，不對稱更新是動機性推理文獻的主要核心。行為經濟學家賈斯汀・拉奧（Justin Rao）和大衛・艾爾（David Eil）以下面坦白講有些殘酷的實驗清楚說明了不對稱更新在動機性推理中的重要角色。[3]實驗一開始，受試者先替自己的智力和魅力打分數，接下來他們參加智力測驗，並由一組異性針對他們是否有魅力打分數。最後受試者收到分數，再次評估自己的智力和魅力。我們說了，這個實驗是有些殘酷。

完全理性的人應該要將智力測驗結果和別人打的魅力分數納入一開始的自我評量，如果收到了分數高於自我評估的好消息，就將評估分數提高，反之則減低。拉奧和艾爾分析實驗資料後發現，受試者確實會在收到好消息後將其納入考量，但收到壞消息時，卻幾乎不太會調整；也有其他研究得出同樣的結果。我們一般將其稱為「不對稱更新」。

不對稱搜尋：如果你打算相信支持證據，但不打算相信非支持證據，那麼你會去搜尋怎樣的證據？你會搜尋支持證據嗎？當然會。你會搜尋非支持證據嗎？才不會。每個人都是這樣的。丹尼爾·吉爾伯特（Daniel Gilbert）這樣說：[4]

當體重計顯示出壞消息，我們會趕快下來，再站上去測一次，確認沒有看錯螢幕上的數字，也沒有把太多力量放在單腳上。當體重計顯示出好消息，我們會微微笑，心滿意足地去淋浴。我們不帶批判地接受令人開心的證據，但在收到不滿意的證據時，卻堅持要求看到更多證據，我們微妙地用了對自己有利的方式量體重。

彼得·迪托（Peter Ditto）和大衛·羅培茲（David Lopez）在一場經典實驗裡，假裝邀請受試者前來實驗室，參與「心理特質與生理健康關係」的研究。[5] 他們要求受試者填寫一份問卷，並告訴受試者將接受簡單的醫學檢驗，檢查是否缺乏硫胺素乙醯酶，因為體內若缺乏這種東西，日後胰臟可能會出很多問題，相當恐怖。所幸，檢測硫胺素乙醯酶很簡單，用一款全新研發的試紙沾取唾液即可知道你的口水中有沒有硫胺素乙醯酶。受試者只需要對著杯子吐口水，再拿試紙放入唾液幾秒，試紙就會顯示你是否注定在痛苦中英年早逝。這當然是亂說的，硫胺素乙醯酶不足是實驗人員捏造的疾病，試紙則只是普通的白紙而已。

聰明的地方來了，迪托和羅培茲告訴一半受試者，如果體內缺乏硫胺素乙醯酶，試紙會變綠色；並告訴另一半受試者，如果沒有

缺乏硫胺素乙醯酶，試紙會變綠色。接著偷偷錄下受試者接受測驗的畫面。

　　被告知試紙變綠代表硫胺素乙醯酶不足的受試者很快就完成測驗。他們把試紙放進裝有唾液的杯子浸泡，看見試紙顏色沒改變，便開心地完成檢測。被告知試紙變綠代表沒有缺乏硫胺素乙醯酶的受試者則不是如此，他們多花幾乎 30 秒才完成檢測，而且會反覆放好幾次，頻率是前一組的三倍。再次引述丹尼爾・吉爾伯特所言：「好消息也許傳得慢，但人們願意等待好消息到來。」

　　為了顯示不只醫療檢測出現這個結果，迪托和羅培茲設計了情境與此截然不同的相似實驗，他們在受試者面前放一疊空白面朝上的索引卡，每一張索引卡下面都印有某一名同學填寫過的一道測驗題。當然，這份測驗也是假的，雖然上面的問題很簡單，但閱卷紅字顯示該名同學大部分的問題都答錯。實驗者先要求受試者回答他們是否對該名同學有好感，接著要求他們翻閱那疊索引卡，想翻看幾張都行，再請他們以索引卡為依據評量同學的智商。表示對同學抱持好感的受試者，翻看的張數幾乎多了 50%，他們希望找出足以力挽狂瀾的證據，最後仍不得不放棄，並對同學的智商作出評估。

　　雖然我們特別把迪托和羅培茲的研究拿出來講，不過他們想說明的其實只是不對稱搜尋的現象相當普遍：努力搜尋支持證據，例如顯示自己身體健康或朋友不是笨蛋的證據；並盡可能不去搜尋非支持證據，例如顯示自己生病或朋友其實很笨的證據。

　　態度極化（attitude polarization）：1970 年代，心理學家查爾斯・洛德（Charles Lord）、李・羅斯（Lee Ross）、馬克・雷波（Mark

Leper）邀請受試者到實驗室進行二階段的實驗，證明人們有態度極化的現象。[6]在第一階段，他們要求受試者閱讀一段宣揚死刑的文字：

> 克隆納與菲利浦斯（1977 年）比較實施死刑前後一年 14 個州的謀殺率。14 個州裡有 11 個州的謀殺率在實施死刑後下降。這項研究支持死刑的嚇阻作用。

受試者閱讀這段宣揚死刑的文字後，研究人員詢問他們是否相信死刑有助於遏止犯罪。

接著在第二階段，受試者看見其他研究人員對這項研究的批評及作者的反駁。最後，研究人員要求受試者評定那是否為一項完善的研究，以及研究是否針對死刑遏阻犯罪提出具有說服力的證據。

他們發現，在第一階段表示相信死刑有助遏止犯罪的人，在第二階段傾向相信研究完善又具有說服力；事實上，他們甚至表示更相信死刑可以遏止犯罪了。在此同時，認為死刑無法遏止犯罪的受試者雖然看見一模一樣的證據，卻以不同的角度加以解讀。他們揪著研究的缺陷，主張這不是一項完善或具說服力的研究，並表示自己更加反對死刑了。也就是說，即使看見一模一樣的證據，受試者對於爭議一開始採取的不同立場，會對信念的形塑產生截然不同的效果。

這幾位細心的心理學家改用不支持死刑的「研究」重複實驗，這些研究和相關評論也都是虛構的。他們同樣發現，相同證據對受試者的信念產生截然不同的效果，而效果為何，取決於受試者是否

支持死刑。

　　態度極化的研究問世後，這 40 年來，有更多顯示人們有態度極化現象的實驗室研究，態度極化也偶爾在時事的公共論述客串一角。也許有讀者記得一支在網路上瘋傳的影片，影片中有一群科文頓高中生戴著表達支持川普的 MAGA 帽 *，這群學生看起來在抗議過程中騷擾了名叫奈森‧菲利普斯（Nathan Phillips）的美國原住民男性。影片剛出現時在全美自由主義者之間引起公憤，但後來事情走向似乎益發讓人霧裡看花。激發事件的其實是宣揚仇恨的狂熱份子「黑色希伯來以色列人」（Black Hebrew Israelites），當時他們也在現場，對著科文頓高中的男學生辱罵種族歧視的字眼。男學生起初什麼都沒做，後來在學校活動督導的許可下開始呼喊學校的加油口號。喊到一半時，菲利普斯走到男學生團體中間，開始對著一名男學生打鼓，而影片「只」拍了這個衝突場景，畫面中男學生們嘻嘻訕笑、出聲叫囂。[7]

　　更多事件細節流出以後，輿論很快就倒向替高中生說話，並開始譴責在社群媒體上批評男高中生的自由主義者。但許多自由主義者堅持繼續責怪高中生，有時甚至抨擊得比先前更加激烈。

◆

---

* 譯註：MAGA 是 Make America Great Again（讓美國再次偉大）的縮寫。2016 年川普競選總統時以這句話做為競選標語。通常採紅底白字，印製在棒球帽上。

欺人之前，先讓自己相信

請想像你正在參加面試，試圖說服面試官你是符合資格的優秀人才；或者，你正在和人約會，試圖讓對方認為你是適合談戀愛的好對象。

現在，請想像你自己其實並不這樣相信，而這很可能引發各種問題。你也許認為反正不會有好結果，不為面試或約會多下功夫；而且你也許會說出某些話，顯示你不是能勝任職位的人，或不是談戀愛的好對象。即使你小心不要說錯話，對方還是有可能明顯看出你對工作或約會興致缺缺，因為你也許會在開口前遲疑，或者讓表情露了餡。包含我們先前提及的羅伯特·崔弗斯、威廉·馮·希伯、羅伯特·庫茲班在內，有一小群研究人員主張：當人們心中相信某件事，其他人很可能會察覺到。

有鑑於此，你會有很強烈的誘因要相信自己「是」優秀的求職者或好伴侶，即使你不是，你也要顯得比實際上更有自信。但要多有自信呢？我們能不能更精準地推估信念會如何隨證據調整？我們在前一章的分析這時就派上用場了。先前的分析顯示，人們有可能根據別人預期自己會如何使用證據，來隨著證據調整自己的信念。

舉例來說，你的信念應該傳達出支持證據嗎？是的，當然要！別人會預期你展現出這項證據，但如果你不把它納入信念，你就無法展現，導致對方以為你沒有支持證據。

如果是非支持證據呢？你怎麼會冒險洩漏自己知道這個證據？最好視而不見。那假使你是以偏頗的方式搜尋證據，或找出的支持證據鑑別度不太高呢？你的信念應該要反映這件事嗎？門都沒有。

要是沒有承認的必要，何必自投羅網？為什麼要冒險拿石頭砸自己
的腳？

　　當你只在取得支持證據時更新信念，卻不隨負面證據作調整，
當然會對自己過度有自信。但請注意，過度自信有既定模式：過度
自信反映的是人所能運用的一切支持證據，卻無法反映必須為搜尋
支持證據下多少功夫、可能隱瞞的證據，或證據實際上有多麼薄弱。

　　此外，更新信念的方式也具備前面所提的動機性推理的特色。
你的更新是不對稱的：忽略壞消息，只回應好消息。如果遇到不明
確的證據呢？你會用對自己最有利的方式解讀，並將解讀結果納入
信念，但不會納入解讀的過程。當另一個目標不同的人看見跟你一
樣的證據，他會用自己喜歡的方式解讀，最後你們將變得比原先更
兩極。

　　等一等，如果是騙人的謊話呢？你應該要開始相信虛構的童話
故事，認定自己曾經擔任畢業生代表，或曾經受到認可在返校活動
中被推選為「返校國王」、「返校皇后」嗎？最好不要這麼做，因
為被抓到說謊的機率很高，代價也很高，想要全身而退不太可能。
相較之下，因為忽略非支持證據，或透過偏頗、無鑑別度的方式產
生證據，就算被人戳破了，你還是有許多開脫的藉口。也許你是忘
記了、沒有看見，或不曉得你應該要檢視什麼、你沒有搞清楚狀況
等等。

◆

執行長、政客和投資人，誰最實在？

我們現在要將幾條證據組在一起證明我們的主張，也就是：可以用內化的說服解釋有動機的信念。讓我們先來看看信念是否真的會隨著說服的動機而改變。

曾在化石燃料龍頭艾克森美孚公司（Exxon Mobil）擔任執行長、後來擔任美國國務卿的雷克斯・提勒森（Rex Tillerson）並未否認氣候變遷，而是說我們對氣候變遷無能為力。他從艾克森美孚執行長的職位退休將近五年後，在 2021 年 1 月表示：「關於我們能否緩和氣候變遷，我認為尚無定論。我們相信自己能夠緩和氣候變遷，這種信念根植於極其複雜、結論五花八門的氣候模型。」[8] 這個信念，當然與科學界的共識有所衝突。科學界普遍認為，我們可以透過降低碳排放來緩和氣候變遷，做法是減少燃燒和購買提勒森前公司及他在沙烏地阿拉伯和俄羅斯的合作夥伴所生產的石油和煤氣。事實上，他的論點也與艾克森美孚的內部文件牴觸，艾克森美孚早在 1982 年的文件中承認，人們可透過積極減少消耗化石燃料來緩和氣候變遷。

提勒森先生擁有工程學位，長年閱讀科技與科學文件；他懂得評估風險和不確定性，畢竟這是經營石油和煤氣產業的必備能力；他能夠取得最先進的氣候變遷研究資料，而且如果他拿起電話打給頂尖的氣候科學家，對方一定知無不言、言無不盡地提供指引；他甚至知道，自己的前公司要為許許多多否認氣候變遷的「科學」文獻負上全責。那麼，提勒森先生對氣候變遷的信念（或我們所聽見，他對氣候變遷的信念；畢竟我們很難知道，他將這些想法內化成信

念的程度有多深），為什麼會與頂尖科學家們背道而馳？

　　當然，考慮到他的動機是說服別人，抱持這樣的信念就不足為奇。身為替化石燃料辯護的訊號發送者，提勒森先生很可能提出和科學家非常不同的主張和證據（雖然不見得百分之百，但科學家多半傾向提供資訊）。我們可以預料「減少使用化石燃料毫無幫助」是這類發送者會提出的主張。

　　動機與信念（至少就他所聲稱的信念）過於一致而令人懷疑是否別有用心的人，當然不只提勒森先生。賈伯斯、馬斯克、伊莉莎白・霍姆斯，這些執行長都以漠視客觀現實而聞名。誠如一位與賈伯斯共事過的高階經理人所說，賈伯斯對「未來願景過於樂觀」。[9]這些高階主管也是有名的說服大師，人們有時會開玩笑，形容自己就像落入對方的「現實扭曲力場」。有些業務人員也是，對公司產品熱情過高而脫離現實。如果你有朋友曾經加入卡特科刀具（Cutco knives）或玫琳凱（Mary Kay）化妝品這類多層次行銷公司，你可能注意到他們自己也使用公司的產品（將公司編織的資訊內化的明顯跡象），而且即使離開組織多年，他們仍然會繼續使用。但真正懂得刀具或化妝品的行家都不會推銷這些產品。

　　你會在「公司內部」抱持不同動機的人身上更清楚看見，說服式動機對信念塑造的作用。若你曾經和公司法務部門的律師或其他負責風險評估的單位打交道，可能注意到這些人負責減輕其他員工替公司招來的風險，他們比你和其他部門的成員都來得更加厭惡風險。甚至有個老笑話說，法務部門是企劃案的墳場。

　　在組織中，不是只有法務部門的風險偏好反映出本身的動機。

若你記得英國石油（British Petroleum）公司的墨西哥灣鑽油平臺「深水地平線」（Deepwater Horizon）爆炸的事件，應該有些印象，後續的調查發現，問題出在英國石油公司的管理階層和承包商越洋公司（Transocean）便宜行事，認為某些檢測和預防措施沒有必要。尤其是爆炸發生當天，英國石油的訪視人員要求作業人員捨棄一般做法，以較輕的海水取代較重的泥漿來穩定井壓。擔冒安全風險的作業人員不像管理階層態度輕忽，堅決反對如此便宜行事。爆炸事件發生前幾個月，他們曾在越洋公司的調查中抱怨管理階層把鑽油看得比設施維護和安全還要重要。最後證明作業人員的擔憂不是沒有道理，爆炸事件中共有六名作業人員喪生。不過，雙方的信念反映了各自抱持的動機：越洋公司管理階層的信念反映出拖延計畫所要付出的成本比安全考量更重要，而員工的信念則反映了風險趨避。

在上面的幾個例子裡，動機並非隨機分配，而且我們無法確定信念的內化程度。亦即，從目前我們提到的例子，以及現實生活可能找到的多數例子，都只能看見人們的動機及其信念（至少他們聲稱的信念）之間的相互關係，但我們很難分辨動機對信念的影響程度，也很難分辨人們是否真的內化這些信念。所幸，如以下實驗顯示，心理學家和實驗經濟學家可以透過聰明的招數，呈現動機對信念的影響程度，以及人們是否真的內化信念。

親眼看過法庭審理案件的人可能會發現，原告律師看起來比被告律師更相信被告有罪。按理說，比起原告律師，被告律師應該掌握更多可將客戶定罪的事實才對。雙方內化的信念，再次反映出他們的動機。

　　琳達‧鮑柏克（Linda Babcock）、喬治‧洛溫斯坦（George
Loewenstein）、山謬‧伊薩卡洛夫（Samuel Issakaroff）、柯林‧凱
莫爾（Colin Camerer）想辦法證明動機和信念之間存在因果關係：
不同立場的人所抱持的不同動機，會促使他們懷抱不一樣的信念，
並確保信念真的內化了。[10]

　　研究團隊找來芝加哥大學和德州大學奧斯汀分校的法律系學生，
請他們到實驗室，並隨機將學生分配為原告和被告，針對一起真實
的摩托車事故案件談和解。雙方都收到 27 頁的證詞、警察報告以及
案件相關圖面。兩兩配對進行協商前，學生要先說他們認為合理的
和解金是多少，並猜測真實案件中法官怎麼裁定。若學生與法官實
際裁定的金額落差在五千美元以內，學生可得到一筆獎金；若學生
記得實驗人員提供的案件資訊，亦可獲得獎金。他們如何在這些問
題中作答並不納入協商過程，因此這是一個好辦法，讓實驗人員能
從受試者的反應，評估他們信念內化的程度。

　　受試者隨機分配到不同的說服動機後，不到幾分鐘的時間就展
現出強烈的偏頗信念。相較於扮演被告的受試者，扮演原告的受試
者認為公平的和解金平均高出 17,709 美元，而且他們猜測法官會判
在 14,527 美元以上。雙方記得比較多有利於己的資料，平均而言，
多記住了 1.5 筆有利的資訊。

　　受試者一如我們預期，會根據被分配到的協商角色，進行不對
稱更新和不對稱搜尋，進而產生偏頗的信念。而且，由於受試者猜
測的答案與法官的裁決接近以及記得比較多資訊時，都可以拿到比
較多獎金，因此在這些前提下所蒐集到的受試者信念，可以讓我們

相當確定那是被內化的信念。

　　鮑柏克等人以實例證明人會快速將信念內化，這種情形也發生在參與辯論的高中生身上，他們通常會熱切地相信自己被隨機分配到的辯論主張。在另外一項了不起的研究中，彼得・施沃德曼（Peter Schwardmann）、伊更・崔波狄（Egon Tripodi）和喬爾・范德維爾（Joël van der Weele）以各種方式蒐集受試者對分配辯論的案件所產生的信念。舉例來說，他們發獎金給猜中真相的人，或問受試者是否願意捐一點實驗獎金給符合立場的慈善機構，這些方法也能可靠地評估內化的信念。研究人員在辯論過程的多個時間點援用這些評估方法：辯論者分配到某個立場之前、分配後直到辯論前，以及辯論之後。研究人員發現，辯論者的信念剛開始無明顯區別，但只要分配到某個立場後就會立刻出現分歧，而且這些分歧會維持下去，即便在辯論過程有機會聽到對方的論點，也不會因此而改變。[11]

　　人的信念不只隨著即將參與辯論而衍生的論述動機而改變，也隨著「此時此刻」的論述動機而改變。這個現象在川普身上發揮得淋漓盡致。2009 年川普在《紐約時報》的全版廣告署名敦促立法機關打擊氣候變遷，但 2016 年參選美國總統時，川普對氣候變遷的立場卻轉變為「我不相信」以及「我不認為那是一場騙局，但我確實認為可能存在一些落差，我不確定那是不是人為的」。是什麼改變了？2009 年還和紐約的自由派菁英關係密切；[12] 2016 年則要迎合右翼的氣候變遷否定論者。時序快轉到 2021 年，川普同時強調自己贏得 2020 年總統大選、是美國的合法總統，也同時強調自己是「普通公民」，不能被彈劾。他所要採取的立場取決於他的訴求：「我勝

選了！」或「我沒有罪！」

　　川普傾向相信自己操弄的資訊，做法也許很極端，但話說回來，我們都會做相同的事。想想看，你在剛認識某個交往對象時的想法，分手後的那段期間，又是怎麼想的？沒錯，你在交往過程中對他又多了一層認識，但不可否認，你在交往初期懷抱著強烈的動機，你把對方介紹給親友、希望親友喜歡他的時候，會盡可能縮小他的缺點。但現在，你得利用這些缺點，將分手的錯怪罪給對方，好讓親友甚至是裁定監護權的法官務必站在你這邊。

　　現在，我們要來探討內化的說服可以解釋動機性信念的第二條證據：信念會隨著「說服動機」和「準確動機」（accuracy motive）之間的強弱變化而改變。

　　我們可以用幾種方法來探討這個現象。第一種是找上那些不只抱持動機、還真正投入金錢的人，去了解他們的信念。儘管艾克森美孚前執行長對氣候變遷的立場或許有所偏頗，但艾克森美孚在評估自己的計畫案時（例如在北極圈鑽油井），其實出人意表地尊重科學。1992 年艾克森美孚的一份內部報告指出，北極地區冰層融化雖然可以降低探勘成本，但同時也會導致海面更加波濤洶湧，因而危害艾克森美孚的某些基礎設施。

　　我們也會在投資人身上看見類似現象。這個傾向保守的社群應該要否定氣候變遷，卻顯然並未如此，他們反而運用最先進的氣候模型，為芝加哥交易所的氣象期貨定價，而模型一致推估氣候正在變遷。我們甚至從疫苗接種看出這樣的現象。新冠肺炎疫情爆發期間，反對接種疫苗的論點甚囂塵上，但抱持這派論點的人主要是 60

歲以下人口，他們罹患新冠肺炎的機率低很多。[13] 年長者有切身風險，而他們對疫苗的信賴反映了這點。

佛洛里安・齊默曼（Florian Zimmermann）以簡潔有力的實驗證據，證明只要提供強烈的誘因引導受試者更講究精準正確，就能降低受試者的信念偏頗程度。[14] 齊默曼的研究首先要求受試者做智力測驗，接著告知受試者自己和其他受試者的相對排名，一個月後受試者回來，再請他們回想自己的排名。這場實驗有三個實驗組，對照組不曉得一個月後還要回來做什麼。排名較高的人回來時，通常記得自己的排名，排名較低的人回來時通常不記得——這是一種偏頗信念。與此同時，另外兩個實驗組的受試者被賦予正確記憶排名的強烈動機。一組實驗組被事先告知，正確記憶排名可獲得獎金；另一組實驗組沒有被事先告知，但他們回來參加實驗時，若能正確回憶排名，可領取的獎金比另一組還多。兩種方式都能提高受試者的準確動機，使得排名較低的受試者比較不會忘記排名，亦即偏頗程度降低。

我們還能透過另一種方法看出信念隨說服動機（相較於準確動機）的強弱而改變：觀察引入說服動機之後情況如何。例如，彼得・施沃德曼和喬爾・范德維爾讓受試者和其他三名受試者一起接受智力測驗，並要求他們猜測，成績是否排在四人當中的前兩名。[15] 猜測前，一半受試者被告知將與雇主配對，若能說服雇主相信他們排在前兩名，可領得 15 歐元獎金。兩組受試者都出現過度自信的現象，但與雇主配對的組別，表示自己排名前二的機率，比對照組高 7%。也有其他團隊進行類似研究。有些研究人員隨機指定某些受試者，

要求他們想辦法說服別人。結果同樣發現，可以領獎金的組別，展現出較偏頗的信念。

「騙取快樂」足以解釋嗎？

　　進入下一章討論重複賽局和利他之前，我們還要說明，除了前面提出的假設，還有另外兩種假說。

　　琪瓦・昆達（Ziva Kunda）在她撰寫的經典綜論裡，描述動機性推理是：「傾向搜尋有利自身**想相信**的結論的主張，但不搜尋引致相反結論的主張。」[16]（粗體字是我們倆想強調之處。）舉例來說，大家都希望自己頭腦聰明、外表迷人。畢竟認為自己內外兼具，能使人心情愉快，所以大家傾向如此相信。我們將其稱為**騙取快樂**（hedonic hacking）。這或許是心理學家、經濟學家、政治科學家最常用於解釋動機性推理的方式。它與我們提出的解釋截然不同：我們談的是內化的說服，不是如何欺騙自己，讓自己心情變好。

　　人有時的確會嘗試騙取快樂。我們確實能從相信一切順利來獲得快樂，有時還能用聰明才智去操控愉悅系統，好比依循理智服用抗憂鬱藥物，或用相機鏡頭記下日後回憶起會感覺快樂的事物。例如，人有時會花心思規劃永遠負擔不起的奢華旅程，或作白日夢想像變成富豪的生活會有多快樂，進而起心動念買下樂透。我們何不也騙騙自己，想像一下交往對象多麼優秀，或工作前途無量？這麼做似乎很合理。

　　不過，對於解釋動機性信念，我們並不認為這是主要的理由。原因有幾點：首先，一旦錯誤信念衍生出高昂成本，又沒有帶來同

等的效益（此處指主要獎勵），就會產生學習和演化的壓力，這種壓力容易將騙取而來的快樂抵銷。例如過度自信有其成本，因為此時我們會過分要求和積極過頭，高估自己換工作所能領取的薪資，或高估自己可輕易吸引其他交往對象，使我們失去朋友、工作和情人。當某人不去修正高得過頭的信心，對他而言，這麼做必定有某種非關享樂的真實效益，好比先前所探討的，可由說服獲得的好處。

用騙取快樂來解釋動機性推理的另一個問題是：人並非總是欺騙自己相信希望相信的事。例如，無論將受試者隨機指派至哪一個辯論方，他們都會相信自己被指配到的論述觀點，既然如此，他們所相信的不可能都是本身希望相信的觀點。此外，世界上還有許多事情我們想要相信是真的，卻不會欺騙自己相信。

麥可‧賽勒（Michael Thaler）證明，當我們希望事情是真的，但那個情況無助於說服他人認同我們的可取之處，此時我們不太會對事情抱持過高的信心。[17] 他問受試者如何看待某些全人類的好事或壞事（例如癌症存活率），雖然我們「希望」癌症死亡率的相關數據很低，但沒有特別理由去說服別人這麼相信。賽勒發現，我們不會對這類事情過度樂觀，這進一步顯示出說服才是驅動偏頗信念的關鍵。

更何況有時候，我們甚至會騙自己相信「自己根本不希望成真」，但說服他人可獲得好處的事。想一想被指派替核子武器禁令辯論的正方，他們會說若不限制核子武器，必定引發毀滅性的決戰，但他們難道真心希望人類走向滅亡嗎？法務部門的律師也一定「不希望」風險成真。同樣地，美國保守派高估歐巴馬主政時期的犯罪

率，難道是因為希望犯罪事件增加嗎？

　　我們認為這些例子還有更好的解釋，就是人們相信他們希望說服別人相信的事：主張限制核武的人希望說服別人相信應該要降低核武風險，而保守派希望說服別人相信應該要減少移民人口，或相信民主黨人不會是適任的好總統。更何況，人甚至根本不會總是過度自信。當我們試圖說服他人我們不具威脅性或需要對方幫忙時，很可能突然滿心懷疑，甚至自憐起來。人有時會受外界影響而變得欠缺自信。我們一樣認為從說服動機的觀點解釋，會比從騙取快樂更貼切。

　　騙取快樂的第三個問題是：它沒有說明自我欺騙的「方式」。動機性推理包含明顯的不對稱性，例如，雖然關心搜尋結果，卻不關心是否努力搜尋。人為何容易忽略後者，而非前者？從說服的觀點出發，可根據「他人」想要知道或可能得知什麼，以及會因為什麼祭出懲罰，來解釋這類不對稱性。但從欺騙「自己」的角度出發呢？要如何解釋人為何會注意到搜尋後的發現，卻不在乎是否努力搜尋？

　　總的來說，用騙取快樂來解釋會產生這些問題。因此我們認為，雖然騙取快樂有時會引致偏頗信念，但那並非動機性推理最主要的原因。

　　除了騙取快樂，關於動機性推理，最常見的其他說法實際上與人們的動機毫無關聯，包括人是懶惰的，[18] 或者即使有心嘗試，也不可能完全依照貝氏定理行動；又或者，他們真的依照貝氏定理行動，但取得和相信的資訊與我們天差地遠。他們在臉書動態消息只

看得見同溫層，身邊的人都只聽福斯新聞的報導，並堅稱 CNN 一派胡言。

如同騙取快樂，這些與動機無關的解釋從直覺上來看頗具說服力，也許真能解釋周遭的某些偏頗信念，但我們認為那並非完整的解釋。內化的說服必定在這當中發揮了某種作用。

我們認為以下是與動機無關的解釋最大的侷限：雖然人們會取得或相信不同的資訊來源，但你會預期他們最後會得知自己的信念與多數人不同，並糾正信念。當他們遇到抱持意見不同的人或接觸到不同的資訊來源，為什麼不更新信念？歧見的存在本身就是一種訊息，但為什麼他們對這樣的訊息毫無反應？諾貝爾獎得主羅伯特・歐曼（Robert Aumann）在文章〈同意不同意〉（Agreeing to Disagree）率先提出這套論點。其後，約翰・簡柯波斯（John Geanakoplos）與赫拉克斯・波馬奇斯（Heracles Polemarchakis）在文章〈人不可能永遠不同意〉（We Can't Disagree Forever）擴大討論這點。我們認為這是非動機性解釋的致命傷。你總會需要動用「某些」與動機有關的解釋，去說明人們不更新信念的理由。

與動機無關的解釋還有另外一項侷限，就是它同樣沒有解釋關於更新信念的不對稱性：在取得支持證據時更新信念，但不在無法取得非支持證據時更新信念，或者，即使在找到支持證據時會更新信念，卻不會根據搜尋的方式來更新。人們為什麼只善於在信念中納入支持證據，卻很不善於在信念中納入缺乏非支持證據或證據的搜尋方式？就懶惰蟲而言，他忽略取得的支持證據和忽略證據取得方式，兩種機率應該是一樣的。就貝氏主義者而言，他下修和上調

信念，兩種機率應該是一樣的。再說，要是貝氏主義者再努力搜尋一些，或只挑選特定資訊，他應該會貶低自己的發現。

　　當你希望在設計實驗時，將與動機無關的解釋與內化說服區別開來，事情馬上會變得很棘手。其問題在於，人會懷疑與自身先前觀點牴觸的資訊。賽勒進行另外一項研究，嘗試避開這個問題。[19]賽勒先詢問受試者：歐巴馬主政時期的犯罪率增加多少？比起白人，黑人進入第二輪面試的可能性為何？我們先前提到，保守派傾向認定歐巴馬主政時期犯罪率上升，統計數據正是來自這項研究。賽勒同樣發現，自由派比保守派更有可能相信，黑人比較不可能進入第二輪面試。

　　接著，賽勒證明受試者以不對稱的方式更新資訊，而且無法用「不信任資訊來源的程度」來解釋這點。他的做法如下：賽勒在受式者回答問題後，讓他們看一段訊息，告訴他們正確機率比他們猜測的數字高（或低）。但這裡面有個圈套：訊息有 50% 的機率顯示真話，50% 的機率顯示謊話。賽勒把這個機率告訴參與者，要他們猜測訊息是真話，還是謊話，而猜對的人可以拿獎金。相信貝氏定理的人應該要說機率各 50%，畢竟，他已經盡力猜測答案了，而真正的機率要不比他猜測的高，就是比他猜測的低。然而，當訊息不僅與受試者的政治理念相左，還要糾正他們的猜測時，參與者傾向表示訊息是假的：當訊息顯示，保守派對歐巴馬主政犯罪率的猜測數字過高，保守派傾向表示訊息是假的；當訊息顯示，自由派對黑人求職者進入第二輪面試的機率猜測數字過低，自由派傾向表示訊息是假的。賽勒的聰明設計讓我們能夠確信，這樣的偏見來自於參

與者的說服動機，而非他們先前對資訊可信度抱持的觀點。我們難以藉由非動機性解釋去理解這個結果。

　　因此我們主張：動機性信念的關鍵在於內化的說服，至少一大部分如此。非動機性解釋或騙取快樂或許能解釋一部分的偏頗信念，但內化說服仍然至關重要。

10

重複囚徒困境
掌握有利合作的策略

　　單次囚徒困境是世界上最有名的賽局。這場賽局裡，有兩名參與者同時選擇合作或背叛，合作有成本，但能帶給對方高於成本的效益：若令成本為 c，則帶給對方的效益為 b，且 $b > c$。雖然雙方都選擇合作帶給所有人的效益比較高，但背叛卻是這兩名參與者的優勢策略：不論對方如何選擇，個人選擇背叛的效益都比較高，導致互相背叛成為唯一的均衡解。

　　若要說明個人利益與集體利益有區別，且雙方的利益不見得一致，那麼囚徒困境可說是最簡單的一種方式。在這場賽局裡，唯一的納許均衡不是對社會最有利的做法。兩名參與者本來都可以獲得「$b - c$」的報酬，最後卻什麼都拿不到。

　　話雖如此，人們確實經常互相合作，會幫忙彼此，做有利於對方的事，這又是怎麼一回事？

　　許多人會說這是因為賽局理論說錯了，人不是理性的，人沒有對自私的偏好，而人之所以會合作，是因為他們在乎彼此。希望讀

到這裡，你應該會同意這不是最讓人滿意的答案。是的，近似解釋是人們在乎彼此，但終極解釋告訴我們，這份在乎來自其他地方。我們能不能運用賽局理論，深入了解這份在乎來自哪裡，以及它是如何運作的？

答案就在：建立重複互動的模型。在單次囚徒困境中，參與者只互動一次賽局就結束了，他們不可能以任何方式合作並獲得回報。但現實生活並非如此，人們通常不會在與世隔絕的環境中僅僅互動一次，他們通常會有某些機會意外遇見彼此，所以互動的過程會被人得知，或消息就此傳了出去。這個情況是否有助於為合作行為，乃至相應的利他精神和道德直覺提供動機？如果可以，怎麼辦到？需要什麼條件？

要回答這些問題，需要建立一個模型——其實，是兩個模型。我們要從經典的雙人互動模型「重複囚徒困境」開始，其中「雙人互動」是指相同的兩名參與者彼此互動。接著下一章將擴大分析，不再侷限於兩名參與者，而是多名參與者重複互動。

重複囚徒困境

以下說明重複囚徒困境的運作。從第一回合開始，每一回合，參與者都進行一次普通的囚徒困境賽局。參與者選擇是否與對方合作，並取得報酬。接著，他們會知道對方的選擇，然後再玩一次。每一回合報酬遞減，遞減的倍率以 δ 表示，傳統上，δ 代表明日的報酬價值（例如金錢的）低於今日的報酬，但也可以將 δ 解讀為不確定性，即參與者不知道賽局是否繼續下去。

　　重複囚徒賽局的重點在於描述偶然參與賽局的參與者如何持續進行雙人互動，而互動雙方為兩名參與者或兩個有凝聚力的團體，並透過對方給予的一點協助得到好處。他們有可能是一起打獵的獵人，有時候一個人沒有收穫，另一個人幸運豐收；他們有可能是一起念書的學生，一個擅長數學，一個擅長歷史，可以互相教對方某個科目的內容；他們也有可能是共同撰寫神經官能疾病文章的兩名作者，偶爾在對方的協助下思索新的想法、編輯一篇文章、分析某些資料，或為書中的某個章節擬稿。若兩人預期會長久互動下去（即 δ 趨近於 1），或互相合作帶來的共同利益夠高（即 b 對 c 的比率夠大），那麼他們就有可能保持合作。為了帶你了解個中道理，我們要先講解如何分析這類賽局。

　　重複賽局（如重複囚徒困境）的策略必須說明，在先前回合「一切資訊」已知的情況下，參與者在任一回合中會如何行動。其中 C 表示合作（cooperate），D 表示背叛（defect）。這場賽局有幾種可能性：

1. 不論先前結果為何，參與者每一回合均選擇背叛，此即「永遠背叛」，簡稱 ALLD。
2. 參與者也可以不管先前結果，每一回合均選擇合作。此即「永遠合作」，簡稱 ALLC。
3. 參與者只在預先決定好的某幾回合合作，例如在偶數回合中合作。
4. 參與者採取有條件的策略，依照目前發生的情況作回應。

接下來我們要仔細討論兩種知名的條件策略：

● **冷酷觸發**（grim trigger）：在第一回合合作，接下來，如果你和對手都不選擇背叛，則持續合作；但如果有人背叛，則扣下扳機，從那之後都選擇背叛。

● **以牙還牙**（tit-for-tat）：在第一回合合作，接下來則選擇做出跟對手前一回合一樣的選擇。

讓人老實合作的好策略

要檢查某一組策略是否為納許均衡，有個簡單的方法，我們只需要檢查如果個別參與者改變選擇，在那之後，依照事先指定的策略進行選擇，是否能使他獲得好處。如果沒有任何「單獨一次」的改變可使參與者獲得好處，那麼更複雜的改變行為也不可能使參與者獲得好處。

讓我們運用這個只改變「一次」的小技巧，來檢查看看剛才提及的永遠背叛、永遠合作、冷酷觸發、以牙還牙等策略是否為納許均衡。

我們從永遠背叛看起。假如其他人總是背叛，你能從合作獲得好處嗎？不行，你會付出代價，對手則永遠不會理你，因此無論如何只選擇背叛，背叛是你的最佳策略。由於對手的處境與你一樣，因此永遠背叛是賽局的均衡點。

現在，假設你和參與者 2 都採取永遠合作的策略。如果在某個回合，你選擇從合作改成背叛呢？那一回合你省下了成本，但接下

來不會再有其他變化，因為你的對手選擇了永遠合作的策略，所以
不論你如何選擇，他都會合作。我們找到了單次改變可獲益的情況，
因此這不是均衡點。

接下來，我們來看一看冷酷觸發策略。首先，我們來看看當你
們都選擇冷酷觸發，且都不改變的情況：在第一回合，你們都支付
成本 c；在第二回合，無人改變，所以你們都支付成本 c；第三回合
也一樣，如此延續下去。假如你隨意挑選一個回合，選擇背叛呢？
你會在那一回合省下成本，可是接下來，你和對手都扣下扳機，從
此永遠選擇背叛，也就是接下來再也無法享有合作的利益，你所放
棄的利益總共是：$(b-c)(\delta + \delta^2 + \delta^3 + \cdots\cdots)$。你能從這次改變獲得好
處嗎？必須要滿足這個條件才有可能：$c \le (b-c)(\delta + \delta^2 + \delta^3 + \cdots\cdots)$。
用代數學計算一下，這個條件式可化約成「$\delta \ge \dfrac{c}{b}$」，它是關鍵均衡
條件。假如相較於合作的相對成本（相對是指「相對於效益」而言，
即 $\dfrac{c}{b}$），重複互動的機率 δ 夠大，則雙方會選擇一直合作下去。

那以牙還牙策略呢？如果你們都堅持採取以牙還牙策略，那麼
在第一回合，你們都會合作；在第二回合，由於對方前一回合選擇
合作，所以你們也都選擇合作；第三回合也一樣，如此延續下去。
在這個策略中，我們同樣看見，雙方始終選擇合作。假如你隨意挑
選一個回合改變做法，在那一次選擇背叛，接下來依然繼續採取以
牙還牙策略呢？在背叛的那一回合，你會省下成本 c；下一回合，你
會合作，對手則會還擊你的背叛；再下一回合對方會合作，你則會
背叛，之後你們會永遠在這兩種選擇中擺盪。我們又看見了和冷酷
觸發策略一樣的取捨：這次選擇背叛，這次省下成本，但之後你會

付出成本。事實上，計算一下就會發現，只要 $\delta \geq \frac{c}{b}$，當有參與者選擇改變策略，同樣會導致雙方處境每況愈下。

子賽局完全均衡

賽局理論學家在討論像囚徒困境這樣的重複賽局時，通常會提到**子賽局完全均衡**（subgame perfection）。所以，我們要花點時間說明這個概念。

子賽局完全均衡與納許均衡類似，但定義更嚴格一些，它要求參與者不只無法藉由改變事先指定的策略獲得好處，也無法在意料之外的後續事件中，從改變事先決定的策略獲得好處。舉例來說，如果雙方都採取以牙還牙策略，而且你們都未預料到對方背叛，如前所述，當 $\delta \geq \frac{c}{b}$ 時，你們都無法從改變選擇獲益。但如果對手背叛後，你改變原本的以牙還牙的策略，你的處境會因此提升嗎？是的。如果在 $\delta \geq \frac{c}{b}$ 的前提下，忽略那次背叛，你的處境會更好，因為這樣一來，就能回到雙方在各個單一回合選擇合作，而不是一直在合作和背叛之間擺盪。以牙還牙是納許均衡，但不是子賽局完全均衡。

另一方面，冷酷觸發和永遠背叛都是子賽局完全均衡。就冷酷觸發策略而言，我們要看的是：你如何回應對方的背叛（理論上不會發生）。忽略對方的背叛能使你更好嗎？不會。因為不論你如何選擇，對手一旦背叛，就會持續做出更多背叛。就永遠背叛策略而言，我們要看的是：你如何回應對方的合作（理論上同樣不會發生）。你應該要改變策略，選擇合作嗎？沒有用。因為不論你如何選擇，

對手都會毫不遲疑地回到永遠背叛的策略。

　　還記得嗎？我們先前說明演化和學習帶領人們走向納許均衡，並以這點說明為何透過納許均衡去分析各個狀況。邏輯在於如果不是納許均衡，某個人就可從改變選擇獲得好處，因此他和他的追隨者或後代會經由學習或演化過程去改變而獲益，但若策略組合已達納許均衡，就不會產生演化或學習的改變壓力。

　　我們亦可在子賽局完全均衡作類似論述。要知道世界是充滿雜訊的，每隔一段時間參與者會發現自己身處意料之外的時空背景，例如演化成採取以牙還牙策略的參與者，在對手前一回合沒有背叛的情況下，意外選擇了背叛。即使在這樣的時空背景中，只要參與者面臨到採取最佳化行為的壓力，就會走向均衡：不僅達到納許均衡，也達到子賽局完全均衡。[1]

　　我們在這一章提出的見解都以納許均衡為出發點，因此現在我們不再特別強調兩者之間的差異，但你很快會讀到，子賽局完全均衡能帶給我們更深入的見解。下一章和討論正義感特質的第 14 章，將大力仰仗子賽局完全均衡。

使人合作的四個條件

　　雖然我們只分析了重複囚徒困境多如牛毛的策略與均衡點中的一小部分，但這些例子已足夠讓我們找出能夠使參與者繼續合作的所有策略組合中，具有哪些反覆出現的特點。這些特點是了解利他精神如何實際運作的關鍵，我們也會在下一章討論的模型中清楚看見它們；而且，單憑近似解釋或主位解釋的觀點，難以說明這些

特點。

δ **必須很高**：我們分析了冷酷觸發和以牙還牙這兩種均衡策略，得知參與者會在 δ 夠高時繼續合作。此外，對照單次囚徒困境，即 $\delta = 0$ 的極端例子，亦可看出這項特質，此時唯一均衡為雙方都選擇背叛。最後，你每次合作都要付出成本 c，由這一點同樣能夠看出 δ 夠高雙方才會合作。你必須能夠拿到某些好處，才不會選擇改變，而這一點取決於 δ 是否夠高。

參與者要互惠：回想一下我們對永遠合作策略的分析，雖然兩名參與者都無條件選擇合作相當感人（近似解釋），但從終極角度來看沒有讓他們持續下去的誘因，因此永遠合作不是均衡策略。參與者維持合作的誘因在於「對手背叛即停止合作」或「對手合作才繼續合作」的威脅，我們在以牙還牙和冷酷觸發策略中都看見這項特點，一般稱之為「互惠」或「互惠利他」，有時也稱為「條件式合作」。

預期很重要：我們已經看見重複囚徒困境有許多均衡策略，某些策略中參與者會選擇合作，例如冷酷觸發、以牙還牙，某些策略則會選擇背叛，例如永遠背叛。有些策略的寬容度較高，像以牙還牙策略不考慮前一回合之前的選擇，但冷酷觸發策略卻相當無情。參與者如何知道該怎麼選擇？必須要有某種方法，供他們評估對手選擇的是哪一種均衡策略。這意味著一如在鷹鴿賽局所見，足以改變共同預期的事物，會對人們的行為產生強烈的影響。

高階信念也很重要：這是達成合作均衡的最後一項特點。請想像你和對手身處重複囚徒困境，你們都選擇某種支持合作均衡的策

略，例如冷酷觸發，假設你在幾回合後，注意到有意合作的對手在無意間選擇背叛，你會依照事先指定的冷酷觸發策略行動，扣下扳機，從此以後改選背叛嗎？不會。因為假裝什麼事都沒發生，對你比較好。因此重要的不只是第一階信念（你是否認定對方背叛），第二階信念也很重要（你是否認定，對方認為自己做出背叛行為）。同理可知，更高階的信念亦然：倘若你認定對方注意到自己作出背叛行為，但你同時認為，對方認為你認為他不曉得，那麼你就有忽略背叛的誘因。

一戰雙方的互惠合作

　　針對前面列出的前兩項特點：δ 必須很高、參與者要互惠，本章後半要提出佐證，後續幾章再探討攸關預期與高階信念重要的證據，因為許多非常有趣的證據並不是只限於雙人的互動。

　　讓我們先看看「δ 必須很高雙方才會合作」的證據。羅伯特・艾瑟羅德（Robert Axelrod）在其著作《合作的競化》（*The Evolution of Cooperation*）舉一則現在相當有名的例子說明，即便是無比殘酷的「第一次世界大戰的壕溝」，只要 δ 夠高，就會產生利他精神。第一次世界大戰時期，軍用科技還沒有那麼先進，交戰方只能繞過壕溝，不能從壕溝上方通過，因此挖壕溝成為阻擋敵軍推進的有效手段。大戰開始時交戰雙方都瘋狂地想要挖出長長的壕溝，演變成「誰先挖到海邊就贏了的比賽」（The Race to the Sea）。從北大西洋的比利時向南延伸至阿爾卑斯山脈，造就一片廣袤的壕溝網，接著局面陷入僵持，雙方陣營集結，準備展開一場你死我亡的持久戰。

　　但矛盾的情況發生了，雙方僵持在原地，意味著兩支軍隊要互相對峙好幾個月，導致 δ 變高，為敵對的雙方開啟了一扇合作的門。不出所料，在許多地方，雙方都不再真的互相攻擊，他們會刻意射擊一些射擊過的位置，假裝向對方攻擊和開炮。士兵只要這麼做就不會遭到上級斥責，同時明確告訴「敵人」如何不受傷害，換取「敵人」以相同方式對待己方。甚至有記錄顯示，曾有士兵因為在非預期的時間地點意外發動射擊，擔冒極高的個人風險向敵軍道歉。

　　當指揮官終於放聰明，開始調動軍隊，不讓一支隊伍在同一地待太久的時候，雙方的合作旋即告終。這麼做會降低 δ，致使合作破局，導致雙方重新激烈交戰。

　　接下來，我們要看一看，利他實際上是否有其條件。也就是說，我們是否更有可能與曾經合作的對象互相合作。

　　有條件的利他，最知名的例子並非來自人類，而是吸血蝙蝠。吸血蝙蝠若連續幾晚狩獵失敗，餓死的機率很高，但吸血蝙蝠間有互助的傾向，狩獵成功的蝙蝠有時會嘔出一些血，餵給其他狩獵失敗的蝙蝠。傑拉德·威爾金森（Gerald Wilkinson）曾進行一系列的研究，隨機挑選蝙蝠並讓牠們餓肚子，證明餓過肚子的蝙蝠，會積極回報幫助過牠而此刻正餓著肚子的蝙蝠。[2] 他也記錄吸血蝙蝠通常與同一群蝙蝠住在一起很久，成員結構變動不大，藉此證明吸血蝙蝠在 δ 很高的情況下互助。有些蝙蝠待在同一個群體將近十年之久。

　　羅伯特·艾瑟羅德強烈主張，雖然第一次世界大戰的壕溝戰中，交戰士兵互相合作很感人，但達成合作需要特定條件。士兵表示，如果對方拚命開槍或開炮，他們會以三倍的火力反擊；他們也清楚

表明一定會給對方好看，狙擊手會精準地將子彈射向同一個位置，在牆上打穿一個洞，以明確的訊息告訴對方，若瞄準的不是牆壁而是士兵，後果如何。

◆

我們還要探究幾項特點，但在那之前，下一章要先將分析擴大到「不只兩方的互動關係」。

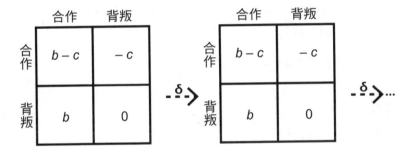

■ 設定

- 有兩名參與者，每一回合，他們參與的都是囚徒困境賽局。他們繼續參與下一回合的機率為 δ，否則賽局結束。

- 在囚徒困境中，參與者有兩種選擇：合作（C）或背叛（D）。如果合作，則要支付成本 c，且 $c>0$，另一方則獲得利益 b，且 $b>c$；如果背叛，則不需要支付成本，另一方無法獲得利益。

- 在這個模型中，參與者可看見過去每一回合的交手狀況。

■ **有利的策略組合**

- 以牙還牙：第一回合選擇合作，接下來每一回合，作出與對手前一回合一模一樣的選擇。
- 冷酷觸發：第一回合選擇合作，接下來每一回合都選擇合作，但如果對手某次選擇背叛，那之後都選擇背叛。
- 永遠背叛：不論對手先前如何選擇，每一回合都選擇背叛。

■ **均衡條件**

- 以牙還牙和冷酷觸發這樣的合作均衡，只在符合 $\delta \geq \dfrac{c}{b}$ 的條件時得以維持下去。
- 永遠背叛無論如何都能維持下去。

■ **詮釋**

- 想要維持合作：
  - 「重複互動」的可能性必須很高，參與者先前舉動的「可觀察性」也要很高。在模型中，兩個條件皆以 δ 表示。
  - 今天的合作必須在將來產生某些好處，例如，對手之後更有可能與你合作，形成參與者互惠。因此，合作行為之所以發生，是有某些條件的：人不可能像對待親人那樣，也不可能單純為了提升他人福祉而不加選擇地一味與他人合作。
- 由於均衡狀態分成數種，特別是其中一種代表參與者永遠選擇背叛，所以參與者會對預期、脈絡、架構等因素相當敏

感，這些都有可能影響他們對於選擇合作能否獲得獎勵的
預期。

11

規範落實賽局
使人主動作出貢獻

重複囚徒困境留下了一個未解的問題。這場賽局裡只有兩名參與者，可幫助我們好好理解兩個人或兩個團體的合作行為，不論是朋友、同事之間，甚或是第一次世界大戰中交戰的兩個師。但我們要如何運用這個賽局，去理解是什麼促使人們做出對廣大社會有益的事，像是慈善捐款、義工、資源保育等？

我們要用一個簡單的**規範落實**（norm enforcement）模型來回答這個問題。[1]

這個模型裡有 n 名參與者，n 至少為 2，你希望 n 有多大都可以，在第一回合，每一名參與者隨機選擇一種策略：遵守或推諉。遵守規定的個人要支付成本 C。人們大多將此成本解讀為「做有益團體的事」，但範圍不侷限於此。[2]它可以代表向教會捐獻、捐錢給博物館、在教會的愛心廚房當志工、重複使用旅館毛巾、幫助老奶奶過馬路，也可以代表對外圍團體成員另眼看待，或安息日不開車。

我們有 δ 的機率可進入下一回合。在下一回合，所有參與者隨

機配對，選擇是否懲罰與他們配對的參與者，他們可以用成本 c 對該名參與者造成損害 h。接著，我們有 δ 的機率可進入下一回合，此時參與者又再隨機配對，這一次，同樣可以用成本 c 對另一人造成損害 h，像這樣一直延續下去。為了簡化，我們假設每一個人都知道其他人先前的選擇。

就像永遠背叛是重複囚徒困境的子賽局完全均衡，這個賽局也存在下列一個均衡：參與者第一回合就不遵守規則，並且在後續賽局中始終選擇不懲罰對手。畢竟，要是沒有人會懲罰不守規矩的行為，為什麼要守規矩？而且懲罰他人是有代價的，如果你不去懲罰別人，也沒有人會來懲罰你，為什麼還要懲罰呢？

現在改變一下，思考下面這個參與者願意遵守規定的策略組合：

● 第一回合，遵守規定。
● 第二回合以及之後的所有回合，只懲罰第一輪不守規定的人，或不懲罰前一回合該受懲罰的人。

只要 δ 夠高，這項策略就是子賽局完全均衡；嚴格來說，只要 δ 大於 $\dfrac{C}{h}$ 和 $\dfrac{c}{h}$，就會是子賽局完全均衡。怎麼知道？我們一如往常檢查看看，在別人都不改變的情況下，有沒有誰可以藉由改變來獲得好處；同時也要檢查，有沒有人身處在意料之外的處境。所以，你會想在第一回合推諉嗎？如果這麼做，你會得到 C，但在下一回合，其他人會懲罰你，對你造成損害 h。只要 δ 夠高，即使損害會遞減，總損害將超過推諉所能帶來的好處。好，但如果你發現，自己

意外與曾經推諉責任的人配對，或與預期應祭出懲罰、卻未懲罰他人的人配對呢？你應該要懲罰他嗎？這個嘛，不懲罰他可以省下成本 c，但這代表你接下來會受到懲罰，是你遭受損害 h。這次也一樣，只要 δ 數值很大，即使損害遞減，總損害也將抵銷節省的成本，使你境遇更差。恭喜，找出子賽局完全納許均衡了。

◆

　　規範落實賽局的這個均衡點顯示出，我們應該要加以留意的兩項特點。

　　第三方懲罰：第一項特點是第三方懲罰。在規範落實賽局第一回合遵守規定，動機來自於後續回合會受到懲罰，執行懲罰的是第三方參與者。第三方的意思是，他們不因第一名參與者未遵守規定而直接受害。

　　高階懲罰：第二項特點是高階懲罰。為了確保規範落實賽局裡的均衡策略達到子賽局完全均衡，我們不只需要為遵守規定提供誘因，更要為懲罰提供誘因，方法就是執行高階懲罰：對應該要懲罰他人卻沒有這麼做的人，祭出懲罰。

　　規範落實除了前述兩項特點，前一章討論過的一些特點也扮演了要角。

　　可觀察性（observability）：若參與者無法觀察到你做出了錯誤行為，當然不可能因此懲罰你。若行為完全匿名，或社會網絡不夠緊密，無法提供持續監督和執行的動機，就有可能出現這個狀況。

總的來說，我們可以將這些視為與 δ 相關的因素，亦即：δ 很大除了表示再次互動的機會很大之外，也表示互動的人會曉得過去發生的事，並有充分的誘因去多加關注。

預期：就像重複囚徒困境，規範落實賽局不只存在一種均衡：有的均衡發生在參與者遵守規範，有的發生在參與者不遵守規範；有的是要落實某一種規範，有的是要落實另一種。因此你會想評估，哪些是社群希望你遵守並予以落實的規範，以及社群希望你何時遵守及落實。

高階信念：就像重複囚徒困境中，參與者傾向不懲罰無意間背叛的人，規範落實賽局裡的參與者也傾向不懲罰只有自己看見的違規行為，這樣一來，他就不必為此負擔懲罰的成本，也不必擔冒被懲罰的風險。

◆

我們要針對規範落實賽局獨有的第三方懲罰和高階懲罰這兩項特點，先來看一看相關證據，再探討前文所列出的其他特點。

第三方懲罰：身為未直接受害的第三方，真的會去懲罰違反規定的人嗎？以下幾個例子，顯示人真的會這麼做。

第一個例子，希望你能一起做個實驗。為了科學研究，下一次你到公共場所的時候，請攜帶一張糖果紙，當著某人的面把糖果紙扔到地上——好啦，別當真。筆者摩西在頑皮的青少年時期已經代替你這麼做了。結局呢？某個身材魁梧的第三方在十字路口中間，

停下他正在駕駛的皮卡貨車，走下車來，讓摩西知道最好把那張糖果紙撿起來。值得強調的是，那名身材魁梧的第三方並沒有直接被摩西丟的垃圾影響，那是公共道路，第三方只是碰巧開車經過。摩西自此學到教訓，將不能亂丟垃圾的規矩內化，銘記於心。

第二個例子，我們要看一看真正的實驗。在恩斯特‧費爾（Ernst Fehr）和烏爾斯‧費施巴赫（Urs Fischbacher）設計的實驗裡，[3] 兩名受試者先玩最後通牒賽局，之後費爾和費施巴赫問第三名受試者，願不願意付錢讓第一名受試者少拿一些。他們發現，第三名受試者願意這麼做：假如第一名受試者在最後通牒賽局裡不夠大方，不受第一名受試者自私行為影響的第三名受試者願意付錢懲罰他。科學家還進行了其他類似的實驗，例如，大家都把錢投入罐子，實驗人員將金額增加一倍，再平均分給每一名成員的情況。[4] 結果都顯示，受試者願意懲罰對公共財無所貢獻的人。

亨里奇帶領一大群研究人員，利用費爾和費施巴赫的實驗探討第三方懲罰的普遍性。[5] 他們招募來自不同文化的受試者，有東非與亞馬遜的游牧和半游牧部落，巴布亞紐幾內亞、大溪地和密蘇里州的農民，以及美國艾莫瑞大學（Emory University）的學生，他們在這些地方給受試者一日薪資做為初始資金，玩費爾和費施巴赫的第三方懲罰賽局。

亨里奇的團隊發現，第一名受試者開給第二名受試者的價格慷慨程度，以及第三名受試者執行第三方懲罰的意願，在不同地方落差很大。不過差異並非隨機現象：在第一名受試者較慷慨的地方，第三名受試者會積極執行第三方懲罰。除此之外，他們發現即使是

合作度最低的地方，仍有一定比例的受試者執行第三方懲罰；也就是說，有顯著比例的受試者願意貢獻他們的資金。

第三方懲罰的第三個例子，來自東非游牧民族「圖卡納族」（Turkana）。根據莎拉・馬修（Sarah Mathew）與羅伯特・博伊德（Robert Boyd）的記錄，圖卡納族會利用第三方懲罰鼓勵族人參與搶牛隻。由於參與搶牛大戰的成年男性面臨五分之一的死亡率，臨陣脫逃的情況並不少見，但發生頻率可能沒有你想像的那麼高。原因在於臨陣脫逃會被公審、罰錢，在某些極端的例子中，甚至會被同伴綁到樹上公開毆打懲戒。盧克・葛瓦茨基（Luke Glowacki）發現東非部落「年加頓族」（Nyangatom）也有類似習俗。[6]

我們找到的第四個例子，來自實施「吉姆・克勞法」[*]的南方各州。歷史學家克萊夫・韋伯（Clive Webb）寫道，這段期間在南方各州經商的移民一般而言不會特別歧視黑人，也樂意與黑人做生意和從中賺錢，但他們仍然遵守種族主義的政策路線。韋伯引用 1920 年一名商店老闆說過的話，他說：「我是來這裡生活，不是來這裡發起聖戰。」韋伯也寫，如果不小心，商家會遭到「經濟報復，被社會抨擊，甚至遭人暴力相向。1868 年 8 月 15 日，名叫比爾菲德（S. A. Bierfeld）的俄羅斯猶太青年，和到他店裡買東西的黑人稱兄道弟，冒犯了田納西州富蘭克林郡的白人，遭 3K 黨擄走射殺身亡。14 個月後，經營五金行的猶太人山謬・弗萊施曼（Samuel Fleishman）在

---

[*] 譯註：Jim Crow laws，代稱 19 世紀末、20 世紀中美國南方實施的種族隔離法律與制度。

佛羅里達州瑪麗安娜市，因為一模一樣的事件被人殺害。」[7]重點在於，做出暴力行為的白人只是第三方，並未因店主多賣出一點商品或與黑人稱兄道弟而受直接影響。

　　高階懲罰：高階懲罰真的能激勵第三方祭出懲罰嗎？沒錯，通常可以。以下是幾則相關的證據。

　　羅伯特・庫茲班、彼得・德西歐里和艾琳・歐布萊恩（Erin O'Brien）證明，光是知道有旁人在看，就會令人產生「對方應該受到高階懲罰」的念頭，提高第三方祭出懲罰的可能性。[8]他們帶受試者到實驗室，進行兩階段實驗。第一階段，要求兩名受試者參與改版後的囚徒困境賽局，依序由第一名受試者先決定是否合作，再由第二名受試者決定。當對手選擇合作，受試者報酬最高的策略如同以往是選擇背叛。在這個實驗中，這麼做可賺進 30 美元！

　　實驗進入第二階段後，第三名新的受試者加入，他被告知另兩名參與者在第一階段如何選擇。接著，實驗人員給第三名受試者 10 美元的初始資金，問他願意為了懲罰第二名受試者付多少錢，他的每 1 美元，可讓第二名受試者的報酬減少 3 美元。想當然耳，實驗人員預期當第一名受試者選擇合作，而第二名受試者卻選擇背叛時，第三名受試者才會懲罰他。

　　庫茲班、德西歐里、歐布萊恩將第二階段的受試者分配至三個實驗組別。第一組從頭到尾匿名參加實驗，就連實驗人員都不曉得哪個決定是誰作的。第二組的決定只有實驗人員知道，其他受試者都不知情。第三組，受試者被告知必須在實驗最後階段站立，對所有受試者大聲說出自己的決定。果然，匿名程度愈差，祭出第三方

懲罰的人愈多。在實驗完全匿名的狀態下,懲罰金額平均為 1.06 美元。在實驗人員可得知受試者決定的狀態下,受試者懲罰他人的金額平均為 2.54 美元。在所有參與者都能得知決定為何的狀態下,懲罰金額平均為 3.17 美元。當受試者知道別人會得知他們是否作出懲罰的決定,而且至少就理論上知道,他人能對自己祭出高階懲罰,受試者將有動機大力祭出第三方懲罰。

近來,吉莉安・喬丹(Jillian Jordan)和諾爾・凱泰利(Nour Kteily)稍作改變,重新進行庫茲班等人的實驗。[9] 他們將實驗的第一階段改成閱讀一篇情境短文,其目的為:

> 告知受試者有一群人正在籌辦活動,他們可以選擇支持這些辦活動的人。那些人的目的是懲罰一名被指控性騷擾的大學教授。受試者得知活動策劃者打算「帶著大聲公到該名教授的辦公室和私人住宅外遊行抗議,好讓他的親朋好友、左鄰右舍、職場同僚統統知道他的行徑。藉此向他任教的大學施壓,要求學校作出懲處」。接著,受試者決定是否捐錢給主辦單位,讓他們去懲罰那名教授,並以連續評分參數表示對主辦單位的支持程度,及其本身對於處罰事件所進行的道德評估。

如同庫茲班等人,喬丹與凱泰利針對受試者的懲罰決定是否可被看到,設計了不同的情境。實驗最關鍵的改變在於受試者對教授是否真的犯錯,確信的程度並不一樣。他們這樣描述這場實驗:

　　我們透過控制，讓需要懲罰的道德事件具有程度不一的模糊性。
我們讓受試者閱讀一篇指控教授犯罪的新聞報導，關於報導中的重
要細節，可信度和嚴重度有不一樣的版本。在最沒有模糊空間的版
本中，指控非常嚴重，而且可信度很高，例如：最嚴重的指控是教
授試圖強暴他人、教授並未否認指控、有六個人指控他。在模稜兩
可的版本中，指控相對較輕，也比較不具可信度，例如：最嚴重的
指控只有情節較輕的「不舒服的觸碰」、教授否認指控、有兩個人
指控他、指控的兩人可能別有居心、有人擔保教授的清白。

　　雖然有這些重要區別，但兩種情況下的受試者都曉得，籌辦者
將採取同樣嚴屬的懲罰手段。

　　喬登和凱泰利在沒有模糊空間的組別，發現和庫茲班等人非常
類似的結果：受試者在會被他人看見的情況下，明顯更有可能去懲
罰別人。

　　喬登和凱泰利也發現，如他們預期，在模稜兩可的情況中，受
試者祭出懲罰的比例低很多，大約少了四分之一。儘管如此，他們
也發現，如果受試者的行為會被他人得知，祭出懲罰的比例會增加。
他們說：「我們的刻意操控明白顯示，名聲是促使人們採取行動的
力量，當案情模稜兩可時，受試者對我們操控的名聲因子，反應程
度並未減少。」可能遭受高階懲罰是一大威脅，使受試者突破保留
心態，採取行動祭出懲罰，其效果可說是相當明顯。

　　所以人們真的會因為高階懲罰的威脅，而產生祭出第三方懲罰
的動力。但人們真的會祭出高階懲罰嗎？是否真的會因為他人沒有

在應祭出懲罰的時機這麼做，因而追究責任呢？這個問題的答案，一樣是肯定的。

　　莎拉・馬修以圖卡納族為對象進行研究，以四種情境探討這個問題。[10] 第一種情境，某人懲罰逃兵；第二種情境，某人未懲罰逃兵；第三種情境，某人對逃兵祭出過當懲罰；第四種情境，某人作出不公平的懲罰，亦即處罰未臨陣脫逃的人。她問圖卡納族人：「他的做法是否有錯？你是否對他不滿？他的做法是否無效？你是否會批評他？會不會懲罰他？會拒絕幫助他嗎？」在第一種，某人懲罰逃兵的情境裡，幾乎沒有圖卡納族人說那個人有錯或表示對方令他們不滿等，但是在其他情境，說那個人有錯、表示對方令他們不滿的人增加了，也有一些人表示要懲罰他。懲罰沒有懲罰逃兵的人，而不懲罰對逃兵祭出懲罰的人，是規範落實的模型要件。

　　當年，傑基・羅賓森（Jackie Robinson）加入布魯克林道奇隊＊，突破大聯盟的「膚色界線」（color line），使某一些種族主義觀念較深的大聯盟球迷怒不可遏，其中最知名的一群，當數聖路易紅雀隊的球迷。羅賓森首當其衝，面對他們一再施加的語言和肢體暴力卻不以暴制暴，最後啟發美國民權運動。羅賓森的隊友與聘僱羅賓森的決定毫無關係，有些隊友甚至反對聘僱羅賓森，卻一樣成為攻擊的箭靶。對抱持種族歧視的球迷來說，只要你留在道奇隊，你沒有適時祭出懲罰，就活該要接受高階懲罰。[11]

＊ 譯註：布魯克林道奇隊成立於 1883 年，先後經歷數次更名，爾後自紐約布魯克林遷至加州洛杉磯，於 1958 年更名為洛杉磯道奇隊。

　　基督教和猶太教都有驅逐教友的做法，這在猶太信仰裡稱為「驅逐令」（herem）。宗教領袖會開除做錯事的成員的會籍，不僅當事人禁止參與教會活動，連與他有關的人士都有可能會遭到驅逐。舉例來說，13 世紀，第四次拉特蘭大公會議（the Fourth Lateran Council）賦予神職人員權力，開除某個本身未犯異端罪，但協助他人犯異端罪的人。[12] 筆者艾瑞茲在以色列就讀國中時，看過同學對某個嚴重失禮的同學祭出非宗教性質的「驅逐令」；在那之後，任何無視驅逐令的人都會遭到驅逐，連跟那個被驅逐的同學說話都不行。這些孩子大多沒有宗教背景，應該沒聽過大人被教會驅逐的事，竟然能如法炮製，真令人驚訝。

　　根據心理學家凱莉‧哈姆林（Kylie Hamlin）、凱倫‧韋恩（Karen Wynn）、保羅‧布倫、妮哈‧馬哈揚（Neha Mahajan）的記錄，連幼兒都會做出類似高階懲罰的行為。[13] 這組研究團隊利用大象、麋鹿、鴨子造型的襪子手偶，演一齣總共兩幕的布偶劇。在第一幕中，某一隻手偶做出友善的行為，像是幫助另一隻手偶打開裝玩具的盒子；或者，這隻手偶做出糟糕的行為，像是大力關上玩具盒。接著，演出那隻手偶需要其他手偶幫助的劇情，例如它在玩球，球卻掉了。此時另一隻手偶登場，有可能幫助那隻手偶撿球，或是把球拿走，最後再讓幼童選擇要和哪一隻手偶玩。不論第一隻手偶的行為是否友善，五個月大的幼童一律選擇，把球還給第一隻手偶的手偶；但八個月大的幼童會祭出第二階懲罰，他們選擇一同玩耍的對象，是對友善手偶一樣友善的手偶，以及對壞手偶不友善的手偶。

◆

接下來，我們要針對規範落實賽局中促成合作的特點提出幾項證據，這些特點與重複囚徒困境中促成合作的三項特點有所重疊。

我們就是在意別人的眼光

我們要檢視的第一項特點是可觀察性，也就是，當人們做好事比較有可能被看見，而且人們也比較在乎那些看見他們的人的時候，人們會表現得更利他。

第一項證據來自一個簡單的實驗室實驗，稱為**獨裁者賽局**（dictator game），這個實驗經常用於研究利他精神。在獨裁者賽局中，受試者會領到幾美元的初始資金，接著，實驗人員問他們願意分多少錢給另一名受試者，整場實驗就是如此簡單。實驗裡，有許多受試者分一半給對方，但有些人會給得比較少，甚至一毛不拔。

如我們所料，受試者會給對方多少錢，視實驗的匿名程度而定。假如其他人知道受試者的身分，則受試者傾向分享一大部分的金錢；假如其他受試者並不知道受試者的身分，他們會比較不那麼大方；假如這是雙盲實驗，其他受試者和實驗人員都不曉得他們的身分，那麼慷慨程度甚至更低；假如實驗人員採取特別手段確保受試者的身分不被他人知道，並刻意強調採取這些做法，讓受試者確知實驗的匿名度極高，則受試者幾乎不會把錢分出去。總歸一句，行為愈是有可能被看到，受試者就愈大方。[14]

研究利他精神的人除了獨裁者賽局，也經常在實驗室裡進行另

一項已歸為典範的實驗：**公共財賽局**（public good game）實驗。公共財賽局和獨裁者賽局雷同，但有更多受試者同時參與。受試者會像在獨裁者賽局那樣收到一筆初始資金，但這一次，實驗人員問他們願意把多少錢投入公基金，而且不論捐出多少，投入公基金的錢都將**翻倍**，再平分給全部的受試者。研究人員多半發現，受試者會和在獨裁者賽局的表現一樣，將可觀的份額投入公基金。

約翰‧李斯特（John List）、羅伯特‧貝倫斯（Robert Berrens）、阿洛克‧博哈拉（Alok Bohara）、喬，克佛利特（Joe Kerkvliet）在實驗中，讓對照組受試者進行類似剛才描述的賽局，問他們是否願意將出席實驗的 20 美元酬金捐給學校的研究中心。他們也讓實驗組的受試者進行相同的賽局，但差別在於實驗組受試者在作出選擇之後，可能會被實驗人員隨機挑選出來面對所有受試者，公開說出自己剛才的決定。實驗人員以此操控賽局的可觀察性，結果非常有效！果不其然，實驗組受試者捐出的金額約為對照組的兩倍之多。[15]

現在我們要離開實驗室，透過田野調查（真的是田裡）搜尋更多證據。一項以「英國採果工」為對象的研究發現，[16] 若是採用相對薪資方案，依據相對表現決定是否發放額外獎金，採果工會放慢採摘速度，以避免一起採摘水果的工人感受到必須努力採摘的壓力。不過，只有當採果工可看見田裡工作的其他工人時，才會發生這種情形。就某些水果的採摘工作而言，這種情形根本不可能發生：

第二類水果生長在平均大約 180 到 200 公分的茂密灌木上。相

較於第一類水果，工人採摘第二類水果時，無法看到採果日當天附近幾排工人採摘了多少水果。由於第二類水果具備這樣的物理特質，使得採果工無法一面採摘，一面留意同一天其他工人的採收狀況。

採摘第二類水果的工人由於無法互相配合，因而更加努力。（研究人員並未寫出第二類水果是什麼，我們猜測那是覆盆子。）

我們對於可觀察性的預測，實用性相當高。我們在自己的研究中利用這項發現鼓勵人們加入停電預防計畫，[17] 發現不使用匿名標示，而是在登記表上讓左鄰右舍知道參加者的身分，人們加入計畫的機率是先前的三倍！其他研究者則發現，可觀察性可鼓勵人們捐血、誠實報稅、捐款給國家公園等，成效同樣卓著。[18]

別人會預期我們合作嗎？

接下來我們要檢視模型的下一項特點，即：人們對於「自己是否被別人預期會採取合作」的線索相當敏感。約翰・李斯特略微修改的獨裁者賽局清楚說明了這點。在標準實驗版本中，獨裁者只能選擇是否分享獎金去幫助另一個人。在李斯特的版本，獨裁者可以選擇幫助或傷害另一個人：他們可以把自己的資金分給對手，或從對手那裡拿走部分資金。當受試者面對的是這樣的決定，儘管如同一般版本，沒什麼人選擇「拿走對手資金」這種最自私的選項，但相對之下，也只有少數幾人願意分享資金。[19] 受試者似乎從手邊的選項推論出，別人對他們有所預期，因此他們得要拿出特定的行為表現，才能在別人眼中成為一名公平或優秀的夥伴。

再說一個例子。有許多實驗發現，只要改變對實驗的描述，就能影響參與者的行為。在瓦妲・利柏曼（Varda Liberman）、史蒂芬・山謬斯（Steven Samuels）與李・羅斯的經典實驗中，受試者參加的其實都是最後通牒賽局，但一個名稱是「合作賽局」，另一個名稱是「華爾街賽局」。參加到合作賽局的受試者，比參加到華爾街賽局的受試者更樂於分享，他們拒絕不公平提議的機率也比較高。[20]

在比較近期的例子中，瓦萊里奧・卡普羅（Valerio Capraro）與安德里亞・范佐（Andrea Vanzo）將玩獨裁者賽局的受試者行動分成兩類，一類標示為「不偷竊」和「偷竊」，一類標示為「不拿取」和「拿取」，則參加標示為「不偷竊」和「偷竊」組別的參與者，慷慨程度是另一組的兩倍。當標籤改成「給予」和「不給予」，慷慨程度變得更低。對於這樣的結果，可能的解釋是：標籤會改變參與者的行為，因為標籤使參與者改變了對於其他人預期「我應該要多慷慨」的認知。[21]

如果你想看看在非實驗室的自然環境下，「期待」是怎麼運作的，行為經濟學文獻對「推力」（nudge）的研究是個很好的例子。舉例來說，2000 年代初，以諾亞・葛斯坦（Noah Goldstein）為首的研究團隊與飯店合作，測試傳遞怎樣的訊息，比較能有效要求房客重複使用毛巾，進點舉手之勞幫飯店省錢，同時節能省水。研究人員從使用「你可以幫忙拯救環境」的訊息開始嘗試。後來發現，放上這類訊息，可使重複使用率上升 9%：「請加入其他房客的行列，一起協助拯救環境。七成五受邀加入我們的資源節省新計畫的房客會重複使用毛巾超過一次，盡一份力。」當他們告訴房客，前一組

房客會做資源回收，訊息的效果更好。[22] 這類訊息稱為**描述性規範**（descriptive norm），透過強調其他人在相同的情境下合作，來傳遞某種期望。飯店房客會想：「其他人在相同情境下會合作嗎？他們是不是希望我在這個情境下合作？」接著得出肯定的答案，並且產生「別人也預期我合作」的合理結論。

社會心理學家和行為經濟學家發現許多聰明辦法，可以影響他人的期待，並進一步影響對方是否願意利他。最常見的招數就是詢問對方某個做法是否正確，例如：「你認為跨過旋轉閘門，不付錢搭乘大眾交通運輸工具是公平的行為嗎？」接著公布調查結果：「超過 85% 紐約人認同：逃票不公平！」這類訊息稱為命令性規範（injunctive norm），同樣可有效傳達期望。

類似的例子還有很多，如果你想直接參考原始出處，請翻閱理查·塞勒與凱斯·桑斯坦（Cass Sunstein）的著作《推力》（Nudge）。不過，我們實在忍不住再談一例。在紐約大都會博物館仍可免費參觀的年代，參觀者必須先排隊領取一個小金屬胸章，別在衣服上才能入場。等你走到服務檯前面一看，那裡跟收銀檯沒兩樣，擺著一塊寫著建議捐款金額的告示板：普通成年人一個金額，兒童、年長者、學生是其他金額。你大可直接表示沒有捐錢的打算，但大都會博物館的建議捐款金額表建立了相反的預期，這的確是非常有效的策略。

現在，我們要來看看規範落實的這幾項特點，能告訴我們哪些有趣的事。我們先探討規範落實有哪些限制。

接種疫苗了，為什麼還要戴口罩？

　　在新冠肺炎疫情流行時期，大部分的人都盡量不外出，避免和親朋好友在室內聚會，與他人保持兩公尺的社交距離，出門時佩戴口罩。在美國，跨越州界時，人們會先取得新冠肺炎的陰性證明，才與其他人碰面。雖然很多限制正式納入地區及各州的官方指南，且違反某些規定要被罰錢，但大部分地區都盡可能避免對民眾真的祭出懲罰。這些規範之所以能落實，憑藉的是一套老方法：仰賴當地民眾去鼓勵其他人遵循規定。儘管確實仍有不守規定的人，且各個地方的落實情況不一，但大部分美國人都會佩戴口罩，而且即使並非完全不出門，也盡可能減少外出；此外，當有疫苗可以施打時，也配合規定接種疫苗。遵循情形，相當不錯。

　　接種疫苗後，罹患和散播新冠肺炎的機率降低，人們理所當然認為，很快便不需要再佩戴口罩或遵守其他措施了。然而，相關規定又等了好幾個月才取消。接種過疫苗的人在這段期間，必須和其他人一樣遵守防疫規定。衛生主管機關給的理由始終含糊不清，他們表示並不清楚接種疫苗的個人是否還會散播病毒。之後愈來愈多資料證實，接種疫苗的人幾乎不會再把新冠肺炎傳染給別人，衛生主管機關雖然不再以此為由要求民眾戴口罩，卻仍未放寬限制，依舊要求所有人在那段期間戴口罩。

　　接種疫苗後還要佩戴口罩，真正的理由想必是：我們需要「未接種疫苗的人」繼續佩戴口罩。當所有人都佩戴口罩，規範落實起來容易得多，針對這一類規範要祭出第三方懲罰也相對容易。不戴口罩？第三方可隨時出言糾正，他們知道其他人（高階懲罰者）會

和自己站在同一邊。太好了！但在某些人不必佩戴口罩的情況下，想要求其他人戴口罩，這時第三方懲罰者要出言糾正就困難許多。因此，縱使要求接種過疫苗的人佩戴口罩有些愚蠢，但與無法鼓勵任何人戴口罩的窘境相比，要求接種過疫苗的人佩戴口罩就不是那麼愚昧的事了。

　　這個例子說明了規範的一個普遍現象：有些要求比較難透過第三方和高階懲罰來達成。你很難維繫那一類的規範，只好轉而提出其他要求。以戴口罩來說，戴著也無傷大雅。就算不需要佩戴，戴一下又何妨？

　　我們將在後續兩章深入探究高階信念。你將看見對於規範能否落實的條件限制，意義重大。例如你將認識到規範必須明確，所以有些我們希望落實的規範，實際上窒礙難行。例如，「防止戰爭期間形成不當傷害」就是難以落實的規定；我們只能落實明確禁止施虐或禁止使用特定類型武器的規範，就算那不是妥善的替代規定也一樣。

　　同樣地，我們也許希望制定規範，鼓勵人們捐錢給優秀的慈善機構，但我們無法這麼做，只能鼓勵人們捐錢給慈善機構，不論善款會帶來實際幫助還是會被浪費掉。

　　你也將會看見，雖然理想上規範不該區分造成傷害的究竟是人們的作為還是不作為（你殺了那些猶太人嗎？還是袖手旁觀任其死去？），但實際上這點對於規範來說舉足輕重。我們姑且先這麼說好了：規範有其力量，但並非無所不能，有時這一點非常重要。

激發公益行為的三個方法

這套規範落實方式的優勢在於能告訴我們，如何提供使他人願意遵守規範的動機。以下是可行的激勵方式：

- **提高可觀察性**：如果個人可以私下違反規定，第三方就難以對他們祭出相應的懲罰。在可能情況下，應該要讓必須達成的行為更能被別人觀察到，例如，我們當初並非設立專線，而是透過報名表單，供社區居民報名參加停電預防計畫。

- **消除看似有理的藉口**：泰特現代美術館（Tate Modern）採取和大都會博物館不一樣的做法，只在博物館各處放置捐款箱，而且不要求前來美術館參觀的民眾排隊入場，這麼做讓看似有理的藉口有了許多存在的空間，例如「我沒看見捐款箱」或「我忘記了」，也使得第三方難以祭出懲罰。畢竟，他們不僅要去判斷是否真的有違規行為，還要去思考其他人（更高階的懲罰者）認為是否有違規。而且不論他們是否確定參觀者刻意不捐錢，都無法確定更高階的懲罰者是否與他們想法一致。如有可能，應該要消除這類藉口。大都會博物館就是這樣，在那裡，想要不捐錢溜進去的人會被第三方口頭懲罰：「喂，排隊！」此時身為第三方，你不必擔心更高階的懲罰者會將此視為越界之舉。

- **傳達期望**：由於人對自己是否被期待在某個場合遵守規範的線索很敏感，所以應該要讓他們知道應該遵守規範的時機。如我們剛才所說，線索可以是其他人都遵守規範，或其他人

認為遵守規範才是好的做法；尤其是，遵守規範的人正好都
是傾向制定或落實這些規範的人。

　這份清單可用於推動有利社會的行為，例如慈善捐贈、捐錢、
資源保育、洗手、堅持抗菌等；它們也可以用於打破諸如種族歧視
這類不良的規範，只要顛倒建議就行：讓違反規定變得難以觀察、
提供更多藉口，以及在期待做法中摻雜其他訊息！

　我們在一次審視文獻的過程中發現，依循前述方針進行實際干
預的時候，比用其他方式推廣利他行為更有成效。其中，提高可觀
察性特別有效，其作用大幅勝過其他措施。傳達期望的效果也很不
錯，而其他人的文獻回顧也證實了這點。我們審視文獻時，尚無許
多文章討論減少看似合理藉口的措施，因而無法對其進行評估。相
較之下，嘗試使利他行為更容易，或以獎金、馬克杯、T 恤等實物獎
勵利他，這類型介入措施的成效往往普通。[23]

　我們說過，我們曾經將其中幾點建議運用於推廣停電預防計畫。
以下提供另外一例：我們與一間數位健康新創公司合作，鼓勵患者
堅持走完肺結核療程。大部分西方人並不曉得，肺結核其實是全世
界致命率最高的傳染病，每一年殺死超過兩百萬人——比 HIV 和瘧
疾死亡人數加總起來還多。令人吃驚的是，它是一種可以治癒的疾
病，而且治療方法存在 70 年之久。

　儘管如此，走完肺結核療程，即使保守形容，也是一項令人望
之卻步的挑戰。肺結核療程總共耗時六個月以上，患者必須定期上
醫院，每天服用使人不舒服的強效抗菌藥物。許多患者想著應該已

經治好了，就提早退出療程。我們的目標是不讓他們提早放棄，避免再次染病、感染其他疾病，或惡化成非常難治癒的抗藥性結核病。

以下是我們解決這個問題的方法：我們每天傳文字訊息給患者，提醒他們吃藥。但我們不只這麼做，因為單純提醒患者吃藥，毫無可觀察性可言，而且患者有太多藉口不吃藥了，像是：「我沒看到簡訊。」「我的手機沒電了。」「我把手機借給媽媽用了。」「我看到簡訊，但忘記吃藥了。」所以，我們要求患者登入系統，填寫自己確實服藥。若患者未回覆訊息，我們會再次傳訊；還不回覆，就再傳；傳送三次都不回覆，協助小組會聯絡患者，努力讓他們繼續服藥。協助者的存在製造出可觀察性，藉口也減少了。當你知道不回覆就會一直收到訊息，對你來說，表示沒看見訊息沒用。在這個過程中，我們也有一些傳達期望的機會，方法是發送激勵患者服藥的訊息，例如：「我們一起把肺結核趕出肯亞！」「今天，數百名健康英雄服用肺結核藥物了，請加入他們的行列！」

我們的介入措施相當成功。我們在平臺上以 1,200 名肯亞奈洛比的肺結核患者為對象進行測試，未能順利走完肺結核療程的患者減少三分之二。之後，我們以肯亞約兩成的肺結核患者為對象，針對超過 15,000 個人進行第二次測試，未能順利走完肺結核療程的患者減少了三分之一。[24]

◆

目前為止討論的規範都與我們專門建構的抽象模型非常吻合，

但現實世界當然更複雜，規範的落實方式更是複雜得不得了。現在，讓我們來討論若干現實世界的規範，以及這些規範的落實方式，[25] 之後再回來探討這些規範與我們的模型有哪些共通點。

在 17 世紀末到 18 世紀初海盜猖獗的年代，海盜鬧得西班牙與美國殖民地的商船惶惶不安。喜歡讀文學作品和看電影的人都曉得，海盜有多麼令人聞風喪膽。他們不僅殺光船上所有反抗的人，還經常下手殘酷，對船上的人處以極刑。打劫時，他們的誇張舉動在商船水手心中烙下深深的恐懼。恐怖至極的黑鬍子船長甚至會在帽子裡，放上一支點燃的引信，讓自己身體周圍黑煙瀰漫。

海盜之所以採取這些誇張的做法，是因為他們是精明的商人：這些小手段最重要的目的，就是盡可能不要真的打起來。他們除了以浮誇的舉動宣告自己有多可怕，也對投降的商船水手展現無比的仁慈，重點在於讓商船不戰而降。商船投降後，俘虜們總是驚訝地發現，海盜船上的船員其實非常注重秩序。一名俘虜驚訝表示：「在海上，他們循規蹈矩完成分內的工作，甚至比荷蘭東印度公司船隻的船員還盡責。海盜對於將事情做好，非常自豪。」[26]

當時，商船水手薪資低得可憐、行為不端，經常被專制的船長虐待；與這些水手相比，海盜們領高薪、素行良好，而且受到不錯的待遇。海盜之間很少互相偷東西，通常會一起投票作重大決定，甚至很早就寢。船員們知道，如果還想繼續喝酒賭博，必須要到甲板上續攤，不能吵到其他船員。（海盜船上多半禁止賭博，這裡是講允許賭博的船隻。）

海盜怎麼能這麼有秩序？一切從陸地上開始。加入海盜的行列

時，你就要同意遵守船上的規定，在一場小型的公開儀式中簽署守則，之後守則會張貼在船上顯眼的地方，通常是船長室的大門上。（前提是船長有自己的船長室。海盜船上船員是平等的，船長有時會和其他船員睡在同一個船艙。）雖然海盜被抓到的時候，通常會想辦法銷毀這些犯罪證據，但有些證據還是被保留下來。巴索羅謬‧羅伯茲（Bartholomew Roberts）船長的海盜船，就遺留下這樣的證據：

1. 每名船員都可以對重大事務投票；除非發生糧食短缺，而有必要為了船員的集體利益投票表決實施節約政策，其他時候，只要搶到新鮮的食物和烈酒，人人皆有權享用。

2. 每個人都會依名單輪流派到俘虜的船隻上；海盜們登船後可占有船上的衣物，但除了應得的部分之外，若藏起任何一只盤子、一件珠寶或任何一毛錢的價值物，會被公司放逐到無人島上處罰。若海盜打劫自己人，犯罪者的耳朵和鼻子要被劃上一刀作懲罰，並被丟到某個海岸。那個海岸不至於無法居住，但絕對不會是好過的地方。

3. 所有人都不得打牌或丟骰子賭錢。

4. 晚上八點要熄掉燈火與蠟燭：晚上八點後還想繼續飲酒的船員，必須到露天甲板上。

5. 刀槍武器必須維持在乾淨可用的狀態。

6. 船上不得有男孩或女人。若船員被抓到勾引女人上床，並將該名女子偽裝成男人帶上船，該船員必須被處以死刑。（如同在昂斯洛發生的狀況，有女人上船，必須立刻派人全天候

盯著她,以免該名女子被當成分化的工具或引起爭端,造成嚴重的後果;但糟糕的來了,海盜爭著要當盯哨的人,最後負責守護該名女子、幫助她保有貞操的人,通常會是船上最凶惡的人。這個人不允許其他人碰她,只有他自己可以與該名女子同床共眠。)

7. 在交火時棄船或棄守後甲板的人,將被處以死刑,或放逐荒島。

8. 不得在船上攻擊其他船員,男人間的爭執必須在岸上以刀槍解決。若雙方的爭議無法自行解決,則由船隻的舵手陪他們到岸上,給予他所認為必要的協助後,讓爭執的雙方背對背,站在數步之外。等舵手一聲令下,雙方轉過身來,立刻朝對方開槍(否則,槍枝會被從手中打落)。如果無人命中對方,就拿出腰間的短劍,由率先讓對方見血的人獲勝。

9. 除非每個人都分到了一千英鎊,否則沒有人有權說要退出這樣的謀生方式。假如為了做到這點,有人在服役時失去一隻手或腳,或瘸腿,他可以從公積金領八百元,其他較輕微的傷則依比例領取。

10. 船長與舵手分得兩成戰利品,航海長、水手長、砲長分得一成五,其他高級船員分得一成二五。

11. 樂手在安息日得以休息,其他六天則無此優待。

羅伯茲船長制定的守則與我們的規範落實模型並非完全相同,雖然他們也透過重罰來鼓勵船員守規矩,但規範落實模型中反覆出

現的重要邏輯在這裡並沒有出現。祭出懲罰的並非第三方，其動力也不是來自更高階懲罰的威脅，而是由獲得授權的高級船員執行懲罰。有時候，爭議情況會交由全體船員投票表決。[27]

接下來，我們要檢視的規範同樣來自一幫不法之徒：義大利南部和美國的義大利黑手黨家族。這些家族的成員必須遵守緘默規則（*Omertà*），不得向執法機關或外人洩漏資訊，即便涉案的是敵對家族，即便能夠讓被審問的人免罪，亦不得洩漏。這些家族認為，就算冤枉入獄，也不能夠和警方合作。文森‧吉甘特（Vincent Gigante）被控在混亂的打鬥中意圖謀殺黑幫老大法蘭克‧卡斯特羅（Frank Costello）。卡斯特羅拒絕在法庭上指證吉甘特，他告訴警方不曉得攻擊者是誰，並說：「我在這個世界上沒有敵人。」[28] 在市中心活動的販毒團體大部分也許不會稱那是緘默規則，但他們與義大利南部的黑幫一樣，恪遵不得告密的規定，而且即使不是黑幫成員也必須遵守。

緘默規則如何落實？2017 年，義大利執法機關發現這些黑手黨家族有一個不公開的地下法庭，負責審問被指控違背緘默規則的黑手黨成員。懲罰的花樣不少，「從暫時監禁或關押，到把違反緘默規則的人的上半身浸泡於尿液和排泄物之中，甚至於處以死刑」。[29] 在電視影集《火線重案組》（*The Wire*）裡面，當毒梟頭子馬洛‧斯坦菲爾德（Marlo Stanfield）得知討人喜歡的國中生蘭迪‧瓦格斯塔夫（Randy Wagstaff）把馬洛親信殺人的資訊告訴了警察時，儘管馬洛拒絕下令處死藍迪，他仍吩咐手下，將藍迪告密的事情昭告天下。這麼做帶來的後果一樣嚴重。附近的孩子總是找藍迪打架，某天晚

上，甚至有人把汽油彈從窗戶丟進他和祖母居住的公寓。公寓被祝
融吞噬，祖母受重傷，藍迪最後被送至寄養家庭，而其他孩子仍繼
續找他的碴。

如果你以為只有不法之徒會遵守緘默規則，恐怕要再三思一
下，因為執法機構本身也有一套緘默規則要遵守，稱為「沉默的藍
牆」（blue wall of silence）。被問及同事的罪行時，警員之間有作偽
證的默契，一般來說會假裝不知情，而不這麼做的警察會被同事排
擠、找碴，甚至遭遇更糟糕的情況；他也有可能被上級降職或開除。
吹哨者也會經歷類似的狀況，告密總是讓他們丟掉工作。[30] 藍牆對
阻止警方貪污和行使暴力形成嚴重的阻礙，被行動主義者嚴重詬病。
「黑人的命也是命」（Black Lives Matter）的運動，正是以反對藍牆
為其主要訴求。

正統派猶太教也有自己的緘默規則，稱為「沉默義務」
（mesirah），用於禁止猶太教徒向非猶太教的組織揭露多類罪行。
就連學校裡的小朋友，不論是不是猶太教徒，也都會規定同學不能
向老師打小報告。

接下來要探討的現實世界規範，轉向緬因州海岸線的龍蝦捕捉
業者。他們長久以來採行一套獨特的自我管理規範，維持漁業資源
的永續性。至少從 20 世紀中期開始，這些龍蝦業者就嚴格限制可販
售的龍蝦種類。龍蝦體形過小或大於某個範圍，或有 V 形剪尾記號
的抱卵母蝦，都要放回海裡。這些規範可追溯至 1930 年代，當時尚
無任何限制龍蝦捕捉的法律。人們是根據這些規範制定出相關法律，
而不是因為有法律才有這些規範。

　　詹姆斯‧艾奇森（James Acheson）仔細研究捕龍蝦的人，發現他們基本上非常守秩序，其程度與海盜相比毫不遜色。[31] 他們會結成一夥，由稱為幫主或頭頭的人擔任領袖：通常是年紀較長、廣受尊敬的龍蝦業者。幫主會要求幫眾不得在船塢堆放陷阱或其他設備、排解幫眾紛爭、協助幫眾將龍蝦賣給在地的銷售商或合作社，做諸如此類的事。由於這些都是地域性的派系，因此幫主也要負責在新人或鄰近派系侵入地盤時，集結幫眾捍衛地盤。

　　剪陷阱是龍蝦捕撈業者落實規範和對抗敵人入侵的重要手段，海底的龍蝦捕捉籠有一條繩子連著海面上的浮球，剪陷阱就是把這條繩子割斷。剪陷阱的挑釁意味非常濃厚，被剪陷阱的龍蝦捕捉業者不僅會損失珍貴的設備，連一整籠龍蝦都白捉了。如果龍蝦業者的陷阱一直被人反覆剪斷，他或她很快就會破產（女性龍蝦捕捉者很少，在英文裡女性業者和男性業者一樣，同樣稱為 lobsterman），外來客想在某個地區捕龍蝦開啟事業的第二春，經常會學到這血淋淋的一課。剪陷阱嚴格來說並不合法，要處以高昂罰金，甚至可能銀鐺入獄，但你很難抓到凶手。龍蝦業者讓其他業者的船沉沒的極端例子，也時有所聞。

　　我們現在要從海上轉移陣地，到草地上看一看。從東岸的龍蝦業者來到西岸，見一見加州沙斯塔郡（Shasta County）的牧牛人，了解他們如何透過一套獨有的規範與鄰居維持好關係。經營廣大的牧場在沙斯塔郡綿延起伏的翠綠丘陵地上，一直都是當地人最主要的經濟活動。有些牧場主人會花錢架設圍欄，讓牛隻在圈起的草地裡吃草，但架圍欄的費用非常高昂，光是建材，每一英里長就要一萬

美元，所以很多草地都沒有架設圍欄。這些草地仍然可以放牧牛隻，與圍起來的草地相比，比例大概三分之一。當然，牛隻會不時跑到草地外，闖入鄰居的農場和牧地，踩壞別人的圍欄、吃別人儲存的牧草，甚至偶爾讓別人家的母牛受孕，全都會使附近農民付出高昂代價。

　　從法律角度看，牧牛業者不一定要賠償這些損失，因為賠償與否取決於農場是開放式的，還是封閉式的。牧牛業者不需要賠償開放土地的損失，被圍起來的土地則要賠償——除了牛隻闖入鄰近農地造成損失要賠償，假如牛隻逛大街，被開車的人撞到，牧牛業者也要負責。

　　但在實際情況中，只要有人通報牛隻跑出去，牧牛業者幾乎都會馬上負起責任，趕快把牛捉回來，並修補圍欄，亡羊補牢。如果造成嚴重破壞，牧牛業者通常都會幫忙修繕。最早以此案例進行研究的羅伯特・艾利克森（Robert Ellickson）這樣描述：[32]

　　多數農村居民有意識地遵循鄰居必須守望相助的金科玉律。以牛隻誤闖的例子來說，除了少數人，大部分的人都會遵循一條簡要的基礎規則，即牲畜的主人要對牲畜的一切行為負責。忠於這條規範似乎與法律賦予的正式權利毫不相關。大部分的牧牛人相信，不論草地是否為開放空間，牧場主人都不該讓牲畜去吃鄰居的牧草。

　　當牧場主人被問到為什麼要遵守這些規範，他們的回答明白顯示出他們已經將規範內化了：「就好比我（不請自來）坐下來吃你

太太煮的晚餐。」「牛隻免費吃草，卻讓鄰居付出代價，這是不對的。」「（我的牛）不該出現在（鄰居的草地上）。」即使是開放式農地，牧牛人也有「道德上的責任圍起籬笆」，保護鄰居的農作物。

　　如果牧牛業者違反敦親睦鄰的規則，沒有趕快把牛捉回來並彌補鄰居的損失，鄰居通常會開始到處對人說這件事，做為反擊。光是這麼做就足以讓牧牛業者採取補救措施。要是這樣還沒效，鄰居有時會親自動手，把牛放到很難捉回來的地方，甚至把牛殺掉，破壞牧牛人的畜牧事業。鄰居向地方主管機關申訴的例子少之又少，他們通常會找其他的牧牛人對破壞者施壓，要求破壞者改正錯誤：

　　假如主管機關的負責人接到許多牛隻闖入受害者的電話，他的第一反應是調解這場危機。前任負責人諾曼‧瓦格納（Norman Wagoner）的標準做法是召集當地的牧牛業者，建議他們對違規者施壓，若違規者不從就讓他關門大吉。

　　這些牧牛人一旦出手，通常相當有效，而且他們並非浪得虛名。在過去，認為某個牧牛人沒有回應不滿的鄰居，曾經成功請求當局勒令關閉某些土地，使其損失慘重；在牛隻導致駕駛受傷的情況中，牧牛人更是沒得好談。

◆

　　在這些實際案例中，遵守規範的動機來自於可能遭受處罰。違

反守則的海盜可能會被處以死刑或放逐荒島；違反緘默規則的黑社會和幫派分子會被處死，或像藍迪那樣無法獲得饒恕；違反保育規定或跨界捕撈的龍蝦業者會被人割斷陷阱；不趕快把牛捉回來的牧牛人會發現牛隻不知怎麼「跑到了」偏遠的溪水裡，或消失得無影無蹤。

　　這些例子的差異之處在於懲罰的動機。在規範落實模型和先前討論的例子中，懲罰的動機來自於第二階懲罰，而第二階懲罰的動機則來自第三階懲罰，如此延伸下去。在現在這些例子裡，某種程度上也可能有此現象。例如，如果龍蝦業者冒極大危險替自己的幫眾去剪別人的捕蝦陷阱，其他幫眾可能會報答他，比如給他更大的停船空間、把更好的捕蝦位置讓給他、與他分享更多資訊、把設備借給他，或幫他打理一些岸上的雜事。如果不給幫忙的人好處，會被其他人當成渾球，面臨處罰。不過，更高階的懲罰通常不是最重要的，還有其他四種懲罰動機，包括：

　　1. 從規範獲得好處的人會支付報酬給處罰者。義大利黑社會家族和馬洛的街頭幫派，會找像文森・吉甘特這樣的人來落實規範，也就是那個法蘭克・卡斯特羅拒絕向警方告發的犯人。他們會提供豐厚的報酬，更別說，忠心耿耿的執法者將能提升在幫裡的地位：最後，吉甘特的老大維托・吉諾維斯（Vito Genovese）入獄，吉甘特接掌老大之位。假如行刑者被逮捕入獄，會有人照顧行刑者的家人。在《火線重案組》的季末大結局中，個性沉默寡言、令人畏懼的克里斯・帕特洛（Chris Partlow）替馬洛出手行刑，他在獄中與馬洛的勁敵伊旺・巴克斯戴爾（Avon Barksdale）的打手威畢・布瑞斯

（Wee-Bey Brice）親切地交談。兩人都因為替各自的老大背黑鍋，被判終生監禁，以此換取家人衣食無憂。

　　即使不是組織內部的人，如果替組織行刑，也能領取報酬，包括非正式的酬謝或獎金、獎賞。《火線重案組》裡的「羅賓漢」歐瑪・李特（Omar Little）從馬洛那裡偷走毒品和錢，下場就是像這樣：他不是被馬洛的打手殺死，而是被想拿賞金和討馬洛歡心的社區小孩殺死。

　　執法機關當然也會祭出獎金和獎賞，鼓勵社會大眾協助逮捕在逃罪犯或與美國為敵的人。美國有職業賞金獵人，藉著逮捕假釋逃跑的犯人領取獎金為生。2019 年美國曾經祭出一百萬美元的賞金，給能夠提供相關資訊、協助逮捕賓拉登兒子的人。

　　在納粹占領波蘭的時期，告發或殺死猶太人的農夫，可以從納粹那裡領到伏特加酒、糖、馬鈴薯和油。在荷蘭，納粹則會付錢給告發或殺死猶太人的人，在當時相當於大約 4 美元的金額，或換算成現在的幣值大約 70 美元。近一萬名荷蘭猶太人被告發，遭到殺害。[33]

　　2. 設立處罰違規者的機構。海盜會召開「全員會議」，投票表決如何處置兩名鬥毆的船員，或喝得爛醉，以致無法參與出征的船員；黑手黨會召開地下會議審判違反緘默規則的人；龍蝦業者會在碼頭的小餐館或小酒館聚會上調解幫眾之間的衝突，或策劃如何防禦入侵地盤的人；牧牛人想必也會這麼做。畢竟，人類有溝通訊息的能力，我們可以聚在一起，決定一種處罰，並規劃詳細的執行方式。這些事，人們常做。

　　3. 處罰者可以藉由懲罰，來表示他們嚴守規範。當社區中其他

孩子冷酷無情地不停糾纏藍迪，至少有一部分原因出在他們或許想表現自己絕對不會告密。人們在社群媒體上大肆批評說錯話的人，公審完全不認識的陌生人，背後動機很可能是發送訊號。

你也許聽過公關經理賈絲汀・賽珂（Justine Sacco）發生的知名事件。當時賽珂即將搭上長途飛機，前往南非開普敦市，她不假思索，在推特上向 170 名追蹤者寫下不得體的笑話，其中一名追蹤者感覺被冒犯，將這則推文轉貼給網站 BuzzFeed 的記者，這名記者又把文字轉推出去。不到一小時，賽珂變成全民頭號公敵，每個人都在發標注「#hasjustinelandedyet」（賈絲汀到機場了沒）的推文。賽珂才剛抵達開普敦，就失業了。

從批評賽珂的推文中隱約可以看出，這些加入公審的推特使用者可獲得什麼，例如有一則推文寫道：「由於 @JustineSacco 寫了掩飾種族歧視的推文，所以我要捐錢給 @care today。」（CARE 是在非洲撒哈拉沙漠以南活動的非營利人道組織。）另有一則推文寫：「我是 IAC 的員工，我再也不希望讓 @JustineSacco 繼續代表我們對外溝通了，永遠不要。」你覺得寫下這些推文的人會是種族主義者嗎？不太可能。如果是，也太做作了。

吉莉安・喬丹帶領其他人進行許多研究，顯示懲罰背後有像這樣的訊號發送動機。以下是她的其中一項研究：[34] 這場實驗分成兩個階段，先進行第三方懲罰賽局，再進行信任賽局。帶你回憶一下：在第三方懲罰賽局中，受試者要回答是否願意用一部分酬金，去讓另一名違規的受試者酬金減少。在信任賽局中，新加入的受試者與第三方懲罰賽局中的懲罰者配對，並且回答願意分多少資金給第一

名受試者，而他願意分出的資金會在倍增後分給第一名受試者。接著，第一名受試者要回答願意把多少資金發還給新加入的受試者。分享一部分資金的受試者必須要相信，收到資金的人會回報一部分資金。

　　喬丹發現，如果第一名受試者在第三方懲罰賽局中祭出懲罰，其他受試者確實會比較願意相信他；比起未祭出懲罰的人，祭出懲罰的人收到的金額高出 33%。受試者推測，祭出懲罰的人在有合作機會時，會願意與他人合作。他們的推測是對的：祭出懲罰的人最後發還的資金，金額高了很多。即使是在人工的實驗環境中，對違規者祭出懲罰同樣能夠發送訊號，代表懲罰者本身是遵守規定、值得信賴的人。

　　4. 懲罰並不（總是）需要支付高昂成本。若真的要說，有時困難的反而是如何不讓人們祭出懲罰。我們討論過的許多例子都有這樣的現象。舉例來說，雖然海盜船長很少這麼做，但在商船上的船長卻經常造假，誣賴水手違規，藉此扣水手的薪水來中飽私囊。沙斯塔郡牧牛人的鄰居若把闖入的牛隻殺死，並不會對冷凍櫃裡放了大量牛肉塊心生抱歉。在加州奧克倫（Oak Run），法蘭克‧艾利斯（Frank Ellis）的牛隻數度恣意踐踏當地農民和牧牛業者的土地，一名奧克倫居民建議艾利斯，何不做一件 T 恤，在上面印：「請吃艾利斯牧場的牛肉，奧克倫的人都在吃！」即便在莎拉‧馬修和羅伯特‧博伊德對圖卡納族的研究中，也並非所有懲罰都要付出高昂成本：有時臨陣脫逃的懲罰，是把牲口送給因為他們逃跑而擔冒風險的同伴。

　　還有許多其他例子可以證明這點。納粹經常發現，配合他們告發猶太人的當地居民總是急著洗劫猶太人的財物。同盟國在奧許維茲集中營（Auschwitz）的垃圾堆裡找到來自波蘭東部的猶太教師史坦尼斯勞・澤明斯基（Stanislaw Zeminski）的日記，裡面寫道：「屍體都還有餘溫，人們已經開始寫信，要猶太人的房子、猶太人的商店、工作坊或一塊土地。」這不是新鮮事了。諾爾・強森（Noel Johnson）和馬克・小山（Mark Koyama）在《迫害與寬容》（*Persecution and Toleration*）指出，中世紀時期，像猶太人這樣的少數民族可因為繳納可觀的稅賦，不受當地統治者欺壓，那些稅賦可是統治者維持官僚政治穩定的重要財源。但在瘟疫或饑荒等艱難的時局，他們受的保護會消失。統治者反而會洗劫猶太人，用洗劫來的財物安撫當地農民，以防農民把矛頭指向統治者。

　　實際上，僅僅取消對搶劫和強暴的限制，即可落實懲罰，這個做法也並不少見。在中世紀英國，英文的「outlaw」（不法之徒）指的是不再受法律保障的人。這樣的懲罰用於逃避其他懲罰的人身上，「不法之徒」有可能會被其他人搶劫和毆打，且施暴者不必承擔後果。麥可・穆圖克里希納（Michael Muthukrishna）和亨里奇提及另外一例，發生在斐濟社會的一小群人身上：[35]

　　自給自足的斐濟社會存在一套間接的負面互惠（negative indirect reciprocity）系統──亦即，允許某人剝削名聲不佳者──以此方式維繫各式各樣的社會規範，包括幫助社群推動計畫、協助村落舉辦餐會（分享食物）、依照特定的座向蓋房子。如果有人違反這些社

會規範，這些人和他們的親戚名聲會因此受到影響。假如違規太多次而導致名聲太差，這種情況就像一面名聲的盾牌消失，其他村民可以剝削他們而不必受到懲罰。例如曾經發生，違反社群規範在星期天工作的家庭，外出到其他村落時，炊煮鍋具和農作物被人偷走，晚上則有一塊田地遭人縱火。一般而言，如果是聲譽良好的人發生這些事，村民會集結起來、交換資訊，想盡辦法捉到小偷或縱火犯。但若被害者名聲不佳，村民只會聳聳肩，讓事情就這樣過去。

◆

那麼，我們討論的這些規範有哪些共通點？它們全都提供誘因讓人們遵守規範。這些誘因究竟如何產生？不同情況，方式不同。龍蝦業者有自己的一套做法，牧牛人有另一套做法，但歸根結柢都是確保：違規者受處罰、祭出處罰的人則獲得獎勵。

當懲罰的執行需要不同參與者互相合作，就像我們在原始模型描述的情況那樣時，高階信念會起作用，而且規範會受更多限制。我們將在後續兩章，討論這些限制。[36]

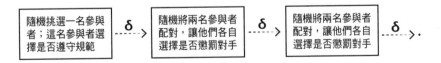

■ 設定

● 共 n 名參與者，且 $n \geq 2$。

- 第一回合隨機挑選一名參與者並讓他選擇：遵守或不遵守。遵守規定的個人必須支付成本 C，且 $C > 0$。
- 在第二回合及其後任一回合，所有參與者被隨機配成一組，且參與者各自選擇是否懲罰與他們配對的人，懲罰要支付 $c > 0$ 的成本，且會對對方造成 $h > 0$ 的損害。
- 有 δ 的機率進入下一回合，且有 $1 - \delta$ 的機率結束賽局。
- 參與者可觀察到先前所有回合發生的一切情況。

■ 有利的策略組合

- 參與者在第一回合遵守規定。
- 第二回合，參與者針對第一回合未遵守規定的人祭出「第三方懲罰」。
- 在接下來的回合中，參與者針對在先前回合應祭出懲罰卻未懲罰對手的人，祭出「更高階的懲罰」。

■ 均衡條件

- $\delta \geq \dfrac{C}{h}$ 且 $\delta \geq \dfrac{c}{h}$。

■ 詮釋

- 一如重複囚徒困境，「可觀察性」必須夠高才行，而且推諉的行為必須要受到懲罰，懲罰本身要有誘因的刺激。
- 由於參與者在第一回合有可能採取任何行動，因此會有什麼規範，視文化和情境而定，想要辨識會出現的規範，需仰賴

其他模型。

● 「參與者是否認定其他人認為規範遭到違反」的「高階信念」
有其影響力，原因在「高階懲罰」形成的威脅是促使參與者
祭出懲罰的動力。

12

絕對規範
沒有模糊空間的決斷

這一章要介紹新的賽局理論工具：**狀態訊號結構**（state-signal structure），並結合這個工具去解析新的謎題：**絕對規範**（categorical norm）。

絕對規範是什麼？

羅伯特・哈里斯（Robert Harris）與傑瑞米・帕克斯曼（Jeremy Paxman）曾在《更高階的殺戮形式》（暫譯自 *A Higher Form of Killing*）描述：「世界各國險些發生化學戰爭……千鈞一髮」：

1994 年依美國高階指揮部要求編制的「萊斯布里奇報告」（Lethbridge Report）建議對硫磺島釋放毒氣……英美聯合參謀本部和戰區司令官尼米茲上將（Admiral Nimitz）已批准計畫，送至白宮卻被退回，批注「先前批准事項全數撤銷——最高統帥羅斯福」。

我們要慶幸羅斯福決定堅守反對化學武器的規範，不過，這

麼做卻付出極高的代價：兩萬名美國人因此喪生硫磺島。即便日本，都未從中獲益。美國將軍將萊斯布里奇報告呈給羅斯福時，硫磺島的居民其實都撤離了，駐紮硫磺島的守軍也不會被毒死（很可怕！），因為他們早就已經被手榴彈和火焰噴射器趕出藏身之處（一樣可怕！）。儘管如此，羅斯福卻寧願為了遵守不使用化學武器的規範，犧牲兩萬名美國人的性命。

表面看來，羅斯福毫無理由這麼做，但他卻選擇了遵守規範。為什麼不巧妙地限制化學武器，規定只在傷害小於傳統武器的情況下，使用化學武器就好了呢？究竟為什麼，要以武器的種類為規範的依據？為什麼不針對我們認為重要的事去設限制，例如，武器造成的死傷人數，或引發的痛苦程度？

規定不得使用化學武器是絕對規範的一個例子：絕對規範的依據為類別變項（categorical variable），此處指武器的種類，而非連續變項（continuous variable），例如平民的死傷人數，或痛苦程度。

絕對規範的例子非常多，例如，人權適用於全人類，不論感知程度或痛苦感受力如何，都不影響它的適用範圍。黑猩猩或許擁有比人類新生兒還要高的認知能力，或能比昏迷不醒的人感受到更多痛苦，但其享有的權利卻比人類少了很多。為什麼不直接考量感知程度或痛苦感受力，依照比例賦予權利？

還有沒有其他例子？許多人也認為人權不可侵犯，在他們心中，不論社會效益多大，侵犯人權都很嚴重，即使炸彈即將害死一群學童，也不可以藉由嚴刑逼供找出倒數計時的定時炸彈，以免侵犯人權。人為什麼不視人權為可侵犯，根據侵犯人權的社會效益來決定

是否如此行動？為什麼不把傷害與好處比較一番，再決定是否侵犯某人的權利？

而許多不值得嘉許的規範，本身往往也都是絕對規範。吉姆‧克勞法規定黑人讓座給白人，而非要求膚色較深的人讓座給膚色較淺的人。確切來說，一個人屬於哪個種族，依據的是惡名昭彰的「一滴血規則」，這個定義是絕對的：只要有一個黑人祖先，就是黑人。南方人為什麼不依據膚色深淺，對各種對象進行一連串相對的歧視？

我們將在這一章嘗試回答這類問題。首先，要先介紹新的賽局理論工具。[1]

狀態訊號結構

新工具包含兩部分，第一個部分是狀態。我們已經見過幾次「狀態」了，例如在鷹鴿賽局，我們會區分兩種狀態：是參與者 1，還是參與者 2 先到；我們也在證據賽局那一章，區分兩種狀態：高階狀態和低階狀態。我們也可以將雄孔雀的適應度分成兩種狀態：適應和不適應，雖然這麼做有些吹毛求疵。

有不同狀態，就有事前機率。事前機率表示，參與者在得到任何新資訊前，某一種狀態的存在機率。[2] 舉例來說，每一名參與者先到的機率可能一樣，或參與者 1 先到機率 80%；又或者雄孔雀的適應度是 50%，或只有 10%。

訊號顯示參與者掌握的狀態資訊。這裡的訊號不由參與者產生，而是自然產生的，與昂貴訊號模型的訊號不同，舉例來說，參與者可獲得完全對應狀態的訊號。鷹鴿賽局裡的分析基礎就是這項假設：

我們假設參與者總是知道是誰先到，毫無差池，代表那是沒有雜訊、可完整傳達訊息的訊號。沒錯，參與者獲得的訊號經常含有雜訊，而這往往是事情開始變得有趣的地方。例如，參與者可能有 90% 的機率獲得對應狀態的訊號，但有 10% 的機率獲得錯誤訊號。

狀態訊號結構結合了：狀態（包括狀態的事前機率）以及訊號（包括不同狀態下，訊號如何產生的適當描述）。

納入協調賽局

接下來要建立模型探討參與者的決定，模型裡的兩名參與者都是觀察者，要決定是否懲罰搗蛋的人。他們有可能是兩個世界強權，要決定是否對虐待人民的殘暴政權祭出經濟制裁。我們用一個非常簡單的賽局來建立模型，就是**協調賽局**（coordination game）。

在協調賽局中，參與者在兩種行動中作選擇，一般標示為 A 行動與 B 行動，不過在這邊，我們寫成「行動」與「不行動」。賽局報酬的設計會導致參與者希望唯有在對手祭出制裁時，他們才祭出制裁，我們稍後就會說明這項假設。這個報酬可以概括為參數 p，代表參與者對於對手祭出制裁的把握多高，才願意祭出制裁。當 $p = 0.78$，這個數值代表，參與者需要有 78% 的把握，認定對手會祭出制裁，他才會願意出手；假如他推測對方祭出制裁的機率為 50%，那他祭出制裁的機率就不夠高，對他而言，此時不祭出制裁，會是比較安全的選擇。在協調賽局中選擇安全牌的做法，經濟學家稱為**風險主導策略**（risk dominant strategy）。當 $p > \dfrac{1}{2}$，風險主導策略為不制裁；當 $p < \dfrac{1}{2}$，風險主導策略為制裁。

　　協調賽局可以簡單呈現出任何需要協調的賽局，其中也包括不只一個均衡的賽局。我們已經看過幾個這樣的例子，像是鷹鴿賽局有兩個均衡：「老鷹，鴿子」和「鴿子，老鷹」。鷹鴿賽局的參與者必須協調決定扮演的角色，若被期待扮演鴿子，就不會想扮演老鷹，反之亦然。重複囚徒困境中亦可見協調元素，參與者可選擇永遠背叛、冷酷觸發，或各種其他策略。若其他人期待某一名參與者選擇冷酷觸發，但該名參與者卻選擇永遠背叛，哎呀，誤會可大了。規範落實賽局也一樣，若其他人不抱持相同預期，僅一名參與者執行規範，對他而言，事情糟糕了；或具體而言，其他人預期不制裁流氓政權，只有你堅持制裁，可不太妙。協調在這些賽局中至關重要。協調賽局提供簡單方法，引領我們聚焦於賽局當中的協調元素以及其他類似的元素。

　　我們要在這個簡單的協調賽局裡頭，加入狀態訊號結構。首先，事前機率決定狀態，接著，狀態的機率分布決定參與者是否獲得訊號；對此，賽局理論學家可能會說由大自然決定及發送訊號。參與者取得訊號後，才參加協調賽局。

　　參與者可以在協調賽局中，根據訊號協調彼此的行動，但他們不見得非得這麼做不可。事實上，狀態和訊號不直接影響協調賽局，參與者根據訊號行動的唯一理由在於：他們預期其他人會協調，因而有必要參與協調。

　　為什麼不設定成狀態和訊號會直接影響協調賽局的報酬？因為當狀態或訊號可直接影響參與者的報酬，參與者想必會根據狀態或報酬來決定行動。但我們真正想探討的是：即使不直接相關，也會

影響協調行為的因素。

這和我們在鷹鴿賽局討論的不相關的不對稱性類似。請回想一下，在鷹鴿賽局中，「誰先到」這一類因素即使不影響競爭資源的價值或勝出的機率，卻依舊影響賽局參與者的行為。我們在那一章確定了不相關的不對稱性的確會影響行為，而這一章和下一章要問的是：不相關的不對稱性有哪些？

我們也要針對兩方互動的關係和規範，提出這個問題。怎樣的違規行為會導致合作破局？怎樣的規範可以落實？我們也要在這兩種情況中，聚焦討論某一些與報酬無關的資訊。在重複囚徒困境和規範落實賽局中，背叛史、違規行為、未祭出懲罰，都是過去的事情，並不直接影響後續行為的報酬。儘管如此，有時候參與者的未來行為卻仍然取決於這些因素。怎麼會？這兩章就是探討這個問題。

在這一章我們要專注討論狀態和訊號的一項特質，這項特質影響了參與者能否根據狀態和訊號作決定，即：訊號是否連續？我們將看見，比起離散訊號，連續訊號使人難以協調。現在，讓我們來建立這個模型吧。

要根據什麼訊號制裁暴君呢？

我們首先要討論內含連續狀態與訊號的狀態訊號結構。確切來說，令狀態的發生機率介於 0 到 1 之間，例如，這個機率可以代表參與者看見殘暴政權殺害多少比例的人口。我們也需要有事前機率，不過現階段只需要假設，各種狀態的發生機率一樣。

兩名參與者不會直接觀察到狀態。換言之，不會看見暴君實際

上殺害多少人民，他們只能看見訊號。我們要假設參與者各自獨立獲得一個訊號，且此訊號是同樣可能圍繞在真實數值的某一小範圍內，例如差距 0.01。[3] 訊號代表觀察者推估暴君殺害的人口比例。

參與者看見訊號後參加協調賽局，獨自決定是否制裁，並獲得概括為 p 的報酬。

我們感興趣的策略為：訊號數值低時不制裁，訊號數值高於門檻時制裁（假設門檻為 0.05）。我們要問，這個臨界點策略（threshold strategy）是不是均衡？

答案：不是。想要知道為何不是，請想像你就是參與者，你會得到的訊號，數值並不一定，也許是 0.179。現在你必須評估，對手和你一樣獲得大於 0.05 的數值並祭出制裁的機率為何。這個機率是百分之百，因為訊號和真值只差 0.01，兩個人互差 0.02，祭出制裁很合理，沒什麼問題……目前為止沒問題。

問題在於當訊號與臨界值接近時，例如訊號為 0.050001。現在你基本上有 50% 的把握，相信對手訊號低於臨界值，不會祭出制裁。若制裁是風險主導策略，意味著縱使你原本打算在訊號高於臨界值的情況祭出制裁，你現在寧可打「不制裁」的安全牌。問題來了，我們發現此時你想要改變原本的均衡策略，由此可以證明剛才提出的策略，實際上不是均衡解。

請注意，假如制裁是風險主導策略，略「低於」臨界值的訊號亦會出現類似情形，而且不只在臨界值為 0.05 時發生。事實上，沒有任何臨界值策略是均衡解，除非 **p 正好等於 0.5**，但現實中，此機率永不發生。

　　拿這個結果來和離散的狀態和訊號比較看看吧。請想像，狀態僅有兩種數值：0 或 1。可以用來表示比較絕對的問題：暴君是否使用化學武器？「1」代表是，「0」代表否。這一次，我們同樣假設狀態的發生機率一樣，參與者同樣無法直接觀察狀態，只能看見自己的訊號。我們要假設參與者各自取得對應狀態的訊號（1 代表狀態 1，0 代表狀態 0），出現的機率為 $1 - \varepsilon$，ε 為誤差項（令其為 0.1）；意思是，觀察者的武器查核人員一般來說可正確分辨被觀察者是否使用化學武器，不過有時候（例如有 10% 的機率）會搞砸。

　　現在，我們來討論「看見 0 不制裁，看見 1 制裁」的策略。這是均衡策略嗎？是的，只要 ε 數值不會太高，那就是均衡策略。[4] 原因在於看見 1 的參與者相當有信心（超過 p 值），認為對手也是如此，而當他們看見 0，他們也會相當有信心，認為對手也看見 0。用絕對訊號當作決策的依據，可行。

　　這樣的結果某種程度上存在著矛盾。連續狀態結構中，參與者收到的訊號在某種意義上更精細，也更能提供有用的資訊：參與者可以從中得知那個殘暴的傢伙究竟是非常邪惡，還是只做了一點點壞事；而且，我們可以使參與者的訊號非常精準，達到任何精準度。儘管如此，只要有一點點雜訊存在，臨界值策略就無法維持均衡。而以離散訊號來說，參與者的訊號很遲鈍：參與者只能獲得兩種資訊當中的一種，而且訊號挾帶的雜訊可能不少。但沒關係，納許說，不能採用連續訊號，要採用離散訊號才行。協調賽局裡，少即是多。

臨界值策略終將瓦解

我們真的需要在意納許說了什麼嗎？「在訊號超過某個數值（例如 0.05）時制裁」的臨界值策略並非納許均衡，但現實生活中，我們真的是因為這個緣故，而不採用這樣的策略嗎？只是因為非常接近臨界值，會出現可獲得好處的轉變策略？是的。

我們可以用一個方法驗證。請想像，參與者可以運用歸納法，在腦中反覆運用這套邏輯去思考某件事。參與者會意識到，比如說，如果有人收到與原始臨界值相差 0.01 的訊號，對方會轉而選擇風險主導策略下的行為方式；這就代表收到與原始臨界值相差 0.02 的訊號，對方也會改變；繼續往下推論，收到與原始臨界值相差 0.03 的訊號，當然也會選擇改變。我們可以一直這樣推導下去，直到沒有任何人願意祭出制裁。透過歸納論證，我們可以理解為何起初只是略微偏離臨界值，最後卻衍生成大不相同的結果。

可是，也許有些人歸納能力不那麼強，又或者有些人認為其他人不會這樣歸納？即便如此，只要人們會學習或行為會進化，臨界值策略就不會落在均衡點上。請想一下，參與者單純根據他們事先指定的策略來作反應，但他們有時候會想嘗試不同的做法，並因此注意到改變可獲得更高的報酬。這樣一來，最後在改變有利的一小塊區域裡，將會有不少參與者經由學習，知道應該要改變原本的策略。目前只要改變那一點點就能獲益，之後，參與者也很快就會從新策略繼續往下調整。這個過程會一直持續，導致臨界值策略逐漸瓦解，直到臨界值完全消失。這個過程也許需要很久，但放眼長期，這表示臨界值策略終將消失無蹤。

三個重要的假設

前面這個例子說明了，我們無法根據連續訊號作決策。理論家也許會繼續問：結論的先決條件為何？以下是三項重要假設：

1. **訊號是雜亂的**：如果沒有雜訊，參與者只要收到大於臨界值的訊號，就會知道對方同樣收到大於臨界值的相同訊號。不論收到的訊號與臨界值多麼接近，都不影響前面這點。如此一來，要維持連續性的規範，就不成問題了。

2. **訊號是私有的**：如果參與者觀察到的是公開的訊號，或可以溝通和驗證訊號，那麼維持連續性的規範就不成問題。只要參與者收到的訊號顯示臨界點被破壞，他就會曉得或可以確定，對手也收到這樣的訊號。

3. **協調很重要**：如果參與者不太關心對手的行動或想法，而是根據自身動機採取相應的行動，例如「接受更適合的雄孔雀」，那麼以連續變項為行動根據就不成問題。訊號愈精細，即連續性愈高，本來就愈好。這麼說是對的，舉例來說，在昂貴訊號賽局裡，發送者可以有各式各樣的類型，例如雄孔雀的適應度可以用 0 到 1 之間的任何數字來表示；而且發送者可以發送各種可能的訊號，例如雄孔雀的尾巴長度從 0 到 1 公尺都有。接收者則可以在賽局中根據訊號作決定。

另外有一些不相干的條件。首先，究竟有多少雜訊存在並不重要。你可以任意假設雜訊數量很少，但只要雜訊數不為零，就會得

出相同結論：參與者無法根據連續訊號作決定。

此外，狀態和訊號究竟如何分布也並不重要。假如你選擇了均勻分布的狀態和訊號，例如常態分布，在數學計算上會有差異，但比起離散的相應狀態和訊號，要在連續的狀態和訊號中達到臨界值均衡仍然比較困難。

最後，不是一定要規定訊號只能有兩種數值才會達到臨界值均衡。我們可以用更多的數值來表達不同的狀態和訊號。但數值愈多、愈趨近連續，就愈難達到臨界值均衡。

最後要強調的這一點，有時候會讓人想偏了。你可能會以為，只要將連續訊號分門別類，例如超過 0.05 將訊號歸類為 1，0.05 以下的訊號歸類為 0，就能解決連續訊號的問題，只可惜這麼做也無濟於事。因為參與者取得的仍然是精細的資訊，他們仍然有可能取得像 0.050001 這樣的訊號。假設如此，不論訊號是否被拆開歸類為 1，他們仍然會因此想要改變原本的策略。想要讓參與者互相協調，就只能讓參與者收到比較不精細的資訊。

容易執行的規範，才能長久維繫

讓我們回到對化學武器的規範，看一看模型如何幫助我們理解這件事。

也許在一個理想的世界裡，我們可以不必參照蹩腳的替代條件（例如武器的種類），直接根據政府傷害人民或使多少人民陷入痛苦（例如 5% 的人民），做為制裁某個國家的依據，但現實中有三項因素讓我們無法這麼做。

首先，我們觀察到的並非確切的死傷比例，而是與比例對應的不完美訊號：每個國家仰賴自己的情報單位，猜測實際傷亡人數。

第二，各國擁有的訊號至少某程度上是私有訊號。每個國家仰賴自己的情報單位取得訊號，不會輕易將高階機密情報分享出去。而且每一個國家都有自己的優先要務，因而不會輕易選擇直接相信其他國家分享的訊息。

第三，各國需要協調。沒有國家希望只有自己祭出制裁，因為如此一來可能會引起貿易戰，或反而造成制裁者自己受害。

近期有個極端的例子，明白顯示這三個問題，就是 2011 年敘利亞總統巴夏爾・阿薩德（Bashar al-Assad）暴力鎮壓異議份子，引發敘利亞內戰，短期內造成成千上萬人死傷，而其他國家始終未以武力介入，直到阿薩德對自己的國民使用化學武器，其他國家才祭出軍事介入的嚴正警告。

讓我們檢視一下，這個例子是否符合那三點重要假設。第一，觀察國收到的是不是雜亂的訊號？絕對如此。沒有國家能掌握確切的情報，即便到了今天，完全沒有人能釐清敘利亞內戰的死傷人數。第二，是否為私有訊號？是的。每個國家仰賴自己的情報，無法輕易向其他人證明自己的情報是真的；而且有些國家顯然利益互相衝突，不相信對方的話，就像美國和俄羅斯那樣。第三，制裁需要經過協調嗎？絕對需要。世界上所有主要經濟體紛紛對阿薩德政權祭出制裁，阿薩德政權卻仍然有辦法維繫，原因就在於俄羅斯拒絕簽署加入制裁。[5]

我們想要了解的其他謎題，邏輯與此類似。為什麼人權適用的

對象是「所有智人」這一整個類別，而不是根據痛苦的感受力或感知程度這樣的連續指標，去區分人權的適用對象呢？想必是因為關於生物的痛苦感受力如何，以及誰擁有足夠感知程度，人無法每次都對這樣的問題達到共識，但我們可以一致同意誰是活著、正在呼吸的智人。（對，我們殺死和我們血緣最近的生物，換取輕鬆落實人權）。而且人權並不如許多人所標榜的天生即有，唯有人們相信人權，並願意落實，人權才會存在，而相信和落實都需要協調。

人權為何不可侵犯，道理非常類似。規定無論如何不能折磨他人，比較容易執行；「唯有在可以拯救一定人數的生命時，可行殘酷之事」必然較難做到。多少人算是超過「一定人數」的門檻，人們很難就這點達成共識。

吉姆・克勞法中臭名昭彰的一滴血規則呢？對種族隔離主義者來說，這項規定讓他們對於誰違反種族歧視規範能輕易達成共識。只要你被發現有一名來自非洲的祖先，你就會被視為黑人；當你被認定是黑人，不讓座給沒有明確非洲祖先的人，就是違反了規定，要接受處罰，而祭出處罰的人只是在「做分內的事」。

如果當時種族歧視主義者採用連續性較高的辨別標準，例如皮膚顏色夠深才視為黑人，那麼何時該祭出懲罰就會大有爭議。這個膚色較深的人違反了讓座給膚色較淺的人的規定了嗎？至少在某些情況中有可能難以判斷，也難以百分之百確定其他人同意你的觀點，規範最終可能會因此瓦解。雖然這是你我希望的結果，但制定和推動那些規定的人可不這麼想。一滴血規則只是許多人為分界的一例，團體會藉此分界，讓誰該被善待或處罰有更一致的協調標準。[6]

什麼情況不需要絕對規範？

我們接下來用先前一貫的比較靜態分析，檢視假設被動搖會產生什麼狀況，以此證明模型是對的。

我們要提出兩項比較靜態預測。第一項預測的焦點放在協調的重要性，假如我們的解釋是對的，當協調的角色不那麼重要，在有完美訊號或資訊容易共享的情況下，對絕對區別的依賴應該會降低。是否真的如此？

我們在珍·奧斯汀（Jane Austen）的《傲慢與偏見》（*Pride and Prejudice*）裡看見，伊莉莎白如何思考是否該嫁給追求者達西。小說開頭寫道，伊莉莎白和達西在梅里墩的鎮上舞會第一次相遇，她和其他女生一下子便注意到達西個子高（連續變項）、長相英俊（又一個連續變項）、財力雄厚（也是連續變項）。然而，沒多久伊莉莎白看出達西顯然也很高傲（連續變項），使她對達西失去興趣。這本小說花了 122,000 字的大篇幅描述達西如何努力擺脫高傲，最終贏得伊莉莎白的芳心。伊莉莎白意外造訪達西的莊園，並得知達西其實為人和善（連續變項）、心地善良（連續變項）又很體貼（連續變項）。

決定和誰談戀愛或結婚雖然並非全然如此，但基本上是屬於個人的決定，並不需要與其他人商量協調。如果伊莉莎白「愛」達西，就可以嫁給他，這是她可以決定的事。在這個例子裡，我們看見伊莉莎白的確根據連續變項作決定。這麼做的當然不是只有她，有過戀愛經驗的人都曾經根據身高、魅力、智力、年齡等連續變項去區分該如何決定。

　　但伊莉莎白的決定，有很大一部分受一個類別變項影響，就是貴族身分。伊莉莎白和達西兩個人如果沒有貴族身分，應該根本不會看對方一眼，也正因為他們是貴族，才能參加梅里墩鎮舞會，最後結為連理。伊莉莎白家裡比較窮，完全不要緊，只要她出身名門貴族，就是合適的婚配對象。要說這個例子裡有無類別變項，貴族身分就是一個，但請注意，並非伊莉莎白自己想區別對方是否出身貴族，這是關係緊密的貴族世家們彼此協調所營造的大環境。不嫁娶名門貴族出身的人會被處罰或被其他貴族排擠。缺乏現金的英國家族為了錢，讓兒子迎娶美國富豪的女兒，往往就是落得如此處境。

　　另外一個類似情節，同樣發生在獨一無二的文化：正統派猶太教。有時候人們會把最虔誠的正統派猶太教派稱為「敬畏上帝」的猶太人。他們絕對不會鑽漏洞討便宜，並不只是按照字面遵守律法，而是嚴守律法精神。他們盡一切努力實踐更多「戒律」（希伯來語稱為「mitzvah」，意指出於虔誠信仰的善行），甚至超越字面規定。他們做得愈多，就愈敬畏上帝（連續變項）。

　　適婚女子要挑選未來老公的時候，她和家人會考量許多連續變項，例如追求者及其家人是否真的敬畏上帝、他們上猶太教堂的時候是否慷慨奉獻；另也包含一些伊莉莎白也會考慮的條件，例如：準新郎是否英俊善良。儘管如此，若真要區分誰嚴守猶太律法、誰才是團體的一份子，這些連續變項都將失格，教團會用範圍明確的標準做為評判的標準，例如：此人是否遵循猶太飲食戒律、是否遵守安息日規定、是否穿戴合宜並符合遮住鎖骨、手肘、膝蓋等定義明確的規範。

　　再舉兩個關於人們在比較不需要協調時使用連續變項的例子。第一個例子你可能有親身經歷：聘僱或入學許可。此時，負責評估的人關注的是智力、考試成績、社交能力等連續變項，與伊莉莎白和其他女生挑選另一半的評估標準大同小異。

　　第二個例子是某個人或機構具有單方面的制裁權力。例如，美國環境保護署有權力規範污染者和對污染行為處以罰金。一般來說美國環保署會檢測工業設施外的水源或空氣中，像是砷這一類有毒物質有多少，以這類物質的含量為管理依據，並容許一定程度以下的污染物。例如砷的容許範圍為十億分之一，假如美國環保署測量到超過這個比例的量，就會開罰。雖然美國環保署的開罰依據是連續變項的臨界值，也就是附近水道中含砷量的十億分之一，但環保署在執法時不需要與其他人協調，這麼做不會引起問題。

　　接下來我們要進行下一項比較靜態分析，將焦點放在不確定性和私有資訊。我們的模型除了奠基在協調行為，也以私有資訊為基礎：當大家取得的是某種帶明顯差異的訊號，連續規範才會成為問題。當大家都能取得公開的線索，看見一模一樣的東西，是否就能執行連續程度更高的規範？以下兩例證實了這點。第一個例子經常發生在美國人的日常生活：給小費。這是以連續變項的臨界值為依據的一種社會規範，你可以給消費金額的 22.9%、17.2%、15.3%、13.7%，也可以給任何你想給的金額，但如果金額低於 15%（有些地方是 20%），你會被認為是吝嗇的人，甚至有可能被大聲斥責。為什麼大部分的規範都不行，給小費這個社會規範卻可以採用連續變項做為懲罰依據？一個原因可能在於給小費只是為了讓服務生或與

你同桌的業主留下好印象，其發送訊號的目的，強過協調的目的。
不過，還有另一種可能性：關於你給的小費金額，不同的接收者，
不會收到不同的訊號。觀察者收到線索時，看見了一模一樣的東西，
也就是同一張帳單，不同的人在不同時候檢視的都是同一個訊號，
並以此為標準，判斷當事人是否違反給小費的規範。

　　另一個大家都知道的連續規範例子，是佃農和地主如何分配佃
農在土地上收成的作物。地主收取的作物比例是一種連續變項，可
以是 22%、38%，也可以是 64%。但在大部分的地區，地主收取的
比例為 50%，假如地主還想收取更多，佃農有可能集結起來反抗地
主（參見第 5 章）。佃農的例子和給小費一樣，可以採用某個臨界
值為訊號，乍聽之下令人驚訝，但我們同樣在這個例子中看見，佃
農和地主擁有的是一樣的訊號。糧食就在田裡，每個人都看得見，
又不能把糧食藏起來。

二戰無人遵守的「禁止轟炸平民」規範

　　我們的模型顯示，絕對規範只要有一點點被打破，就會瓦解。第
二次世界大戰開打的前幾個月規定不得使用飛機進行轟炸，這項規定
沒過多久就無人遵守，說明了絕對規範會在被打破後迅速瓦解。1939
年 9 月 1 日，美國在第二次世界大戰中仍採取中立的立場，羅斯福總
統對交戰雙方發出呼籲，強力要求交戰方不要轟炸敵方的城市。

　　因此我呼籲可能公開參戰的各國政府重申決心，無論如何，不
以空中武力對未經設防城市的居民進行轟炸，要知道，與你交戰的

敵方會仔細觀察你是否遵守這項交戰原則。

　　法國和英國政府同意羅斯福的訴求，希特勒政府並未對此正式回應，但他確實對德國空軍下令，不得轟炸平民百姓。雙方都以城市的工業與軍事設施為攻擊目標。不過，儘管轟炸方並不是以道路、橋梁、糧倉等設施為其轟炸目標，至少最初並非如此，但對地轟炸仍是難以精準執行的任務，在夜間更不容易，因而經常造成平民百姓死傷，住宅、商店、教堂也經常遭到炸毀。

　　1940 年 7 月，德國空軍發起協同軍事行動「不列顛戰役」，意圖摧毀英國皇家空軍。爾後數週德國空軍狠狠地轟炸英國的各項軍事設施，包括軍用機場、雷達站和軍事工廠等。接著，8 月 24 日，德國發起一次以倫敦郊區的軍用港口和軍事工廠為目標的大規模轟炸行動，卻有少數炸彈落入倫敦市中心，這些很可能是未擊中目標的德國轟炸機意外掉落的炸彈。邱吉爾為了還擊，命令英國皇家空軍發動突襲，轟炸位於德國首都柏林中央的丹波霍夫機場（Tempelhof Airport）。儘管傷亡並不嚴重，希特勒旋即對德國空軍下令，從轟炸軍用機場改為轟炸英國城市，意圖中斷英國的經濟命脈與糧食供給，英國也選擇以牙還牙，在 12 月 15 日和 16 日，出動英國皇家空軍對曼海姆（Mannheim）進行區域轟炸。演變至此，不轟炸城市的原則已摧毀殆盡。[7]

　　有鑑於規範會像這樣瓦解，難怪律師、政治人物、學校老師，經常擔心出現滑坡效應。即便後果不太嚴重，一樣令人擔憂。

　　律師喜歡挑容易引發同情心的案件，或許也是這個緣故。這

樣的案件可突破類別的障礙，導致絕對規範失效。露絲・貝德・金斯伯格（Ruth Bader Ginsburg）非常善於運用這項技巧，她會選擇代表可獲得法院同情的男性原告，例如《弗朗蒂羅訴李察森案》（Frontiero v. Richardson）和《溫伯格訴維森費爾德案》（Weinberger v. Wiesenfeld），並在這些案件中挑戰帶有性別歧視、普遍損害婦女權益的法律規定 *。一旦法院站在值得同情的原告這邊，就會產生適用於更多情況的先例，打破原本的絕對規範。

為什麼人們捐款很難有效率？

我們在第 10 章和第 11 章學到，重複賽局和規範落實可以用於解釋利他精神的某些特質。但我們在前言提過利他精神有一些古怪特質，而這些特質我們還沒有加以說明。其中一項是：雖然我們都很樂意贈與他人財物，卻通常不太會去留意我們送的東西是否用在刀口上。我們在前言簡短地提到一項知名研究。在那項研究中，受試者被問及願意捐多少錢蓋防護網，防止鳥類被風力發電機殺死。研究人員只設定一個變項，也就是防護網能拯救的鳥隻數量為 2 千隻、2 萬隻、20 萬隻。防護網能拯救的鳥隻數量跳了十倍和一百倍，也代表捐贈的效益跳了十倍和一百倍。儘管如此，受試者的反應實際上差不了多少。受試者像這樣對捐贈產生的效果並不敏感，這在

---

* 譯註：露絲・貝德・金斯伯格是美國聯邦最高法院史上第二位女性大法官，職業生涯致力推動性別平等及維護人權。此處指金斯伯格擔任律師時期的經歷，她在《弗朗蒂羅訴李察森案》代表原告雪倫・弗朗蒂羅（Sharron Frontiero）和她的丈夫。

實際運用上具有重大的意義。實證研究指出，從事相同慈善事業，影響力差上百倍的機構，並不少見。如果人們只贈與成效卓著的慈善機構，這些捐款將能發揮更大的作用。

我們在這一章提出模型，正好可用於描述「無效率贈與行為」這個古怪的現象。我們在前言還提到其他古怪的特質，例如：有求必應的人會避免讓自己接收到他人的要求；而得知有人需要幫助時，願意伸出援手的人，會想盡辦法避免看到別人需要幫忙的需求。這兩點將留待下一章討論。

我們的賽局模型這樣解釋無效率的贈與行為：我們可以從分析離散訊號得知，鼓勵捐贈行為是一種相對而言較易落實的規範，因為決定捐贈或不捐贈給慈善機構是一種不連續的行動。如我們所討論的，人們可以協調出一種方式，賦予捐贈人他們所希望獲得的聲望及其他社會獎勵，為這類捐贈行為提供動機。

但這類規範無法規定接受捐贈的慈善機構效率必須多高。我們能不能想出一種法子，將效率因素融入其中？能不能制定一套規範，規定人們只捐給達到一定效率的慈善機構？這比絕對規範更難實踐。

首先，究竟怎樣才是「有成效」，人們難以達成共識。事實上，關於哪些才是最有效的手段，以及如何評量手段的效率，不同的人在評估慈善事業時會有不一樣的看法，往往會引發激烈的爭論。有些評估者以計畫的開支比率為標準，評估有幾成捐款實際用於欲達成的慈善用途，而非用於薪資、機票錢、租賃費用以及其他行政費用；有些評估者採用品質調整生命年（quality-adjusted life years，簡稱 QALYs）評估慈善機構使人們的生命品質提升多少；也有一些人

採用失能調整生命年（disability-adjusted life years，簡稱 DALYs）等其他指標。這些指標各有利弊，各自有其衡量上的難題，像是究竟哪些應該要算在行政費用裡？品質調整生命年當中有幾年與瘧疾蚊帳真的有關？即使是專業的評估人員，也會對同一家慈善機構得出略微不同的結論，有時甚至差異很大。

除此之外，這些是連續性的評估方法：計畫開支的比率可以在 0 到 100 之間，每花費一美元所能獲得的品質調整生命年數，至少在理論上應該是正數。因此這和我們所建立的模型非常貼近：縱使我們希望獎勵行動者，鼓勵他們把錢捐給成效超過某個臨界值的慈善團體，但由於我們無法對如何評估成效達成共識，要辦到這點並不容易。

關於無效率的贈與，這樣解釋正確嗎？我們的好朋友貝瑟妮・布魯姆（Bethany Burum）透過設計與執行數場實驗，證明了慈善捐贈確實對成效並不敏感，而且更重要的一點在於，不敏感的主因出在社會獎勵的運作方式。[8]

布魯姆在第一個實驗中詢問一組受試者，願意拿幾成的年薪出來，拯救一個人不受飢餓之苦。平均答案為十分之一。接著實驗人員問另一組受試者，願意拿幾成的年薪出來，拯救五個人免於飢餓之苦。他們願意多付多少錢？你猜中了。雖然可以拯救的人變成五倍，答案卻和第一組差不了多少。人們的捐錢意願對善款的成效並不敏感。

在第二個實驗中，布魯姆給受試者小額獎金，問他們願意捐多少獎金給慈善機構。有些受試者被告知善款不會配比增額，有些受

試者則被告知善款會 1 比 1 配比增額或是會 2 比 1 配比增額，如此一路往上增加到 10 比 1。也就是說，最後一組受試者每捐出一元，善款金額會是第一組的十倍。這一次受試者也一樣對善款帶來的影響並不敏感：平均而言，不論善款放大的乘數是一倍、兩倍或十倍，不同組別的捐款金額沒有差異，都約為獎金的三分之一。

但稍微改變一些背景設定，讓捐贈的規範作用減少一些呢？在布魯姆所採行的方法中，有一種是讓受試者考慮要捐多少錢給親人，而非陌生人。沒錯，我們預期這時人們的利他精神會更強。但利他精神是否會對受幫助的人數更加敏感？是的，如果你猜想以親人為對象時，驅動利他精神的不是規範，而是血緣，所以以親人為對象的利他精神對於成效是敏感的，這正是布魯姆的發現。當受試者想像，拯救的對象是親人，受試者的捐款意願有更大一部分會取決於拯救的人數：受試者表示，他們會捐出三分之一的年薪拯救一名親人，並且願意捐出二分之一拯救五名親人。雖然金額數量並非放大到五倍，但大有進步。

布魯姆透過另外兩種方式證實社會獎勵的重要角色。一種是改掉公益決定，將 0 到 10 的乘數，套用於儲蓄決定，而儲蓄是個人決定，不像公益是關乎社會的決定；這類決定比較不受其他人的想法與認知影響。乘數愈高，受試者存下的錢實際上愈多，將最高與最低的乘數相比，受試者存的錢增加了將近一倍。

最後一種證實社會獎勵扮演重要角色的方式：布魯姆告訴受試者，捐款人面對不同的配比增額乘數，要受試者為決定捐款或不捐款的人打分數。評估者可以用實際行動證明自己心口合一：付錢獎

勵捐款或不捐款的人。布魯姆發現評估者在選擇時，對於對方是否捐錢很敏感，但對捐款人所知的乘數並不敏感：他們獎勵的是捐出一大筆錢的人，並不在乎善款的配比增額乘數是多少。

◆

　　我們在這一章藉由討論狀態訊號結構，發現一項驚人結論：即使雜訊只有一點點，只要涉及協調，參與者就無法以連續私有訊號做為決定依據。這讓我們了解到，為什麼在涉及規範、利他精神，以及其他協調按理扮演要角的情境中，人們傾向於以族裔、成員資格或是否遵守猶太飲食戒律等類別變項來當作決策的依據，而不是以疼痛感受力、虔誠度這類我們以為其他人實際上更加在乎的連續資訊。

　　下一章，我們要運用狀態訊號結構和協調賽局，探討對利他和道德所抱持的高階信念能夠發揮怎樣的影響力。

	制裁	制裁
制裁	*a*	*b*
不制裁	*c*	*d*

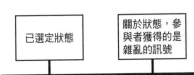

已選定狀態　　　關於狀態，參與者獲得的是雜亂的訊號

■ 連續訊號的設定

● 世界的狀態已經選定了，一律落在「0，1」之間。

- 參與者各自獲得自己的訊號，訊號與真實狀態的落差皆為 ε，且 $\varepsilon \geq 0$。
- 接著參與者在協調賽局中同時選擇如何行動，如報酬矩陣所示。參數 $p = (d - b)(a - c + d - b)$ 表示，參與者對其他人祭出制裁的信心水準要達到多高，才願意祭出制裁。報酬不直接受狀態或訊號影響。

■ **連續訊號的有利策略組合**

- 臨界值策略：唯有當參與者收到超過某個臨界值（以 s^* 表示）的訊號，才會祭出制裁。

■ **連續訊號的均衡條件**

- 只要 $1 > s^* > 0$，臨界值策略就永遠不是均衡，除非 p 正好等於 0.5 或 ε 等於 0。

■ **連續訊號的詮釋**

- 想要維持以連續資訊做為懲罰依據的規範，可謂天方夜譚，除非資訊完全無誤。
- 允許參與者分享訊號或接收相同的訊號也是一種做法，能讓參與者以連續資訊做為依據，並達到均衡。

■ **離散訊號的設定**

- 在已知機率 μ 下狀態為 1，否則為 0。

● 每一名參與者各自獲得對應狀態的訊號，該訊號為 0 或 1，
與狀態完全對應的機率為 $1 - \varepsilon$。

■ 離散訊號的有利策略組合

● 條件策略：唯有在收到為 1 的訊號時，參與者才祭出制裁。

■ 離散訊號的均衡條件

● 只要 ε 夠小，條件策略就是均衡。而確切的均衡條件為：
$[(1 - \varepsilon)^2\mu + \varepsilon^2(1 - \mu)] \div [(1 - \varepsilon)\mu + \varepsilon(1 - \mu)] \geq p \geq 1 - [(1 - \varepsilon)^2(1 - \mu) + \varepsilon^2\mu] \div [(1 - \varepsilon)(1 - \mu) + \varepsilon\mu]$）。

■ 離散訊號的詮釋

● 只要誤差率不大，就可以使用範圍明確的類別資訊做為決定
依據。

13

高階信念
認清別人認為你怎麼認為

　　這一章和前一章都是為不影響協調行動的資訊建立模型，但現在我們不把焦點放在資訊是否為類別變項，而要專心討論高階信念的角色：亦即，你相信其他人相信什麼、你相信其他人相信你相信什麼……等。[1]

　　但首先，我們要指出幾個待解之謎。

　　儀式和象徵性的動作：2000 年柯林頓在大衛營作東款待阿拉法特（Yasser Arafat）和巴瑞克（Ehud Barak），希望能透過協商為巴勒斯坦和以色列帶來和平。前來見證這歷史性場合的記者們拍下一個有趣畫面：阿拉法特和巴瑞克為了表示尊重，互相推辭，堅持讓對方先進門，誰也不讓誰。直到最後，柯林頓一面爽朗大笑，一面打開另一片門扇，讓兩人同時進屋。[2] 為什麼阿拉法特和巴瑞克要在乎這種微不足道的小動作呢？

　　事實上，生活中充滿許多看似被過度放大的小動作。為什麼領袖們只是互相握手，像是阿拉法特和以色列總理拉賓（Rabin）、川

普和金正恩,這樣也能登上新聞?為什麼我們要升旗?為什麼我們殷殷期盼另一半第一次開口說「我愛你」,或殷殷期盼兩人的初吻?為什麼我們不假思索地說出請和謝謝,卻只在該聽見、卻沒聽見請和謝謝時,意識到哪兒不對勁?為什麼我們會特別留意其他人是否與我們眼神交會?這些小動作傳遞出怎樣的訊息?握手、我愛你、請、謝謝、眼神交會,可以讓我們知道些什麼?這些小動作乍看之下似乎並未傳遞出什麼訊息,即便如此,這些動作依然深具影響力。

標示生活重要時刻的各種儀式,不論是宗教洗禮、猶太成年禮、畢業典禮、婚禮,還是就職典禮、開幕典禮、加冕典禮,也全都是如此。這些儀式的作用是什麼?又不是說家人能在舉行成年禮、畢業典禮或婚禮時更了解我們。家人知道我們幾歲;他們在我們高三那年的六月前,早就知道我們能否順利畢業;他們也知道我們深愛著另一半,否則我們不會連續好幾年,強迫他們看臉書上頭一大堆的恩愛照(參見第 8 章)。為什麼政權轉移給新的國王、總統或首相時,一整個國家的人要放下手邊的事,並花上一大筆錢舉辦遊行活動、聆聽演講致詞?我們能從這些講究到不行的典禮得知什麼嗎?這些典禮就算能傳遞新資訊,所能傳遞的資訊也不多,卻一樣扮演重要的角色。

不作為與作為的區別:擁有 74 年歷史的豪華遊艇斯特魯馬號(MV Struma)在 1942 年成了一艘載運牲口的船隻,並在這一年的出航後,再也沒有航行了。當時,斯特魯馬號引擎故障,在伊斯坦堡的港口滯留了三個月,最後有關的政府單位看不下去,便用曳引船將它拖入公共海域,讓它留在那裡。一天後,斯特魯馬號就被俄

羅斯潛水艇擊沉，船上共有 781 名猶太難民和 10 名船員，只有一人生還。[3]

　　土耳其和英國政府非常清楚，斯特魯馬號在海上漂流會如何。蘇聯潛水艇會遵守一貫的指令，用魚雷轟炸像斯特魯馬號這樣中立的船隻！只不過，就算英國政府有意讓災禍降臨到猶太難民身上，他們不會自己出動魚雷把船隻打下去。這樣的做事方法顯示出人們抱持著一些矛盾的道德觀念，這個奇怪的現象稱為**不作為與作為的區別**（omission-commission distinction）：比起做出某個行動（因為犯錯，例如自己出動擊沉船隻）使他人受害，藉由什麼都不做（因為疏忽，例如讓俄國人用魚雷擊沉船隻）而造成傷害，後者比較令人心安。

　　哲學家設計出聰明的思想實驗「電車難題」，來表達像「不作為與作為」這樣的道德怪癖。在這難題中，有一輛失控的電車在軌道上高速行駛，受試者必須在兩個非常可怕的後果中作選擇。你會拉起操控桿，變換軌道方向，讓電車不要殺死五個人，而是只殺死一個人就好嗎（作為）？還是會把正巧站在附近、背著沉重的後背包的人，推到電車前面，阻止電車繼續前進殺死五個人（作為）？你即使知道會發生什麼事，仍然會放任那個背著後背包的人，自行穿越鐵軌嗎（不作為）？哲學家將這些思想實驗代入現實場景進行實驗，一再發現人們認為犯錯比疏忽糟糕。進行實驗室實驗最大的好處就是經過實驗人員的設計，我們不必臆測某些問題，例如：人們放任背著後背包的人穿越鐵軌，這樣的疏忽是否真的是刻意的。

　　現實世界也有許多這樣的例子。看見別人亂丟垃圾，我們會立

刻出聲斥責，卻對繞過垃圾不撿起來的人不為所動。我們認為對躺在星巴克咖啡店外的遊民行竊，行為惡劣至極，卻不認為不願把買咖啡的小錢給遊民有什麼不對。在這些例子當中，即使兩者所產生的效果和意圖一樣，但不出手相助沒什麼問題，主動造成傷害卻絕對不行。

為什麼傷害來自於作為，還是不作為，深深影響著我們的道德判斷？為什麼我們不直接觀察，人們知道怎麼做會有幫助時，是否伸出援手就好？[4]

間接溝通（indirect speech）：2019 年 6 月，法國總統馬克宏的辦公室貼出一段 G20 世界領袖高峰會的影片。影片中，代表美國出席的伊凡卡・川普（Ivanka Trump）顯然無法駕馭這個場合，法國政府當然否認故意放出這段影片，但人們普遍認為法國在以高明的手法諷刺川普政權。這個例子也說明，法國非常善於什麼都不說，卻讓一切盡在不言中。[5]

雖然我們無法總是像馬克宏那般高明，但我們也經常喜歡間接傳達訊息。我們會揚起一邊的眉毛表示懷疑，用咳嗽吸引注意。我們不會在吃飯時直接開口要求奶奶「把肉汁遞過來」，而是選擇用更委婉的方式表示：「如果你能幫忙拿肉汁給我，那就太好了。」我們會在要把工作指派給員工的時候說：「我能把這個工作交給你嗎？」我們會用「艾力克斯看起來是個好人」或「艾力克斯個性很好」來拒絕別人介紹的對象。當我們禮貌性地詢問某人「你想上樓來喝點飲料嗎？」實際上可能並不是真的想邀對方喝飲料。我們用肢體語言傳達威脅警告，或在壞事發生時隨口說一句「那真是遺憾」。

我們用「我們現在能不能做些什麼，讓情況好轉？」來表達賄賂對方的意願。我們會在爭執一番後嘟囔著說「算了，隨便啦」表達仍舊不贊同最後的結論。我們不直接拒絕他人的要求，而是陽奉陰違。當以色列和伊朗這樣的宿敵要協商，他們不會直接坐下來談，而是找中間人替他們轉達訊息。諸如此類的例子，還有很多。

這些間接溝通明顯有其代價：比起直接溝通，間接溝通更有可能因為溝通不良而衍生誤解。「如果你能幫忙拿肉汁給我，那就太好了」比「把肉汁遞過來」字數更多，卻沒有傳遞更多訊息。在一般人的理解裡「艾力克斯看起來是個好人」的意思是「我對艾力克斯沒興趣」，但有時候有些人聽不懂這層含意。用陽奉陰違的方式拒絕他人的要求，有時候會使對方完全誤解你的想法；有一些地方的人經常用這種方式來拒絕別人，例如在東非，以及東亞和南亞的許多地區，而這幾個地方的旅遊指南往往會不厭其煩地叮嚀遊客或商務客，以免他們在發現真相後生氣。中間人經常可能未正確傳達訊息，或根本沒把訊息傳遞出去，一如莎士比亞筆下的茱麗葉所吃到的苦頭。大家不是都說，想要把事情做好，求人不如求己嗎？

那我們為什麼要選擇用這些暗示或含沙射影的話，間接傳遞訊息呢？我們為什麼要以退為進？為什麼不直接說出我們的欲望和意圖？為什麼要冒著訊息被曲解或漏傳的風險，由中間人「玩傳話遊戲」，特別是當傳錯訊息有可能引發戰爭的時候？大多數人的回答想必都是間接溝通比較有禮貌，或有保留面子的空間，但這類近似解釋還需要進一步說明，為什麼間接溝通比較有禮貌？什麼時候需要在溝通中展現禮貌，導致我們要選擇間接溝通？再說了，禮貌或

保留面子，究竟是什麼意思？

核心概念

這些問題全都可以歸結為一個概念：協調時，第一階信念（你對事情的認知）並非唯一重要的因素，你認為其他人怎麼想（第二階信念）和你認為對方認為你怎麼想（第三階信念）也很重要。

我們已經在第 10 章和第 11 章提過高階信念在協調中的重要性。在重複囚徒困境中，如果你看見對手未意識到自己背叛，假裝他選擇合作對你來說比較有利。在規範落實賽局裡，如果你發現別人違反規定，但只有你看見，此時對違規者祭出懲罰沒什麼意義，因為別人會認為你胡亂處罰，而使你招來其他人的處罰。這套邏輯也適用於鷹鴿賽局，如果你認為自己是先到的人，但對方並不知道這一點，那麼你最好當鴿子，才不會捲入代價高昂的爭執。

這一章，我們要運用前一章介紹的基礎工具「狀態訊號結構與協調賽局」來探討這個基本概念。不過，現在我們要先為會影響高階信念的訊號特點建立模型，看看這些特點為何也會影響協調行為。

■ 可觀察性

對高階信念造成有趣影響的資訊，帶有一項特點，就是可觀察性。我們已經在第 11 章探討過可觀察性的作用：在實驗室實驗中，若實驗人員或其他參與實驗的人可以看見受試者怎麼做，受試者會願意捐出更多錢。

目前為止，我們只討論可觀察性產生的顯著效果：可觀察性可

提高你知道他人是否捐款或違規的機率，如果你要以此做為是否反應的依據，這就很重要。另一方面，**在你知道有可觀察性這件事情後**，可觀察性也會影響你該如何對他人是否捐款或違規作出反應。如果你無法輕易獲悉違規行為，那麼即使你知道了，你會認為其他人並不曉得。你對違規行為產生第一階信念，但不會產生第二階信念：相信其他人認定有違規的情況。如果制裁需要協調，這就很重要。

　　以下這個簡單的賽局說明了這個情況。這場賽局和前一章的賽局一樣有兩名參與者，他們都是要決定是否對違規的人祭出懲罰的觀察者，而他們的決策會以簡單的協調賽局來建構模型。這裡提醒一下，協調賽局的參與者有制裁與不制裁兩種選擇，唯有當其他人祭出制裁時的機率高於 p 的時候，參與者才會偏好祭出制裁。

　　這一次我們也要在協調賽局中加入狀態訊號結構，為參與者作懲罰決定時擁有的資訊建構模型。接下來，我們只需要定義出一套狀態訊號結構，幫助我們探討可觀察性對第二階信念的影響。例如：

- 有 0 和 1 兩種狀態，1 代表發生違規的事。狀態 1 的事前機率為 μ，即違規發生的機率。
- 每一名參與者各自獲得自己的訊號，訊號可能為 0 或 1。狀態為 1 且參與者獲得訊號 1 的機率為 $1-\varepsilon$；狀態為 1 且參與獲得訊號 0 的機率為 ε。意思是違規發生時參與者通常會知道，但有時也不會知道，亦即獲得偽陰性訊號。當狀態為 0，參與者會獲得訊號 0，代表沒有偽陽性的狀況。[6]

在這個狀態訊號結構中，$1-\varepsilon$ 可以解讀為違規事件的可觀察性：若可觀察性為 1，只要發生違規，參與者就會曉得；若可觀察性為 0，只會看見 0，永遠不會曉得違規事件。請注意，當參與者收到訊號 1，不論 ε 數值多大，或訊號的可觀察性是多少，他們都會確信已發生違規事件；但他們是否認定其他人也相信發生違規事件（第二階信念），取決於 ε 的數值。

我們關心的策略是：唯有收到訊號 1，參與者才會祭出制裁。換句話說，只要他們認定發生違規事件，就會祭出制裁。姑且讓我們稱這樣的策略為「條件制裁策略」吧。兩人都採取條件制裁策略，會是納許均衡嗎？假如發揮影響的只有第一階信念，答案是肯定的，因為不論 ε 數值為何，只要收到訊號 1，你就會確信發生違規事件。但在這場賽局中，重點不在第一階信念。你是否相信其他人會祭出制裁才是最重要的，而這個信念深受 ε 影響。

這樣說吧。假設兩人都選擇了參與條件制裁的策略，改變策略能使你獲得好處嗎？讓我們從你收到訊號 1 的情形討論起。此時，唯有當你認定其他人至少有 p 的機率祭出制裁，你才會想要祭出制裁。由於其他人會在收到訊號 1 的時候祭出制裁，可知你收到 1、其他人也收到 1，而這兩個條件同時發生，機率為 $1-\varepsilon$。只要 $1-\varepsilon \geq p$，你就不會改變決定，且只要 ε 數值夠小（可觀察性夠高），這個條件就會成真。

那如果你收到的訊號是 0 呢？其他人收到訊號 0，所以不祭出制裁的機率為 $1-[\mu\varepsilon(1-\varepsilon)] \div [\mu\varepsilon+(1-\mu)]$，只要這條算式的數值大於 $1-p$，你就不會改變。ε 數值夠小，就能滿足這個條件。因此，想要

讓條件制裁策略成為納許均衡，違規事件必須輕易被人看見。

由此可知，你是否會「在觀察到違規時」祭出制裁，取決於你得知違規事件的機運，此為違規事件的可觀察性，即 $1 - \varepsilon$。

「可觀察性」是影響高階信念（第一階信念以上的信念）的第一項訊號特點，會進一步影響參與者是否能以訊號為懲罰依據。接下來，我們要討論會發揮影響的另一項訊號特點：訊號的共享程度。

■ 共享訊號

在前一個模型裡，每個人各自獲得自己的訊號，當狀態為 1，不論其他人看見怎樣的訊號，個別參與者看見訊號 1 的機率為 $1 - \varepsilon$。現在，我們要想像，如果參與者的訊號並非獨立產生的呢？舉例來說，參與者觀察到的訊號可能來自於一部分的共同經驗、來自於公開發送的訊號，或能夠輕易傳遞出去？此時，要依據訊號作決定就很簡單了。即便最初訊號受制於低度的可觀察性而不易產生，也不例外。例如，訊號是一張揭露違規事件的照片，這張照片要在天時地利人和的情況下才會被拍到，或訊號是一份祕密記錄，當某人誤把這份檔案傳給錯誤的對象，訊號才會被發送出去。雖然這類訊號發出的機率不高，但只要被發出去，就會廣為分享。

我們一樣可以透過一個非常簡單的模型來表現這個情況。其實，只要稍微修改一下先前的模型，讓訊號能互相產生關聯就可以。模型如下：

● 狀態如前一個模型所述，已經決定好了，且定義不變：有 0

和 1 兩種狀態，狀態 1 的事前機率為 μ。

● 每一名參與者收到一個訊號，可能為 0 或 1。狀態為 1 且參
與者收到訊號 1 的機率為 $1 - \varepsilon$，收到訊號 0 的機率為 ε。但
這些誤差並非總是各自獨立的。它們之間的關聯性以參數 ρ
來概括，且 ρ 可以是 0 到 1 之間的任何數值。0 表示不相關（我
們在訊號各自獨立的情況討論過這樣的例子），而 1 表示兩
個訊號完全相關，參與者始終看見相同的訊號。

現在，只要 $1 - \varepsilon$ 或 ρ 夠高，「收到訊號 1 時祭出制裁」的條件
制裁策略就是均衡解：嚴格來說，前提是 $1 - \varepsilon(1 - \rho) \geq p$。換句話說，
只要訊號被分享的機率夠高，就有可能根據訊號來行動，即使因為
可觀察性很低，導致訊號 1 不太可能在一開始就被發送出去，也符
合這個定義。

再次提醒你，ρ 會影響第一階信念以上的高階信念：只要你觀察
到訊號 1，就會相信發生違規事件，但你是否相信其他人和你一樣認
定發生違規事件，取決於訊號的相關聯度以及可觀察性。

現在我們知道，討論高階信念時，訊號在哪兩種狀況下出現差
異，也知道這樣的差異會影響參與者是否能運用訊號去協調行動。
讓我們來看一看第三種狀況。

■ 可推諉塞責

首先，我們要透過 1970 年代的經典社會心理學實驗，說明什麼
是「可推諉塞責」（plausible deniability）。這場實驗表面上是請受

試者到實驗室對某些年代已久的默片發表看法。實驗室裡有兩臺電視，每一臺前面都有兩張椅子。這四張椅子當中，有一張已經坐了一名受試者，但他其實是研究人員安排的暗樁。這名受試者身上有金屬支架，看起來是一名身心障礙人士。進去以後，受試者要選擇坐在其中一臺電視機前面。

　　兩臺電視播放同一部電影，四分之三的受試者選擇坐在打扮成身心障礙人士的暗樁旁邊，避免讓自己被認為心胸狹隘。但如果兩臺電視播放不一樣的電影，結果翻轉過來：變成四分之三的受試者選擇不坐在打扮成身心障礙人士的暗樁旁邊。[7] 對於這個現象，大家通常這樣解釋：電視播放相同的電影時，受試者無法推諉塞責，唯一能解釋他為什麼不坐在打扮成身心障礙人士的暗樁旁邊，嗯，理由只有他是個心懷偏見的人。但當電視播放不一樣的電影，就讓人有了一個不坐在身心障礙人士旁的好藉口：受試者或許只是喜歡另一部電影而已。實際上，這也不是什麼開脫的理由，因為實驗人員挑了兩部非常類似的電影，都是關於小丑的默片。此外，實驗人員當然精心設計過，確保不論打扮成身心障礙人士的暗樁看的是哪部電影，結論仍站得住腳。

　　這場實驗說明了一個常見的現象：當脫罪的理由存在，例如「我喜歡另一臺電視播放的電影」，不論這個理由的真實性如何，都可以用它來掩護會被處罰的行為。為什麼？

　　直覺上可以這樣解釋。讓我們假設，只要能夠充分判斷對方是心懷偏見的人，即使有某種可以脫罪的理由，我們依然會處罰那個人。所謂的充分判斷，是有幾成的把握呢？假設是九成五好了。現

在，假設你正好有九成五的把握，認定那只是脫罪的理由，對方就是一個心懷偏見的人。這九成五的把握從何而來？也許你很了解那兩部電影，知道不會有人真的比較喜歡其中一部；也許你有某些依據，打從心底懷疑對方心懷偏見，那你要對電影和所謂的心懷偏見有些認識。其他人也有這層認識嗎？關鍵來了，也許有，也許沒有，就算在這個例子中你有九成五的把握，但別人要跟你一樣這麼有把握，需要有大量的私有知識，而且要夠幸運才能獲得這些私有知識。因此，別人擁有的知識很可能比你少，所以你會懷疑其他人不像你那麼有把握。光是這點，就足以讓你想要改變原本的選擇，並足以證明這個選擇不是均衡點。

相反地，當脫罪的藉口不存在時，例如兩臺電視播放相同的電影，那麼你就不需要任何私有資訊也能肯定那個人心懷偏見，同時你也能肯定其他人的看法一致，此時祭出懲罰就不會是個問題。

現在，讓我們來正式建構這個模型。我們和之前一樣，要利用協調賽局建構兩名觀察者是否祭出懲罰的模型，並加入狀態訊號結構，用以描述觀察者決定是否懲罰時所能獲得的資訊。這一次狀態訊號結構的操作方式和先前兩次不太一樣。首先，我們要告訴你這是怎樣的狀態訊號結構，之後再解釋為何這樣運用：

- 狀態如前一個模型所述，已經決定好了，且定義不變：有 0 和 1 兩種狀態，狀態 1 的事前機率為 μ。
- 每一名參與者收到兩個訊號。第一個訊號完全由所有人共享，數值為 0 或 1。當狀態為 0，參與者看見 0 的機率為

$1 - \varepsilon$，看見1的機率為ε，代表參與者有時看見偽陽性的訊號；
當狀態為 1，參與者只會看見 1，代表沒有偽陰性。

● 參與者並不知道ε數值為何，他們知道的是ε的機率分布f。
此外，每一名參與者會各自獨立獲得ε的訊號ε_i，我們令這
個訊號的機率分布為g_ε。舉例來說，f有可能是數值 0 到 1
的均勻分布；g_ε有可能是峰值為ε、端值為 0 和 1 的三角分布，
代表參與者收到的訊號有可能是落在 0 到 1 之間的數值，但
離實際值ε愈遠，機率就愈小（此機率平均遞減）。

如你所見，我們將焦點轉移到偽陽性的訊號上。這是因為參與
者會自然而然往脫罪的藉口靠攏：當參與者看見 1，他們曉得脫罪藉
口有一定的機率是真的，此時正確的狀態為 0。

但參與者並非真的知道脫罪藉口確實是行為理由的機率究竟是
多少，他們只能猜測——即使猜得八九不離十，也一樣是猜測。ε_i
用於表示這是參與者的猜測。

我們要問的是：參與者能否仰賴猜測，進一步認定脫罪藉口不
太有可能是真的，因此祭出懲罰？換句話說，是不是只有在ε_i低於
某個臨界值的時候，他們才會祭出懲罰？代表參與者會在有十足把
握相信狀態為 1 時，祭出懲罰。

我們已經暗示過，就普遍情況來說，答案是否定的。我們可以
透過集中討論 $p = 0.5$ 的情況來顯示這點。當參與者收到某個略低於
$\bar{\varepsilon}$的訊號ε_i，他們需要有五成的把握，相信其他人也會收到同樣的訊
號。可是$\bar{\varepsilon}$必須要剛剛好等於 0.5 才行，如果選擇較低的臨界值，假

設參與者要有超過五成的把握才會祭出制裁,他對其他人收到低於臨界值訊號的把握會低於五成,所以有改變的動機。假如我們選擇低於 0.5 的 p,均衡點 ε 會低於 0.5,但仍然不是極致的均衡解,參與者仍然不可能在「十足」把握下祭出制裁。這是因為,在 f 和 g_ε 給定的情況下,訊號會回歸到均值,導致參與者在收到極端的訊號時,認為其他人不可能收到相同的極端訊號。

由此可知,當參與者有把握,但並非百分之百確定,就會形成第三種情況;這個情況和前面兩種一樣,雖然第一階信念很強,但更高階的信念卻沒有那麼強,導致參與者無法互相協調。

■ 高階不確定性

目前為止,我們討論的情境都是:你有可能了解實情,卻對其他人是否同樣了解沒有十足把握(第二階信念)。但有的時候,你會收到關於其他人是否了解實情的線索,問題能因此迎刃而解嗎?不見得。要是線索的可觀察性不佳、未廣泛分享或並非真的無從推諉塞責,就不可能解決問題。

為了探討個中原因,現在我們要把焦點放在線索難以被觀察的情況。這裡的直覺想法是:即使你知道其他人知道,那個人也無法確定你知道他知道,所以他會以你不知道為前提來採取相應的行動。現在讓我們進入更正式的分析。

這場賽局一樣有兩名參與者。我們用協調賽局來表現參與者是否會決定祭出制裁。

- 狀態一樣有 0 和 1 兩種，分別代表是否發生違規事件。
- 參與者 2 收訊情形與之前一樣：當狀態為 1，他會收到訊號 1，其機率為 $1 - \varepsilon$，否則參與者收到的是訊號 0。當狀態為 0，他只會收到訊號 0。
- 為了簡化分析，我們假設參與者 1 永遠知道真實狀態，但他會收到和參與者 2 一樣的訊號：當參與者 2 收到訊號 1，參與者 1 也會看見訊號 1，其機率為 $1 - \delta$，否則參與者 1 收到的是訊號 0。只要參與者 2 收到的是訊號 0，參與者 1 收到的就是訊號 0。

　　兩名參與者都收到訊號 1，並祭出制裁，會是均衡點嗎？此時，這兩名參與者都知道狀態是什麼（第一階信念），也知道對手曉得狀態是什麼（第二階知識）。這樣就夠了嗎？

　　答案取決於 δ 值多大，現在關鍵已經不在 ε 了。唯有在 $1 - \delta$ 夠高、大於 p 的時候，參與者 2 才能確定參與者 1 曉得他收到訊號 1，從而祭出制裁。

　　我們在這裡看見，「參與者 2 認為參與者 1 認為他怎麼想」的第三階信念也會影響參與者間的協調行為。這是比第二階和第一階信念還要更高階的信念，同樣的邏輯可以延伸到其他更高階的不確定性。假如其他參與者收到線索，知道你收到了關於他的狀態訊號的線索，唯有在其他參與者收到的是可觀察的線索時，線索才會產生幫助。簡而言之，高階不確定性也是關鍵。

解開謎題

目前我們看見，高階信念可以從四方面發揮作用，影響參與者的協調能力：

- **可觀察性**：參與者是否能輕易得知違規事件？
- **關聯性**：其他人是否能取得和你一樣的資訊？
- **可推諉塞責**：即使你相當確定，仍無法百分之百保證脫罪藉口是假的？
- **高階不確定性**：即使你了解情況，你也知道其他人知道，但其他人知道你知道嗎？

如果你掌握的是無法輕易被人看見的資訊，你會認為自己是偶然得到這個消息，其他人不會像你這樣幸運。如果你是私下得知某些資訊，你無法確定其他人會知道相同的資訊。如果你相當確定，但無法百分之百肯定，那麼其他人對事情的把握度很有可能比你低。如果你知道其他人知道，但他們認為你不可能知道他們知道，其他人仍然會假設你並不知道他們知道，並根據這個假設，採取相應的行動。

接下來的任務是討論高階信念和協調行為在動機問題裡，扮演怎樣的角色。舉例來說，你將看見，象徵性動作利用非常容易觀察、產生關聯、無法否認的訊號，促使人們轉換到新的均衡點。與看見某人的行動相比，想要知道別人的意圖困難許多，而且意圖多半透過私人管道傳播，被否定的可能性較高。因此，要處罰不作為的違

規事件，比處罰效果相同但有作為的違規事件，難度高上許多。此外，含沙射影的話則是利用高階不確定性，以及推諉塞責的可能性，在事情不如預期時，降低人們轉換到較差均衡點的可能性。

婚禮、領導人握手、說出「對不起」

　　象徵性動作令人不解的一點在於，微不足道的小地方「最重要」：「對不起」和「我愛你」只是一句話，卻讓我們非常重視；我們不惜花大錢舉辦典禮和儀式；我們會仔細解讀並未傳遞任何新訊息的行為表現。

　　我們的解釋是：原本不重要的事情，如果可以被觀察、是公開的線索，而且無法被否認，那麼這些原本不重要的事，就會在人們必須互相協調的時候變得重要。象徵性動作正是如此。

　　我們已經在第 5 章討論道歉的時候，看見象徵性動作如何發揮作用。在鷹鴿賽局和現實生活中，象徵性動作用於傳達協調的重要性：如果其他人預期你是鴿子，你就不能當老鷹，反之亦然。本來並不重要的表面話在這時起作用了，它能幫助參與者互相協調，從「老鷹，鴿子」的策略，轉換到「鴿子，老鷹」的策略。這和我們在第 5 章探討不相關的不對稱性如何建立預期時所提出的解釋並沒有什麼不同，只是稍微改變字句，換句話說而已。

　　不過，道歉要能發揮預期的效果，還要加入幾項特點，也就是：應該要可觀察得到、最好是公開道歉，而且無從否認。所以我們看見人們往往會堅持對方以明確的方式道歉：「你要說對不起！」有時甚至必須在其他人面前道歉：「不是跟我說對不起，你要讓全班

聽到！」人們也會仔細觀察道歉時所說的話，堅持道歉的人不是只表達後悔或承認犯錯，還要表示會負責任：「說是你做錯了！」並承諾會改過：「說你不會再犯了！」甚至經常堅持要對方說出「對不起」或「我向你道歉」。

道歉只要能符合這三項特質就夠了。不管是不是被逼著說的，不管是不是真心的，不管是不是咬牙切齒地說，都不要緊。就算道歉沒有傳達出「對不起」以外的其他訊息，也沒關係。只要道歉被明確地、清楚地、大聲說出來，讓每一個人都能聽見，就能促成協調行為。

當道歉不具備這三項特質，人們會對道歉起疑心。原因可能在於，無法確知犯錯的人是否會真的改過自新，因此也不曉得是否該當作對方會改過自新來作出相關的回應。我們可以從希拉蕊向巴基斯坦道歉的例子，看見什麼是不道歉的道歉，非常有趣。美巴危機爆發後，巴基斯坦堅持美國正式道歉，這麼做應該是希望扭轉誰能在巴基斯坦領空當老鷹。但最後，巴基斯坦讓步，只堅持美國要公開表達歉意，並在道歉的話裡提到「遺憾」（sorry）這個詞就可以。我們推測，這是因為要保住面子。巴基斯坦派了一群人和希拉蕊的團隊，一起擬出道歉稿：

> 我們對巴基斯坦軍方的損失表達遺憾。我們承諾將會與巴基斯坦和阿富汗合作，以防相同事件再次發生。[8]

這篇不道歉的道歉稿並未承諾為巴基斯坦的死傷負責，也並未

承諾美國會改變做法：「對損失表達遺憾」並不表示要為那些損失
負責，「承諾將會與巴基斯坦和阿富汗合作，以防相同事件再次發
生」不等於承諾不再發生相同的事。雖然巴基斯坦的評論家仍然沒
有放過美國，但希拉蕊不僅發表聲明，還提供高達數十億美元的援
助，將那些聲音蓋過去了。

　　讓我們從道歉繼續往下，探討人們如何運用其他類型的履行性
言語（performative speech，有行為效果的語句）[9] 轉換人際關係。

　　艾倫・費斯克（Alan Fiske）在其知名的文章中指出，人們通常
將人際關係分成四類：[10]

- **共同分享**（communal sharing）關係的奠基概念在於這是一
  個具有清楚界線的群體，群體成員彼此平等也不存在差異。
  在這樣的關係中，團體成員或互動的雙方將焦點放在彼此
  的共通性上，而不在乎個人存在的差異，對待所有的成員
  都一視同仁。在共同分享關係裡的人，一般認為自己與其他
  成員享有某些共同特質，例如「血緣」，進而認為對自己人
  比較好和更有利他精神很合理。共同分享經常在緊密的親屬
  關係和強烈的愛中扮演要角；族裔、國籍，甚至於最小團體
  （minimal groups），也屬於偏弱的共同分享關係。

- **權威排序**（authority ranking）關係的奠基模型在於人們之間
  的不對稱性，這一群人按照線性順序排出社會階級。權威排
  序關係中最明顯的社會特性就是兩人之間的階級高低，階級
  較高的人擁有較低階者所沒有的威望、特權和特別待遇，但

下級通常可以獲得保護和指導。

- **平等匹配**（equality matching）關係奠基在一對一的平等模型上，雙方互相輪流，採取平等主義式的分配正義，會互相同等回報，以牙還牙、以眼還眼，或以等值事物做為補償。此時人們最關心的是平等匹配的關係是否平衡，並會持續了解失衡程度。

- **市場計價**（market pricing）關係的奠基模型為社會關係中的比例原則；人們關心的是比例和比率。市場計價關係中的人通常會將所有列入考慮的相關特質和元素，簡化為一個數值或效用指標，讓許多在質和量上具有差異的因素，能夠放在一起互相比較。

這些人際關係需要人們互相協調。如果其中一方認為彼此是權威排序關係，另一方卻開始認為這是平等匹配關係，關係就無法順利發展。那麼，你要如何重新定義人際關係，卻又不會像這樣不協調，付出高昂的代價？

其實只要透過話語就能辦到，「我愛你」、「我願意」、「你被開除了」、「我們再也不是朋友了」或「我要跟你分手」，這些明確的陳述句可以大幅改變人際關係組成。但有一點很重要，就是它們在改變人際關係的時候，不會造成不協調，使人付出高昂的代價：我們都曉得這些話語的意思，以及我們之間現在究竟存在或不存在怎樣的關係。把這些話講出來，可以降低風險，避免我們當中有人認為關係依舊、什麼事都沒有發生。

　　其中有一點至關重要：這些宣言都無法被推諉否認，沒有打模糊仗的空間。要說這些宣言有哪些共通點，就是它們都不模稜兩可。老闆說「你被開除了」，你就不能說你以為他的意思是要你休息一陣子。這也說明，為什麼「我要跟你分手」聽起來會那麼痛，以及為什麼當某人問出「你愛我嗎？」，如果對方回答的是「但你知道我對你的感情」，那並不會是問話的人所想要聽見的回答。

　　握手、鞠躬、屈膝禮、初吻、牽手或在天棚下踩碎玻璃，這些肢體動作和話語一樣，可以重新定義人際關係。這些動作在本質上是由人們共同完成又無法否認的經驗，接過吻你就無法輕易假裝事情沒發生，你也不能說那是一個意外。牽手也是一樣的道理，又不是說你的手會突然滑進別人的手裡，然後自己停留在那裡。這些動作讓你完全沒有開脫的藉口。除此之外，這些戀人之間的浪漫動作通常會表現得很明顯，尤其是被迫看曬恩愛的人，一定很能認同。曬恩愛是向觀看者明白表現兩人是何關係的好方法，鞠躬或屈膝禮也一樣，做出之後難以否認，而且在場每個人都曉得那個動作的意思，能清楚表明從屬關係。敬語和稱謂，不論是先生、女士、教授、博士或總統先生，還是附加在名字後面的字詞，例如日文中的「桑」或印地語中的「ji」，也有這樣的效果。這大概就是我們這麼注重這些詞彙的原因。在某些語言裡，人們總是謹慎地使用正式和非正式代名詞（例如法文中的「vous」和「tu」），以迅速標示出雙方的關係。某些文化裡的人用稱謂來達到相同效果，例如，我們用阿姨、叔叔來稱呼長輩，而用哥哥、弟弟、姊姊、妹妹，或只用哥、姊、弟、妹來稱呼同輩。

精心策劃的公開儀式通常也具有類似的目的，差別在於舉辦公開儀式，通常是為了要協調更多的參與者。我們沒有明白建立一個有多名參與者的賽局模型，但道理是一樣的：訊號的可觀察性必須要很高、訊號要是公開的、訊號無法被否認，才能促成大規模的合作。儀式化的公開典禮可以達到這個效果，舉例來說，加冕禮清楚傳達出來的含意是：每一個人都會將這個人視為他們的統治者，服從統治者的命令，並懲罰不遵守命令的人。加冕禮這樣的場合通常會向社會大眾公開，甚至會努力邀請民眾觀禮，愈多人參加愈好。典禮中會有各種一眼就能辨別含意的動作（例如受膏儀式）或隨著時間推移而被神聖化的物品（例如司康之石*），這些動作和物品的用途是讓典禮無法被否認，並確保登基者的統治地位無可質疑。

結婚典禮的意義差不多也是這樣，只不過規模通常比較小——除了寶萊塢電影裡的婚禮場景。婚禮和加冕禮一樣，也有誇張和無法否認的儀式元素，而且通常會邀請許多同一團體的成員參加。走紅毯、站在天棚下能讓每個人都清楚看見，而「你是否願意……」、「你現在可以親吻新娘了」則可以讓每個人都聽見。當然，婚禮的目的不是要確定所有人都服從同一名統治者，而是要表示某些人不再是可以追求的對象了；在有些社會中，則是表示某人有義務支持或服從某些人，或表示哪些家族互相結盟。婚禮和道歉一樣，即使不是真心誠意地說出那些話，效果也不打折扣。（至死不渝?!看看

---

* 譯註：又稱加冕石，起源於蘇格蘭國王的加冕傳統。

現在的離婚率？而且這不是他的第三段婚姻了嗎？）

　　當然，加冕禮、婚禮和許多其他儀式化的典禮都有昂貴訊號的元素。你把街坊鄰居都找來了，你就可以利用這個場合炫耀有多少支持你的人，或你能撒多少錢辦這樣的活動。但那是另一個不同的現象，它解釋的是婚禮上為什麼有大量的鮮花和堆滿蝦子的鮮蝦義大利麵，而不是解釋「我願意」和其他高度儀式化的典禮元素。讓所有人齊聚一堂的最初目的在於協調行動，鮮蝦義大利麵只是附帶的好處。

有沒有動手，這就是問題所在

　　接下來，從不作為和作為有什麼區別出發，讓我們一起來看一看，這個模型能如何幫助我們理解某一些古怪的道德觀念和利他行為。請回想一下斯特魯馬號的故事。提醒你一下，我們想要解答的問題是：我們不只在乎是否有人刻意違反規定（導致數以百計的猶太人死亡），我們也在乎違規是因為作為（施放毒氣）還是不作為（拒絕讓他們在船被拖走之前下船）。為什麼？[11]

　　請在腦海中想像，試著消除不作為和作為的區別。這代表我們要處置刻意忽略的行為（處罰明知俄羅斯人會用魚雷把船擊沉，還不讓猶太人下船的英國人和土耳其人），但不處置無意間犯下的錯（船被擊沉時，所有人都無力回天，不因此祭出懲罰）。想要懲罰刻意而為的忽略行為，就必須要能夠根據人的意圖來判斷他有沒有做錯。

　　這裡有一個問題，就是意圖一般難以觀察，不可能永遠攤在陽

光底下，而且幾乎可以說，只要有意否認，就有辦法做到。

想要觀察一個人的意圖，我們必須掌握正確資訊。是誰決定把船拉離岸邊？他們知道那艘船身無標記的船隻可能會被俄羅斯潛水艇鎖定嗎？這項訊息只會在私底下對特定人士揭露，例如參與最高機密會議的人、可調閱蘇聯國家安全委員會（KGB）檔案的人，或無意間聽見當軍人的老公閒談，又拿出來八卦的太太們。至於我們，則必須根據難以分享、難以觀察，且某種程度上可以否認的私有資訊，去推測英國人和土耳其人的意圖：消息來源可能會說，英國軍官在言談間，承認知道斯特魯馬號很危險之類的話，而我們也許能從經驗判斷消息來源是否可靠。

失控電車也是一樣的情況。當你看見某個人沒有拉起操控桿，你也許剛好知道他是主動選擇這麼做的，因為你知道他剛才猶豫了，他左顧右盼、想了又想，接著又坐回去。但其他人跟你一樣確知他主動選擇讓電車疾馳而過嗎？他有沒有可能只是沒有留意？他有沒有可能想要拉起操縱桿，但沒有及時趕過去？

相較之下，行動可以被觀察、容易公諸於眾、無法輕易被否認；至少相較於意圖，沒那麼容易否認。英國人和土耳其人也可以像納粹那樣置猶太人於死地，雖然他們可以祕密進行，但紙包不住火，就像奧許維茲集中營的照片流出來、烏克蘭境內被發現大量墳墓那樣，事情最後總是會曝光。大家都可以取得這類資訊，最後，資訊會變成一種公開訊號。除此之外，在資訊意義的解讀上，不太會有什麼爭議，只需要了解是誰扣下扳機、是誰下命令；誰知道什麼、背後動機為何，都不會成為問題。類似於電車難題中的操縱桿，只

要操縱桿被拉起就一翻兩瞪眼。如果被照相機照到，就有可能被公諸於眾，人們也可以查閱日誌，去看值班人員上班時軌道位置是怎麼設定的。不會有人這麼剛好就在電車疾馳而來的一瞬間，無意間拉起了改變軌道方向的操縱桿。因此，行動和意圖不一樣，我們可以用行動做為判斷的依據。換言之，我們可以懲罰「作為」。

這項分析可以帶我們作出一些預測。這些預測，在現實生活中看樣子都是對的。

首先，如果我們無法根據意圖作判斷，這不僅代表我們無法懲罰刻意忽略的行為，也代表我們必須懲罰無意間犯下的錯。唐尼‧布拉斯科（Donnie Brasco）和索尼‧納波利塔諾（Sonny Napolitano）發生的血淋淋的故事，正好說明了這個預測是對的。布拉斯科是美國聯邦調查局派出去臥底的探員。布拉斯科為了滲透進紐約的黑社會家族，刻意接近納波利塔諾和他的幫眾。雖然納波利塔諾是個忠心耿耿的戰士，而且顯然無意和聯邦調查局的探員交朋友，但布拉斯科的身分被揭穿後，納波利塔諾的老大下令殺死納波利塔諾，還要把他的雙手砍下！[12] 納波利塔諾真是不幸，雖然他的意圖很清楚，但那仍然是私有資訊，而且不是無從否認的資訊。

第二項預測：當協調不太能發揮作用時，人們就會根據意圖下判斷。我們先簡短討論一下協調在之前提過的例子中發揮了什麼作用，再看看有哪些能夠支持這項預測的證據。協調會在人權的保障（或無法保障人權的例子，如斯特魯馬號事件）中發揮作用，因為此時沒有任何一個人能憑一己之力落實保障；人權的實踐仰賴國際制裁、戰爭或群眾公憤：世界強權和市井小民必須互相協調一起行

動才有辦法實踐。雖然位於海牙的聯合國國際法庭（United Nations International Court of Justice）旨在解決這個問題，但實際上如果其中一方不願意配合，國際法庭就無法執行判決。以納波利塔諾的例子來說，他的頭頭不可能靠「山姆大叔」美國去落實幫派條規，而是仰賴組織內部成員去執行非正式、經過協調的執法行動。電車難題的心理學原理，可以說源自經由社會實踐而存在的道德直覺，而社會實踐所仰賴的，即是我們提出的規範落實模型。

現在來看一看協調扮演的角色沒有那麼重要的例子。比如，請想像一下，你看見某個人的朋友傳簡訊問他能不能幫忙搬家，但他沒有回覆，最後那名朋友已經不需要他的幫忙了。這個人在不用幫忙之後再說一句「嘿，真抱歉，你還需要幫忙嗎？」，假裝他很樂意協助，只是沒及時看見訊息，你會站出來對這件事發表意見嗎？也許會，也許不會，因為對方有看似合理的藉口，而你公開發聲是一種懲罰的行為。但不管怎樣，你很可能心想，某某某真不夠義氣，下次你需要幫忙的時候，就不太相信他是可靠的人。原因在於判斷是否要相信某某某，關鍵不在協調。信任是一種個人判斷，你可以自己決定是否要信任某個人。在這一類的個人判斷以及相關的後續決策中，例如以後是否可以仰賴這個朋友，意圖是否可以觀察、公開、可以被否認並不重要，重要的在於你掌握了什麼資訊。關於對方是何意圖，只要你掌握了可信的資訊，就可以實際運用這些資訊。

親戚之間的往來是另外一個例子，協調的角色在這裡也不那麼重要。前一章說過，我們會關愛自己的親戚是受到親屬選擇（kin selection）的影響：意思是，我們和親戚擁有許多相同的基因，演化

讓我們會關心這些親戚。高階信念和協調在這個情境中並不重要，重要的是我們的孩子或表親們是不是肚子餓、有沒有什麼需要幫忙的，至於別人怎麼想、我們是否與其他人採取一致做法，都不重要。當我們沒有幫上親戚的忙，不管那是疏忽還是犯錯，這樣的區別並不重要。因此，如我們在前一章討論的，對陌生人發揮利他精神，和對親戚發揮利他精神，當中的差別深具意義。

羅伯特‧庫茲班、彼得‧德西歐里、丹尼爾‧費恩（Daniel Fein）就曾利用電車難題證明，雖然人們通常表示自己不會為了救五名陌生人，而將一名背著沉重背包的陌生人推到電車前面，但他們會為了救五名親兄弟，而出手推一名背著沉重背包的親兄弟。當對象是親兄弟，重點變成不在於「你必須要出手傷人」，而在於「有幾名親兄弟可倖免於難」。[13]

在單一權力機構可以單方面執法的時候，作為和不作為的區別變小，也是同樣的道理。不像為了防止類似斯特魯馬號的事件再次發生而成立的國際組織，國家內部的權力機關可以把焦點放在傷害的程度，考量當事者的意圖（例如，國內執法機關會區分犯行是謀殺還是過失致死），不去考量是作為還是不作為造成傷害。

◆

在我們繼續討論間接溝通之前，要先運用這些分析，再多解答幾個與作為和不作為有所關聯的類似謎題。

迴避他人的要求：每到冬天，隨著年底假期接近，基督教救世

軍（Salvation Army）的志工們就會戴著紅色的聖誕帽，在人潮擁擠的零售商店外搖鈴吸引路人注意，用紅色的桶子募款。有三位行為經濟學家曾經與基督教救世軍志工合作，在一場精心設計的實驗中，測試怎樣的策略能增加募款。[14] 研究人員想知道，如果基督教救世軍的志工直接開口問：「你能捐一點零錢給基督教救世軍嗎？」能不能募到更多善款？於是他們訓練志工依照安排，隨機直接或委婉地提問，並進一步評估直接提問的效果。

你也許會想，「你能捐一點零錢給基督教救世軍嗎？」這樣的問題影響不大。畢竟，基督教救世軍本身就是知名組織，這樣說並沒有提供關於基督教救世軍的新資訊。但當志工直接提問時，捐款的路人變多了，裝善款的紅桶子滿得更快。聽起來似乎很有效，但對結果感到滿意前，研究人員注意到一個問題：民眾為了避開基督教救世軍的志工開始繞道，從用於收取資源回收物的側邊小門進出，而不從正門進出商店。別急著批評他們！如果你曾經在走過某個人行道的時候，因為不想施捨乞討的人而拿出手機裝忙，那你也曾經迴避過他人的要求。

傑森・戴納（Jason Dana）、戴利安・凱恩（Daylian Cain）、羅賓・道斯（Robyn Dawes）則設計了另外一項聰明的經典實驗，清楚顯示出本來會捐錢的人會樂於選擇迴避他人的要求。[15] 受試者在這場實驗中，要加入一場簡單的獨裁者賽局（提醒一下，獨裁者賽局會給受試者一些錢，並詢問他們願意分多少錢給別人）。戴納和凱恩在裡面安排了一個驚喜：受試者可以選擇付一美元，讓對手不知道這場賽局的存在。不但有一大部分受試者（約三分之一）選擇付這一

美元，就連許多原本已經承諾要將一大部分獎金分給對手的受試者，也選擇付這一美元。

為什麼我們會在被要求時付出，又刻意迴避他人的要求呢？

策略性忽略： 全世界的公共衛生職業人員在對抗 HIV 的過程中都會面臨到的問題，就是大家不會經常每隔一段時間就檢查自己是否感染 HIV 之類的性病。這個問題在從事高風險性行為的人之間特別嚴重，儘管對他們來說，增加檢查的頻率大有好處。有些人認為，這些人傾向刻意忽視某些事情，原因在於假如他們真的得到 HIV，他們就會覺得有義務改變行為。可是為什麼呢？難道他們不覺得自己也有義務檢查是否感染 HIV 嗎？

我們剛才提到的研究人員傑森・戴納和羅伯托・韋伯（Roberto Weber）、傑森・況（Jason Kuang）進行了另一項優秀的實驗，在實驗室環境證明策略性忽略的存在。[16] 他們給實驗受試者一筆錢，並要他們從兩種做法當中選擇。選項一要求第一名受試者和另一名受試者對分，每人 5 美元；選項二讓第一名受試者拿到的錢多一些，從 5 美元增加到 6 美元，另一名受試者能拿到的錢則大幅減少到只有 1 美元。四分之三受試者選擇無私地與對手平分獎金。被分到另一個實驗組的受試者，則無法得知對自己有利的是不利社會的選項，因為他們不曉得對手會拿到多少錢，其他實驗條件全都相同。下決定前，受試者可以選擇要不要知道對手能夠拿到多少錢，儘管這麼做毫無成本，但大約一半的人一點也不關心，只是選擇了能拿多一點錢的選項。

這場實驗的受試者選擇了和 HIV 高風險卻不檢查的人一樣的行

為：某些人會感覺到自己將要負起責任，即不能在知情的狀況下做出不利社會的事，換句話說，這一群人會去選擇不要獲知某些訊息。

是不是附帶效應：以色列強烈抨擊控制加薩走廊的伊斯蘭組織哈瑪斯（Hamas）將軍火庫藏在人口密集的住宅區，再從這些地區發動攻擊，並在以色列警告居民即將反擊時，慫恿居民忽略以色列的警告，從而以人命去掩護軍事設備。哈瑪斯確實承認了一大部分的指控，許多人因此認為哈瑪斯壞透了。沒錯，人肉盾牌違反了 1864 年簽訂的《日內瓦公約》，而且被聯合國視為一種戰爭罪。很糟糕。

但在此同時，以色列（其實是任何參與戰爭的人）即使知道造成平民百姓死傷的風險很大，有時候依然會發動攻擊。這樣不好，但大部分的人都覺得，和人肉盾牌相比，嚴重程度比較輕微，而且這麼做不違反《日內瓦公約》，也沒有犯下戰爭罪。

這件事奇怪的一點在於，不管是哪一種，平民百姓都是被人刻意置於險境。唯一差別在於在第一種情況，傷害是一種手段，用於防止對方發動攻擊，而在另一種情況，傷害則是附帶效應：平民百姓不是直接攻擊的目標，但平民百姓的存在不足以阻止攻擊。

我們為什麼要針對在知情狀況下造成的傷害，區分那是一種手段，還是附帶效應？這裡也一樣，為什麼不直接計算知情狀況下造成多少傷亡就好？

手段和附帶效應的區別，也出現在哲學和宗教典籍的詮釋裡。每一所文科類大學院校都會告訴學生，13 世紀基督教哲學家托馬斯・阿奎那（Thomas Aquinas）主張，自我防衛時殺了人（附帶效應）是可以接受的，但你不能為了救自己一命而去殺人。比阿奎那早八百

年左右出現的《塔木德》同樣主張：「假如兩名猶太人受困於沙漠，他們的水只夠一個人活下來，其中一個人正拿著水瓶，阿奇瓦拉比認為，『拿著水瓶的人』應該要自己把水喝下去，而不是把水給朋友喝，因為要以『你自己的性命為優先』。」[17] 不過，不能為了搶水去殺死對方。喝光水，附帶效應是害死對方？可以。為了喝水去殺人？不行。

還有一些電車實驗恰到好處地說明這個古怪的道德觀。在馬克‧豪瑟（Mark Hauser）、費瑞‧庫許曼（Fiery Cushman）、黎安‧楊（音譯，Liane Young）、金康興（音譯，R. Kang-Xing Jin）、約翰‧米凱爾（John Mikhail）設計的變化版本裡，旁觀者可以選擇讓失控的電車先開往支線軌道，再讓支線軌道上的一個重物擋下電車，這樣電車就不會開回主要軌道，拯救主要軌道上的五個人一命。第一個實驗組別裡，有一個人站在重物前面，這個人將會被連帶殺死。第二個實驗組別裡，那個人就是所謂的重物，電車衝過去就會殺死他。比起第二個組別，第一個組別認為可以改變軌道的受試者，人數多了 30%。[18]

兩種情況結局一樣，也都可以預料，人們卻認為在道德上有所區別。為什麼？

◆

我們對這些古怪道德觀提出的解釋，跟我們對 1970 年代和身心障礙人士一起看電視的研究提出的解釋一樣。提醒一下，在 1970 年

代的那場研究中，「我喜歡另一臺電視播放的電影」是一種無傷大雅的說法。不論這個說法的真實性為何，它的存在都是一種掩護，不讓你因為下了某個決定而遭受懲罰。我們說，在播放不同電影的實驗組別裡的受試者，可以否認自己這麼做是因為心懷偏見：你也許很確定選擇看另一部電影的人心懷偏見，但每個人對事件的肯定程度取決於各種細節和事前機率，例如觀察者是否認為兩部電影差別很大，以及觀察者認為某個人只喜歡其中一部電影的機率有多高。即使你非常確信，你也會因為自己的肯定程度已經來到極端值，而預期其他人不會跟你一樣有把握、有否認的空間。此外，這些細節和事前機率難以取得，其可觀察性不高，而且它們不是共享資訊，或者不容易分享。

　　我們對其他矛盾道德怪癖的解釋也差不多。請想一想，若對方選擇離基督教救世軍志工最遠的超市門口走出去，或是不前往可檢查性病的診所，或者轟炸剛好也有平民在裡頭的建築物，這時你需要哪些資訊才能確定，對方使用的無害說法並不是真的？現在請想一想，你需要哪些資訊才能確定，對方在被基督教救世軍志工明白詢問後拒絕捐款，在檢測出 HIV 陽性後從事無保護措施的性行為，或逼迫一群平民百姓進入已知將遭轟炸的建築物，所使用的無害說法並不是真的？在哪一種情況，排除無害說法所需要的資訊可以觀察、容易分享、無法否認？

為什麼講話有時要拐彎抹角？

　　最後一個大家都知道的例子是間接溝通：為什麼我們要說含沙

射影的話和透過中間人傳遞訊息？為什麼我們時常對人彬彬有禮或是以退為進？我們要用一個概念來解釋這些現象：人們所知為何（第一階信念）雖然在其他情境中也很重要，但在協調行為中扮演要角的是高階信念。如果你想影響第一階信念，卻不想冒險影響到與高階信念有關的行為，能怎麼做？你會利用我們在模型中舉出的一些關鍵特質去發出訊號，例如推諉塞責的可能性或高階不確定性，如此一來你就能改變第一階信念，但不影響更高階的信念，兩者兼顧。

　　「如果你能幫忙拿肉汁給我，那就太好了」、「你想上樓來喝點飲料嗎？」或「我們現在能不能做些什麼，讓情況好轉？」都是用來傳達「某件事」的說法。如果對方知道我們需要肉汁、想要發展浪漫關係，或想進行賄賂，他遞肉汁、上樓來或接受賄賂的機率就會大幅提高。透過中間人進行人質危機談判也是一樣的道理。我們想讓綁匪知道我們願意付贖金救出人質。在這些例子裡，我們希望傳遞出去的訊息只影響不包含協調成分的行為。

　　但這當中存在著風險。我們希望奶奶將肉汁遞給我們，又不希望她覺得我們認為自己可以使喚她。我們希望如果艾力克斯也想發展浪漫關係，他就會上樓來，但假如被艾力克斯拒絕，我們也想保留一點面子，甚或希望能繼續若無其事地以朋友或同事的身分繼續跟他一起出去玩，或在邀約行為可能不恰當時，避免被社會上的其他人處罰。我們想讓願意收賄的警察收下賄賂，但要盡可能降低萬一對話被人聽到或遇到誠實好警察的可能性。我們想辦法把人質救回家，卻要避免讓自己落入新的談判均衡點，導致以後面對惡霸國家或恐怖份子時再也無法堅守「我們不和恐怖份子談判」的立場。

間接溝通可以同時替說話者辦到互相衝突的期望，因為間接溝通可以傳遞訊息，同時又不影響高階信念。約翰是想賄賂警察嗎？警察看見約翰的皮夾露出鈔票，可能心裡有數，但另一名也在場的警察看見鈔票了嗎（訊息是否可以觀察得到）？那名警察把事情拍攝下來了嗎（訊息是否可以分享）？露出來的鈔票數量多到能讓警察確定約翰是故意拿出來的嗎（是否可以被否認）？邀請某人上樓喝飲料的情況又是如何呢？艾力克斯確定朋友是在邀他共度春宵嗎？如果他很確定，也有意願，就能給予正確的回應，但他要怎麼知道對方究竟邀他做什麼？用肢體語言、前面提過的暗示或講話語調來判斷嗎？這些線索都不容易觀察，從不同的參考點，看見的可能不一樣，而且難以傳達給第三個人，又很容易被否認。這些訊息足以讓艾力克斯判斷要不要答應朋友上樓喝點飲料了，但訊息不會強烈到足以改變雙方的關係，或讓艾力克斯在無意上樓時陷入為難。

重點來了：拐個彎說話可以影響第一階信念，卻不牽扯到高階信念，進而讓我們能夠在不需要協調的情況影響另一個人的行為，又不必擔冒影響協調行為的風險。拐個彎說話，讓我們魚與熊掌，兩者得兼。

◆

以上是一些實際的應用例子。高階信念在促進或避免協調行為的過程扮演的角色，可以解釋這些實例。我們也討論了訊號的特點對於高階信念以及人在協調過程的訊號運用能力產生何種影響。希

望寫到這裡，我們傳遞出清楚的訊息：高階信念在有協調行為的過程很重要。

下一章要討論：人們的正義感由何而來？正義感為何如此奇怪？答案就在子賽局完全均衡。

訊號的可觀察性和共享程度如何？

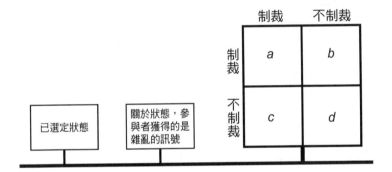

■ 設定
- 首先，世界的狀態已經選定了，不是 1 就是 0，狀態 1 的發生機率為 μ。狀態可用於表示是否發生違規事件。在這裡，狀態 1 表示發生違規事件。
- 接著，每一名參與者會獲得一個雜亂的訊號，這些訊號符合以下特質：
  ■ 不存在偽陽性：當狀態為 0，參與者收到訊號 0。
  ■ 存在偽陰性：當狀態為 1，訊號為 1 的機率為 $1 - \varepsilon$，其中 ε 代表偽陰性的機率。

- 參與者的訊號有可能互相關聯。這個關聯性以 ρ 來代表,當 $\rho = 0$,表示訊號各自獨立產生;當 $\rho = 1$,表示訊號完全一致。嚴格來說,ρ 定義為 $\rho = [r(1-\varepsilon)-(1-\varepsilon)^2] \div [1-\varepsilon-(1-\varepsilon)^2]$,其中 r 代表在對手獲得訊號 1 的情況下,參與者 1 獲得訊號 1 的機率,此定義符合條件相關的標準定義。

- 最後,參與者加入協調賽局。參數 p 代表參與者對於對手選擇策略 A 的信心要多高,才會想要選擇策略 A,且 $p = (d-b) \div (a-c+d-b)$。

■ 有利的策略組合

- 「條件制裁策略」:唯有看見訊號 1,參與者才選擇策略 A。

■ 均衡條件

- $1 - \varepsilon(1-\rho) \geq p$。
- $[\mu\varepsilon(1-\varepsilon)] \div [\mu\varepsilon + (1-\mu)] \leq p$。只要違規事件的發生機率 μ 相當小,這個條件就會成立。

■ 詮釋

- 如果訊號可以觀察得到,亦即 ε 的數值較低,或是一個共享的訊號,亦即 ρ 的數值較高,參與者就有可能根據訊號互相協調。

可推諉塞責

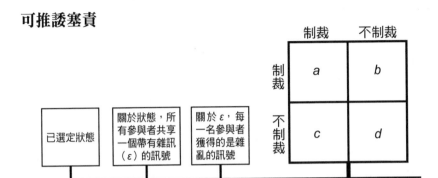

■ 設定

- 首先狀態已經選定，不是 1 就是 0，狀態 1 的發生機率為 μ。

- 參與者獲得狀態訊號，訊號一樣不是 1 就是 0。此外，參與者還會獲得關於偽陽性比率的訊號。

■ 狀態訊號為所有人所共享。

■ 不存在偽陰性的狀態訊號：當狀態為 1，參與者一定會收到訊號 1。

■ 存在偽陽性的訊號，且偽陽性的比率為 ε：當狀態為 0，訊號為 1 的機率為 ε。

■ 參與者不會直接看見 ε，而是知道 ε 遵循某個已知的機率分布 f。且每一名參與者看見一個關於 ε 的訊號，以 ε_i 表示；ε_i 遵循機率分布 g_ε，其中 g_ε 可能與 ε 有關。

■ 有利的策略組合

- 唯有收到訊號 1，且觀察到存在 ε 使 $\varepsilon_i > \bar{\varepsilon}$，參與者才選擇策

略 A。

■ **均衡條件**

- 只要分配 f 和 g 呈「均值回歸」，$\bar{\varepsilon}$ 就會接近平均值 ε，其中 $\bar{\varepsilon}$ 的確切位置取決於 p 和回歸均值的強度。

■ **詮釋**

- 一般而言，僅參與者「非常確定」規範被打破，這點並不足以構成參與者祭出制裁的條件。
- 但當參與者確信規範被打破了，或關於偽陽性的私有資訊不存在（即 $\varepsilon = 0$ 或 ε_i 為共享訊號），參與者有可能祭出制裁。如果 ε 和 ε_i 是兩個離散訊號，參與者也比較有可能根據訊號決定是否祭出制裁。

高階不確定性

■ 情況一：沒有高階訊號

■ 設定

- 首先狀態已經選定，不是 1 就是 0，狀態 1 的發生機率為 μ。
- 參與者 1 知道狀態是什麼。
- 參與者 2 和前面的模型一樣獲得一個關於狀態的訊號。且：
- 不存在偽陽性的狀態訊號：當狀態為 0，參與者 2 一定會收到訊號 0。
- 存在偽陰性的訊號：當狀態為 1，訊號為 1 的機率為 $1 - \varepsilon$，其中 ε 為偽陰性的發生比率。

■ 有利的策略組合

- 唯有狀態為 1，參與者 1 才選擇策略 A。亦即，參與者 1 只要得知違規事件，即祭出制裁。
- 唯有獲得訊號 1，參與者 2 才選擇策略 A。

■ 均衡條件

- $1 - \varepsilon \geq p$。
- $1 - (1 - \mu) \div [(1 - \mu) + \mu\varepsilon] \leq p$。只要違規事件的發生機率 μ 相當小，這個條件就會成立。

■ 情況二：加入高階訊號

■ 設定

- 其他條件都和前面相同，除了關於參與者 2 的訊號，參與者 1 也獲得一個訊號。這個訊號與參與者 2 的訊號類似，即：
  - 不存在偽陽性的狀態訊號：當參與者 2 獲得訊號 0，參與者 1 也會收到訊號 0。
  - 存在偽陰性的訊號：當參與者 2 獲得訊號 1，參與者 1 觀察到訊號 1 的機率為 $1 - \delta$，否則表示參與者 1 觀察到訊號 0。

■ 有利的策略組合

- 關於參與者 2 的訊號，唯有當參與者看到了訊號 1，參與者 1 才選擇策略 A。亦即，參與者 1 只要得知對手知道違規事件，即祭出制裁。
- 唯有獲得訊號 1，參與者 2 才選擇策略 A。

■ 均衡條件

- $1 - \delta \geq p$
- $(1 - \varepsilon) \div [\varepsilon + (1 - \varepsilon)\delta] \leq p$。

■ 詮釋

- 關於對手的訊號，你獲得的是可以觀察的訊號才會有幫助。
- 當參與者獲得的是帶有雜訊的訊號，這個訊號就非常有用。

它很準確，因此當你得知違規事件，可以肯定參與者會知道
發生違規事件，並可以進一步直接根據是否觀察到違規事件
來作選擇。

14

子賽局完全均衡
嚇阻踰矩的行為

我們在第 5 章曾簡短談到，哈特菲爾德與麥考伊家族舉世皆知的夙怨由何而起。1878 年兩個家族才剛解決由一頭母豬及其豬仔所引起的爭端，不到十年問題便惡化成充滿各種「屠殺」與「械鬥」場面，只能以全面開戰來形容。等夙怨終於解開，兩個家族皆已死傷慘重。[1]

剛開始的幾件衝突事件現在經常為人津津樂道，但都不是什麼讓你聯想到會導致屠殺或械鬥的事件。1880 年，母豬爭議事件後整整兩年，兩名麥考伊兄弟與曾為母豬在法庭上指證麥考伊家族的比爾‧史丹頓（Bill Stanton）爆發槍戰。史丹頓被殺身亡，麥考伊兄弟雖然遭到短暫拘留，卻很快被以自衛為由釋放出去。

幾個月後，在兩個家族的氣氛已相當緊張的情況下，一樁情侶幽會事件引發了更多糾紛。約翰斯‧安斯‧哈特菲爾德（Johnse Anse Hatfield）在一場競選活動上認識了蘿絲安娜‧麥考伊（Roseanna McCoy），並成功贏得她的芳心。（顯然，他也這樣追求鎮上每

個女孩。）蘿絲安娜的父親是麥考伊家族的族長蘭德爾・麥考伊
（Randall McCoy），他和蘿絲安娜的兄弟認為約翰斯的舉動嚴重侮
辱了麥考伊家族。當地所有人乃至於哈特菲爾德家的人，似乎都在
這件事情上與他們站在同一陣線。麥考伊兄弟頻頻騷擾約翰斯，有
一次甚至有可能是為了殺他而把人擄走。約翰斯的父親是哈特菲爾
德家族的族長「惡魔安斯」（Devil Anse Hatfield），他派一隊人馬
攔截綁架約翰斯的麥考伊兄弟，並拆散了那對小情侶。也許，惡魔
安斯認為麥考伊兄弟的舉動合乎情理，約翰斯也沒有真的被殺死，
便毫髮無傷地將他們放走。

　　這一些各自獨立的事件究竟如何演變成屠殺和械鬥？有幾個關
鍵時刻，雙方其實都能各退一步，阻止更多血腥衝突，但他們卻沒
有這麼做，造成情勢加劇。

　　第一起發生在 1882 年。惡魔安斯的兄弟艾利森・哈特菲爾德
（Ellison Hatfield）在另一場競選活動上與一名麥考伊兄弟在酒醉後
發生衝突。正好在附近的另外兩名麥考伊兄弟加入鬥毆，他們亮出
刀子，導致艾利森最終喪命。麥考伊兄弟立刻被捕，但惡魔安斯並
未善罷甘休，親自出馬處理此事。他召集一群人，在治安官押解麥
考伊兄弟前往監獄的途中攔截他們，逼迫治安官交人。惡魔安斯要
等確定兄弟有沒有活下來，再決定如何處置。那幾天，他的人將麥
考伊兄弟囚禁在一間廢棄校舍。後來艾利森傷重而亡，惡魔安斯將

麥考伊兄弟綑綁在野生木瓜樹上 *，要求手下對著他們清空步槍的彈匣。

在當時許多人的觀念裡，惡魔安斯的私刑正義是正當行為。再說，當年麥考伊兄弟也並未因殺死比爾・史丹頓而接受應有懲罰。雖然惡魔安斯和手下遭到起訴，執法機關卻並未積極逮人。受託逮捕這幫人的肯塔基執法人員，也不敢隨意跨越州界進入西維吉尼亞州執行任務。惡魔安斯與西維吉尼亞州的州長有政治結盟關係，並曾幫助西維吉尼亞州參議員約翰・佛洛伊德（John B. Floyd）競選，據說某一次曾帶領武裝團體出現在地方選舉場合，「遊說」選民把票投給佛洛伊德。

蘭德爾・麥考伊自然對這個結果不滿，最初似乎試著容忍。好一陣子他都沒有動作，兩家人難得休戰，爾後在 1887 年又開始煙硝四起。雖然原因眾說紛紜，但大部分人認為，情況在哈特菲爾德家族策劃突襲麥考伊家族失敗後急轉直下。哈特菲爾德家族懷疑事跡敗露是因為麥考伊家族的兩名女性通風報信。惡魔安斯的兒子卡普・哈特菲爾德（Cap Hatfield）帶著一夥人闖進她們家，狠狠毆打那兩名麥考伊家族的女性，並以牛尾鞭抽打她們。

蘭德爾顯然因為這起事件改變態度，採取比先前更嚴厲的報復手段。他找來與他關係友好的遠房親戚佩里・克萊恩（Perry Cline），克萊恩認識肯塔基州政界的有力人士，有些人說他覬覦惡

---

* 譯註：pawpaw tree，又稱泡泡樹。

魔安斯的木材資產。克萊恩說服肯塔基州長重新起訴哈特菲爾德，這一次祭出高額賞金給捉到哈特菲爾德家族成員，並將其送至肯塔基州受審的人。你或許猜到，哈特菲爾德家族無意投案。惡魔安斯收到消息後回信：「在此通知，來此將哈特菲爾德家任何一名成員帶走或騷擾他們的人，無論天涯海角，我們都要取你的命。」

哈特菲爾德家族不只發出警告，他們還狠狠回擊。1888 年 1 月 1 日晚上，他們包圍麥考伊家宅，縱火焚燒木屋，並朝著屋內開槍，說白了，這是一場「屠殺」。蘭德爾‧麥考伊僥倖逃生，但他的一個兒子和一個女兒在槍林彈雨中喪生，妻子被狠狠毆打，此後終生殘廢。麥考伊的其他孩子逃了出來，但好幾個人因為沒穿禦寒衣物而被凍傷。

事情演變至此，蘭德爾‧麥考伊才終於退出戰局。他帶著倖存的家人離開當地，遷徙到最近的小鎮定居，永遠不再回來。26 年後，88 歲的他被煮食物的火燒傷後與世長辭，他可真是倒楣透頂。

在此同時，整個 1888 年有一大半，哈特菲爾德家族與賞金獵人和執法者激烈交鋒，連肯塔基和西維吉尼亞的州長都牽扯進來。哈特菲爾德家族數名成員在 8 月「葡萄藤山之戰」（Battle of Grapevine Hill）敗北後，終於遭逮。有趣的是，哈特菲爾德家族成員未被適當引渡，所以案件最後交由最高法院審理。哈特菲爾德家族的幾名主要成員鋃鐺入獄，而麥考伊家族的主要成員已移居外地，關於他們的史料，多半至此打住。不過，兩個家族之間的夙怨並未就此畫下休止符，賞金獵人也還在追捕餘下的哈特菲爾德家族成員，繼續追捕了十年之久。惡魔安斯本人從未被定罪，享壽 81 歲。

　　他們為何這麼做？惡魔安斯為什麼要追捕麥考伊家的男孩，將他們處死？他的兄弟艾利森傷重臥床、性命垂危之際，確實曾請求惡魔安斯替他報仇，但他大可讓執法機關完成自己的分內工作。哈特菲爾德家族成員為什麼要毆打麥考伊家族的女子？他們當然可能料到麥考伊家的人將有所反擊。不過，蘭德爾為何會強烈反擊？他又不是猜不到，如果哈特菲爾德家族的人被賞金獵人追捕，也不可能讓他好過。那哈特菲爾德家族的人又為什麼不收斂一些？他們顯然曉得，當他們在寒冷的 1 月夜晚到麥考伊家宅屠殺他們，就不可能犯下如此暴行還逍遙法外。簡而言之，雙方為何睚皆必報，不能既往不咎？如此一來，好多人的性命，就不會犧牲了！

◆

　　2021 年 4 月 13 日，以色列警方為了不讓喚拜聲打斷以色列總統魯文・李佛林（Reuven Rivlin）在附近的演講，強行闖入耶路撒冷的阿克薩清真寺（Al-Aqsa Mosque），剪斷宣禮塔*擴音器的電線。當時是齋戒月開始第二天，而且才剛發生六個巴勒斯坦家庭被從東耶路撒冷的謝赫賈拉（Sheikh Jarrah）社區驅逐的爭議判決。這起被穆斯林視為侮辱的事件，在阿克薩清真寺和謝赫賈拉社區引發一連串的小規模示威抗議。

---

* 譯註：宣禮塔（minaret）又稱喚拜塔、光塔、邦克樓等，會廣播禮拜讚詞，提醒穆斯林禮拜時間已到，該放下手中工作禮拜。

　　一般而言，這一類的小規模示威抗議最終會自己平息下來，讓一切回歸正常。但這一次，事件並未如此收場，而是如哈特菲爾德和麥考伊家族夙怨一樣持續惡化，演變成近十年來最激烈的衝突。我們很難斷定哪一方在何時挑起惡化的爭端。不過，5 月 7 日發生了一起關鍵事件，當時以色列加大力道，查抄示威人士存放於阿克薩清真寺的石頭堆。假如三週前剪斷宣禮塔擴音器電線都算是一種侮辱，那麼這一次閃光彈和橡膠子彈四處飛舞的查抄更是犯了眾怒。另一起導致情況惡化的關鍵事件，發生在遙遠的加薩。5 月 10 日哈瑪斯加入，站在武器較遜色的示威人士這方發出最後通牒，要求以色列在晚上 6 點以前，從阿克薩清真寺和謝赫賈拉社區撤除警力和軍力，否則後果自負。[2]

　　以色列無視這份警告。

　　時限剛過，沒幾分鐘，哈瑪斯便如警告所言，接二連三對以色列發射飛彈。以色列則以砲火和空襲反擊。接下來數日，以色列夷平加薩數棟公寓大樓，包括美聯社（Associated Press）和國際新聞網半島電視臺（Al Jazeera）的據點。哈瑪斯則以更強烈的攻擊進行報復，發射數以百計的火箭彈，深入以色列本土。最後，雙方終於同意在 5 月 21 日凌晨 2 點鐘停火。那 11 天，加薩的空襲和以色列承受的飛彈攻勢，幾乎不曾間斷。[3]

　　如同哈特菲爾德與麥考伊家族夙怨，我們也可以問：雙方為何要使衝突加劇，不能既往不咎？要是以色列沒有剪斷宣禮塔擴音器的電線，要是抗議活動沒有加劇，要是以色列沒有查抄阿克薩清真寺，要是哈瑪斯沒有發出最後通牒及發射飛彈⋯⋯兩百餘人的性命

就不會斷送。為什麼在這個過程中，每一個階段，雙方就是不能盡釋前嫌？

　　我們可以換個方式提問。這些衝突對雙方來說，都覆水難收。豬隻本可在整個冬季餵飽蘭德爾一家人，因此麥考伊可說是失去了寶貴的資產；阿克薩清真寺擴音器的電線被剪斷，導致宣禮塔無法播送喚拜聲。可是，潑出去的水，就是潑出去了，經濟學家稱這些「覆水」為**沉沒成本**（sunk cost），因為它們無法回收。不論麥考伊或巴勒斯坦的報復是否正當，他們都無法要回自己的豬隻或喚拜聲。既然是難收的覆水，何必心疼惋惜？

　　經濟學家的確會不帶情感徐徐告訴你，最好不要為難收的覆水傷心，別對拋出的沉沒成本久久無法釋懷。你為計畫或事業投入多少沉沒成本並不重要，重要的是未來能回收多少。不論拿刀子還是用飛彈，挑起爭端都不是能使淨現值翻正的好主意。爭執本身代價高昂，而且存在使局勢加劇的風險。既然如此，麥考伊和巴勒斯坦人及其爭執的對象，為什麼不忽略沉沒成本、不理會過去發生的損害，只往前看就好？

　　歐普拉、菲爾醫生（Dr. Phil）等知名人士乃至梅約診所（Mayo Clinic）的健康專家，他們所撰寫的心理勵志文章確實經常如此建議。以下是梅約診所裡的善心人士對這個主題的看法：[4]

　　誰沒有被他人的行動或話語傷害過？對方也許是在你成長過程不斷批評的父母親、破壞計畫的同事、出軌的伴侶。也許你有過創傷經歷，例如曾經被親近的人施以肢體或情緒虐待。

這些傷口有可能使你即使報復對方，仍久久無法擺脫痛苦與憤怒的感受。

但如果你不練習寬恕，要付出高昂代價的人是你自己。原諒對方，你也能獲得平靜、希望、感恩與喜悅。請想一想原諒能如何引領你獲得生理、情緒和心靈上的康樂。

他們甚至說：

放下怨恨和痛苦，你才有提升健康和心靈寧靜的空間。寬恕可幫助你：
● 擁有更健康的人際關係
● 改善心理健康
● 減輕焦慮感、壓力和敵意
● 降低血壓
● 減少憂鬱症狀
● 提升免疫系統
● 加強心臟健康
● 提高自尊

聽起來很不錯。既然如此，為什麼我們還會覺得原諒別人與我們的直覺念頭不符？為什麼我們不將過去的損害視為沉沒成本？為什麼我們不能既往不咎，盡釋前嫌？

◆

　　為了回答這些問題，我們要對重複囚徒困境稍作一些實用修改，引進「重複懲罰賽局」。[5] 這個新賽局有兩名參與者，每一回合，由參與者 1 先決定是否做出踰矩的行為，而我們有時稱不踰越規矩為「合作」。此踰矩行為對參與者 1 有利，對參與者 2 造成損害。接著，由參與者 2 決定是否懲罰參與者 1。每一回合結束後，參與者一如以往，有可能進入下一個一模一樣的賽局回合，或者賽局至此結束。[6]

　　惡魔安斯決定召集人馬綁架麥考伊兄弟時，他和手下將自己置入險境。治安官有可能對他們開槍，麥考伊的人也有可能召集人馬伏擊他們；此外，他們有可能因為處決麥考伊兄弟而被捕。兩個家族的世代恩怨之中，確實有許多事件導致祭出懲罰手段的人反遭逮捕、受傷或殺害。我們要透過模型呈現這點，所以我們假設懲罰成本高昂，不僅被懲罰的參與者要付出代價，懲罰他人的參與者也要付出代價。[7]

　　我們可以從檢視幾項簡單的賽局策略獲得許多資訊。第一種策略是：

● 參與者 1 永不踰矩。
● 參與者 2 永不懲罰。

　　這是符合納許均衡的策略嗎？不是。參與者 1 改變策略，改選踰矩可獲得好處，因為他可以獲得踰矩的利益，又不需要承擔不良

後果。均衡的策略組合必須提供合作的誘因，若你仔細閱讀第 11 章就能了解這點；我們也在那一章看見，缺少懲罰的威脅無法嚇阻踰矩行為來達到均衡。

好，讓我們來加入合作的誘因。以下是有合作誘因的策略：

● 參與者 1 永不踰矩。
● 參與者 2 只懲罰在當前回合踰矩的參與者 1。

現在參與者 2 的懲罰威脅可嚇阻踰矩：只要被懲罰所引起的損害大於踰矩的利益，這個策略組合就是納許均衡。太棒了！

不過先別急著下定論。雖然參與者 1 不會踰矩，但請思考一下，假設參與者 1 真的踰矩會發生什麼事，以藉此確定可達到我們在第 11 章所簡短提及、更嚴格的納許均衡：子賽局完全均衡。回想一下，在子賽局完全均衡中，參與者必須有誘因真的去執行類似「如果你踰矩我就懲罰你」的威脅。

那麼參與者 2 真的會對（假定的）踰矩行為祭出懲罰嗎？嗯……懲罰代價高昂，如果他不祭出懲罰，也不會有不好的後果：下一回合參與者 1 就會重新回到合作。因此答案是，參與者 2 不會祭出懲罰。問題來了。假如參與者 1 推測參與者 2 不會真的祭出懲罰，參與者 1 就會踰矩。

以下是對此問題進行修正後的策略組合。

- 只要先前從未發生「參與者 1 踰矩而未受懲罰」的情況，那麼參與者 1 無論在哪一回合都不會踰矩；相反地，他會選擇踰矩。
- 如果先前從未發生「參與者 1 踰矩而未受懲罰」的情況，則參與者 2 會懲罰該回合踰矩的參與者 1；否則，他不會祭出懲罰。

這項策略組合的關鍵在加入了不懲罰的後果，亦即，參與者 1 會在參與者 2 未懲罰踰矩行為時停止合作。

雖然這項策略中的不良後果以特定形式存在，但其道理可推廣至一般情況：策略組合必須要能促使參與者去利用對手不懲罰來獲得好處。這項額外要求的源頭為子賽局完全均衡，具體而言這是要求實踐威脅的誘因必須存在。第三種策略組合中參與者動機十足，因為若參與者 2 不落實懲罰的威脅，就再也不會見到參與者 1 做出任何合作的行為。

◆

現在我們知道，參與者必須提供讓對手合作的誘因；我們也知道，參與者必須提供讓對手懲罰的誘因，方法是利用對手不懲罰的機會，從中獲益。

加入這項要求的關鍵意義在於：在子賽局完全均衡下，若參與者 2 試圖既往不咎，參與者 1 以後會減少配合，而從參與者 2 獲取

好處。亦即,在子賽局完全均衡中,永遠不可能既往不咎。往事並非沉沒成本,因為昨日的踰矩關乎今日的懲罰;今日未祭出的懲罰,暗示了明日的踰矩應對方式。在重複賽局中,往事有其重要性。不僅如此,在重複賽局中,過往必須要很重要。因為唯有如此,合作方能維繫。

那就是以色列和巴勒斯坦不能不回應踰矩行為的原因。假如巴勒斯坦人不懲罰以色列人剪斷阿克薩清真寺的擴音器電線,以色列會一犯再犯或再做類似行為;在均衡上,必得如此。假如以色列不懲罰哈瑪斯對他們發射飛彈,哈瑪斯會一犯再犯;在均衡上,必得如此。這樣冤冤相報確實糟糕,而且陷入其中並不會帶給雙方什麼好處,但這是最初使雙方維持和平的必要手段。

同樣地,對哈特菲爾德和麥考伊家族而言,如果他們認為自己被冒犯卻不採取懲罰手段,很快就會發生其他壞事。雖然我們永遠無法確定這點,但哈特菲爾德家族 1887 年突襲麥考伊家族的失敗計畫,很可能就是這麼來的。或許麥考伊兄弟被殺,蘭德爾就這樣讓起訴失效(踰矩未受懲罰),令哈特菲爾德家族的人感覺到不剝削麥考伊家族對不起自己。

不懲罰踰矩行為而被對方進一步剝削,有個非常知名又明顯的例子,就是同盟國在第二次世界大戰爆發前對希特勒的姑息政策。人們對第一次世界大戰的恐懼,導致同盟國領袖為了避免暴力加劇和另一次世界大戰,採取了這樣的政策。首先,他們對德國併吞奧地利默不作聲,使希特勒認為可以進一步施行侵略,要求併吞部分捷克斯洛伐克。當英國和法國同樣屈服於這些要求,希特勒對他的

將軍們說：「我們敵人的領袖是扶不起的阿斗。沒有個性、不敢作主、沒有實際行動的人……我們的敵人只是些不重要的貨色。我在慕尼黑見過他們。」[8] 接著，德國揮軍入侵波蘭。

◆

僅僅道歉就夠了嗎？ 我們曾在第 5 章討論，道歉只是單純的話語，卻會改變參與者對均衡抱持的預期，經常形成深遠影響。換言之，如我們在第 13 章所看見，道歉必須明確。

讓我們來檢視道歉在此模型如何運作。假設參與者 1 在選擇是否踰矩後，有機會向對方道歉。現階段我們假設道歉只是幾個字，並無成本。爾後參與者 2 選擇是否如以往懲罰對手。參與者 2 是否會接受參與者 1 的道歉？意思是說，他是否只在參與者 1 踰矩又不道歉時祭出懲罰？

不會。儘管這麼做可讓參與者 2 省去懲罰的成本，對他而言具有吸引力，但有一個問題。由於參與者 1 可從踰矩獲益，因此道歉無法嚇阻參與者 1 踰矩。參與者 1 每次都會選擇踰矩，並告訴你：「哎呀，『真是』抱歉。」除此之外，子賽局完全均衡告訴我們，在均衡上，接受無成本道歉的參與者 2 注定遭受剝削。

但如果道歉要付出成本，例如伴隨金錢補償或某種賠償，那麼只要成本高於踰矩的利益，就能嚇阻踰矩：前提為「參與者 1 預期每一次踰矩都必須負擔成本才能避免受罰」。參與者 2 可以接受這樣的道歉，而且不必擔心將來遭到剝削。

電視影集《黑道家族》（*The Sopranos*）的影迷或許還記得，東尼與卡梅拉夫妻曾因東尼一再明目張膽地出軌而暫時分手（第 5 季）。後來兩人說好見面談，談沒多久卡梅拉便不經意地向東尼提起：「原來克雷斯特維尤有一塊地要出售，一英畝多一點。我在想可以蓋房子自建自售……找我爸合夥。我的生活費就那麼多，不過……」東尼聽懂她的話，答應了這筆交易。

他中途接話：「那塊地多少錢？」

「六十萬美元……」

「嗯，我會打電話給金斯伯格……要他準備頭期款。」東尼說，答應了她的提議。

「然後呢？」

「我會搬回去。」東尼肯定地說，並重申前次談話向卡梅拉保證過的，不會再讓卡梅拉必須處理先生出軌的狀況。這份禮物讓兩人之間和解有望。

所以什麼時候必須讓道歉付出代價？當踰矩的人可以從踰矩獲得好處的時候，例如像東尼這樣可以從對婚姻不忠獲益。請拿這個例子與第 11 章沙斯塔郡牧牛人的例子對照。當牛隻闖入鄰居的草地，沙斯塔郡牧牛人雖然多半會幫忙修補圍籬，但不會賠償鄰居的損失。牧牛人之所以可以這樣做，是因為踰矩行為無法使牧牛人獲得好處。他們反而寧願牛隻待在牛群裡，不要亂跑到鄰居的土地上，以免走失。另一個例子是第 5 章所說的：美國意外殺死巴基斯坦士兵，最終導致希拉蕊道歉的事件，美國並未從殺死友邦士兵獲益。在這些例子裡，道歉不需要伴隨補償，只要清楚明白地道歉，確保過去的

踰矩行為不會開先例就行了。[9]

用決鬥來解決爭執

俾斯麥統一德國六年前，於 1865 年在德國國會大廈，努力說服國會通過他的最新預算案。自由派評論家魯道夫‧凡爾紹（Rudolph Virchow）同時也是科學家與現代病理學之父之一，他尖刻批評了俾斯麥的軍事預算過高，讓俾斯麥深感受辱，向他提出了決鬥要求。

據說，俾斯麥的信差來到凡爾紹家，這位科學家兼政治家正埋首實驗臺。凡爾紹讀完信表示依照慣例由他挑選決鬥武器，他指向放在一旁的兩條香腸，一條滿是旋毛蟲幼蟲，另一條則是無害的香腸。俾斯麥要選擇吃下哪一條香腸，另一條留給凡爾紹吃。俾斯麥明智地拒絕了，畢竟死於旋毛蟲病實在太不像話。[10]

這八成不是真實故事，但令人驚訝的是杜撰的情節可能只有咬一口香腸的部分。兩人的信件往來顯示，俾斯麥向凡爾紹下決鬥戰帖的事並非杜撰，而凡爾紹也拒絕決鬥並公開致歉。事實上，1852 年，俾斯麥曾與人決鬥並活下來；據說 1830 年代，學生時期的他曾參加、發起多場決鬥。

19 世紀後半，決鬥逐漸失去它的地位，但在先前幾個世紀，決鬥是常見的爭議解決手段。在西方，決鬥的做法源自羅馬帝國瓦解後征服西歐的日耳曼部落，在歐洲早期幾個王國成為特定爭議的合法解決手段。維京人也經常用決鬥解決爭端。歐洲中世紀鼎盛時期與文藝復興時期，平民逐漸被禁止進行決鬥，不過貴族和上流社會人士之間仍有決鬥的做法。曾經與人決鬥的知名人士包括曾出任美

國總統的傑克遜與漢米爾頓，其中傑克遜險些身亡，漢米爾頓則丟了性命。1842 年，林肯曾經接受詹姆斯・希爾茲（James Shields）的決鬥戰帖，但雙方在調停下放棄決鬥。兩人後來成為朋友，20 年後，希爾茲在南北戰爭中擔任將軍，受林肯指揮。[11]

儘管決鬥一般而言不會致命，但仍有不小的死亡機率。據估計，1685 年至 1716 年法國的決鬥死亡率約為 4%。[12] 受傷的機率自然也不低，傑克遜總統在決鬥時胸口中彈，這顆子彈跟了他一輩子，引起劇痛。你也許想，死傷機率應該會讓人拒絕決鬥，但是拒絕決鬥通常會馬上被整個群體排擠。一名密西西比國會議員解釋，若是拒絕對方的戰帖，「不論在他個人抑或群體的眼中，他的人生將從此失去價值。」[13]

決鬥絕對是一種奇怪的爭端解決機制。受委屈的人為什麼要和踰矩的人付出一樣沉重的代價！又為什麼有人願意付出這個代價？這套奇怪的機制為什麼會出現並存續許久？

針對第一個問題，讓我們來檢視一下，如果懲罰踰矩者不需要付出成本，會出現什麼狀況？問題在於：不論競爭對手是否踰矩，人們有時候會從傷害對方獲益。雙方有可能在爭奪一塊地、一份工作，或同一名戀愛對象。這類情況會出現反誘因（perverse incentive）：假裝競爭對手踰矩，以懲罰為藉口，迅速解決掉對方，這麼做實在太方便了。威脅提告也許多半可以嚇阻對手做出這樣的行為，但在中世紀初、美國深南地方、拓荒時期的美國西部，在天高皇帝遠的社會威脅提告呢？在這些時期必須要有方法去嚇阻人們進行無後果的懲戒行為。

　　決鬥就有這樣的效果。如果你必須付出和對手一樣的代價，你就不會利用這個手段任意打壓對手。

　　可是，為什麼即使有可能承擔相同後果，人們依然要下決鬥戰帖？這個嘛，是基於本章先前提及的所有理由：即使懲罰要負擔成本（成本為 4% 的死亡率），但由於踰矩者或得知你未認真對待踰矩行為的其他人將在未來繼續踰矩，因此仍然值得祭出懲罰。

　　這是我們對決鬥何以出現及延續所提出的解釋。決鬥可防止任意施展暴力，而且是一種正當的嚇阻手段。

讓幸運女神化身為正義女神

　　哈特菲爾德與麥考伊的夙怨還包括了一起奇特的事件，顯示出正義感另一項令人不解的特色。惡魔安斯處死麥考伊兄弟後不久，他的兒子卡普在聖誕舞會上與某個姓李斯的醫生打起架來，最後身上中彈。有段時間卡普生死未卜，安斯不眠不休地照顧兒子，兒子康復後，其他人問安斯這件事要如何處置，他承認卡普「有錯」，但也表示「如果他殺死我兒子，我會讓他血債血償」。後來證明沒這個必要，惡魔安斯甚至未向李斯醫生表達不滿。

　　幸運生還的年輕卡普與不幸喪生的艾利森，安斯為何對這兩起歸結為運氣的事件感受大不相同？想想看，假如幸運女神像眷顧卡普那樣眷顧艾利森‧哈特菲爾德，就不會衍生出數十載家族恩怨，導致數十人喪生！

　　伯納德‧威廉斯（Bernard Williams）強調運氣在道德直覺中扮演吃重的角色，將此現象稱為「道德運氣」，成為他在學術界公認

的功勞。關於道德運氣，湯瑪斯・內格爾（Thomas Nagel）是這樣說的：[14]

假設某人飲酒過量，開車撞上人行道，如果人行道上正好沒人，他可以算是在道德上很幸運。若人行道上有人，他就要為撞死行人負責，很可能被以殺人罪起訴。但如果他沒傷害到任何人，即使行為一樣魯莽，他所觸犯的法律罪刑就輕上許多，他的自責程度以及受他人指責的程度，當然也輕上許多。

費瑞・庫許曼、安娜・德雷伯（Anna Dreber）、王穎（Ying Wang，音譯）、傑伊・柯斯塔（Jay Costa），在內格爾的思想實驗啟發之下，設計出以下簡單的實驗室實驗，說明道德運氣深植於我們的道德直覺。[15] 受試者兩兩一組，其中一人領到 10 美元。之後領到 10 美元的受試者要從三顆骰子中選一顆投擲，以決定這 10 美元如何分配給自己和另一名受試者。參與者 1 負責選骰子，這三顆骰子呈現不同的慷慨程度：第一顆有三分之一的機率由參與者 2 拿走全部的錢，第二顆是公平的骰子，第三顆有三分之二的機率由參與者 2 拿走全部的錢。參與者 1 選擇後，骰子被擲出。接下來，由參與者 2 決定要獎勵或懲罰參與者 1，而獎勵或懲罰的金額最高都是 9 美元。

參與者 1 能掌控的只有選擇哪一顆骰子，選擇後就是幸運女神的事情了。儘管如此，庫許曼及共同作者發現，受試者不僅依據參與者 1 的選擇，也會依據擲骰結果的運氣成分，來決定要獎勵或懲罰參與者 1。事實上他們發現，鮮少受試者依據搭檔選擇的骰子來作

決定，大部分的人都以擲骰結果來決定獎懲。真是不可置信！

　　我們要加入前一章學到的高階信念，來解釋這個現象。讓我們詳細解釋高階信念在此脈絡的重要性：假設你是參與者 2，並問問自己，如果你認為參與者 1 作出踰矩行為，但他並不認為自己踰矩，你會懲罰他嗎？不會。如果你懲罰他，你不僅要負擔懲罰的成本，還無法維持未來的合作關係。因為參與者 1 會認為你在不當時機祭出懲罰。但如果你不懲罰，參與者 1 難道不會剝削你嗎？不會！因為參與者 1 不認為發生了踰矩事件。另一項重點在於，情況顛倒過來也成立：即便你認為對方未做踰矩的事，一如安斯認為挑起爭端的人是自己的兒子，你也不會希望在參與者 1 認定發生踰矩的情況下，被認為未能嚇阻踰矩。那樣會有被剝削的風險！

　　我們只需要回顧前一章的重要訊息就能解釋，為什麼決定是否祭出懲罰時，除了意圖，人們和惡魔安斯一樣也會考量結果。這個關鍵訊息是：比起意圖，結果更容易被眾人知曉。李斯醫生傷害卡普是出於惡意還是自我防衛？這點也許難以確認。但卡普是否死亡，不難確認。

必須貫徹到底的正義感

　　巴塔哥尼亞海岸 483 公里外的福克蘭群島是英國在太平洋上的一小塊領土。島上 3,398 人多為英國後裔，主要以觀光業、羊毛業及漁業為生。20 世紀初，福克蘭群島是英國皇家海軍掌控南太平洋的軍事基地，並為英國的紡織業提供寶貴的羊毛，具有戰略及經濟價值。然而，第二次世界大戰結束後羊毛價格暴跌，英國發現治理福

克蘭群島之成本高於價值。

　　與此同時，阿根廷堅稱福克蘭屬於阿根廷。你或許還記得第 5 章提及，阿根廷一路往前追溯至 1816 年，西班牙將放棄的殖民地統治權交予阿根廷。英國逐步傾向將福克蘭群島移交阿根廷，1960 年代中期他們開始與阿根廷協商這件事。消息傳開後，希望繼續隸屬英國的福克蘭群島島民透過遊說成功中止協商。1980 年代初始終關注非必要開支的英國首相柴契爾重啟協商，這一次同樣以失敗告終。

　　接著，1982 年 4 月 2 日，阿根廷入侵島上最大市鎮「史丹利港」（Port Stanley），柴契爾派出皇家海軍予以回應。根據官方說法，那只是一支特遣部隊，不過這支特遣部隊編制包括航空母艦、核子潛水艇、驅逐艦、巡防艦，顯然並非派去調查海鳥遷徙的部隊。接下來兩個半月，英國為奪回福克蘭群島投入 11 億 9 千萬美元，犧牲了 255 名英國人的性命。諷刺的是，他們其實並非真的想要留下福克蘭群島。從那時起，英國就陷入了福克蘭群島的爭端。

　　既然英國並不重視福克蘭群島，為什麼還要發動代價高昂的戰爭，去捍衛福克蘭領土的主權？換言之，為什麼要付出成本小題大作，只為了懲罰微不足道的踰矩行為？

　　1968 年北韓也做過同樣令人不解的舉動。當時，北韓對美國拒絕修剪非軍事區裡一棵擋住重要視野的樹而大為光火，隨之發動攻擊，並以斧頭殺死兩名美國士兵。[16] 莎士比亞迷則會想到，《羅密

歐與茱麗葉》開頭僅僅 13 行，就從「先生，你對著我們咬拇指嗎？」*
發展至第一次掏劍，再多幾行，演變成凱普萊特與蒙塔古家族間激
烈的混戰。如果你特別留意，會注意到在哈特菲爾德與麥考伊的真
實家族夙怨中，即使稍微受辱，雙方家族都會立刻拿出匕首和手槍
反擊，擔冒在打鬥或槍戰中失去生命的風險。

　　這些事件的關鍵共通點在於，牽涉其中的國家或人物願意付出
可觀成本去懲罰踰矩行為，連一絲踰矩都不放過。為什麼要為不想
要的島嶼或根本不在你土地上的一棵蠢樹開戰？為什麼要為了「我
咬自己的拇指？」這樣一句侮辱的話冒生命危險？太瘋狂了！

　　你也許直覺猜想答案與先例有關，亦即，當輕微的踰矩未受懲
罰，會替更嚴重、影響更深遠的踰矩行為開了先例。沒錯，但這樣
並未回答為什麼輕微的踰矩會開出先例。為什麼我們不是預期人們
會對小事睜一隻眼閉一隻眼，只對較嚴重的踰矩行為祭出重罰？

　　我們認為回答問題的關鍵，同樣落在將前幾章獲得的見解納入
現有的架構。這一次的關鍵見解來自第 13 章：在高階信念發揮關鍵
作用的場合中，我們很難以連續變項（例如踰矩的程度）做為懲罰
依據。這意味著即便踰矩行為的嚴重程度存在極大落差，爭執的雙
方也只能將本質接近的踰矩視作相同行為，對輕微踰矩祭出與嚴重
踰矩相同的懲罰。

　　正義感對連續變項不靈敏，還有另一個例子。在《星艦迷航記》

---

* 譯註：將拇指放在上排牙齒再向外彈出，在伊莉莎白時代的英國和現今某些國家，
　這是一種用於侮辱或挑釁對方的舉動。

（*Star Trek*）〈正義〉（Justice）這一集裡，企業號發現一個宛如烏托邦的星球，住著「注重整潔、非常守法，隨時隨地都能立刻做愛」的居民「伊多人」。畢凱艦長派一組船員探訪這個全新的星球時，船員們馬上就遇到麻煩。一名船員在與當地人嬉戲時失足跌倒，壓壞一區新種植的花圃。壓壞花朵是受禁止的行為，兩名稱為「調解者」的執法人員立刻現身。大家萬萬沒想到，畢凱艦長的新船員竟然要被判處死刑。原來伊多人的執法方式非常獨特，調解者每天被派至一個只有調解者知道的地區，其他居民都不會曉得是哪一區。任何在懲罰區觸犯法律的人，不論犯行多麼輕微，都必須處以死刑。沒有人希望送死，所以沒有人犯法。這套體系不需要勞師動眾即成功嚇阻犯行。伊多人對自己的體系相當自豪，但畢凱艦長的船員嚇壞了（觀眾或許也是）。伊多人為何能如此正面看待將犯小罪的人處以死刑？

　　事實上，伊多人的正義體系非常合理，原因如下：想要嚇阻踰矩，我們必須考量踰矩帶給行動者的好處，以及行動者被抓到的可能性。若偷竊鑽石的人只需要歸還鑽石，你無法嚇阻偷竊鑽石的行為。被人抓到，小偷會回到原點；沒被人抓到，小偷就發財了。既然如此，何不一試？為了成功嚇阻偷竊行徑，我們必須讓懲罰大於犯罪利得，大到即使小偷有機會逍遙法外，也不會想要冒險嘗試。要多大的懲罰呢？取決於被捉到的機率有多高。機率愈低，懲罰就要愈大，這也是蓋瑞・貝克（Gary Becker）1968 年在論文〈從經濟學觀點看犯罪與懲罰〉（Crime and Punishment: An Economic Approach）所提出的一項主張。

　　貝克的論述不止於此。他還表示，捉到小偷所要消耗的資源不少：警方要出動大批警力，派出聰明的警探，而且警察和警探需要開得快的車、火力強大的槍械、監控設備、DNA 檢測設備以及其他執法工具。貝克建議，與其這麼做，不如加重懲罰。如此一來既可降低執法成本，又不破壞執法成效。伊多人在烏托邦星球上正是採行這樣一套巧妙的執法系統。

　　貝克的構想不僅深刻影響伊多星球，也影響地球。1976 年至 1999 年間，美國曼尼經濟學院（Manne Economics Institute）近半數聯邦法官接受過這樣的思想教育。艾洛特・艾許（Elliott Ash）、丹尼爾・陳（Daniel Chen）、蘇雷希・奈杜（Suresh Naidu）在一篇論文討論這些訓練的影響，指出受訓法官的判刑強度增加 10% 至 20%，連不曾參加曼尼經濟學院工作坊的法官，只要與受訓法官一起出庭審理案件，都連帶受到影響。[17]

　　然而，不管貝克的解決辦法有多巧妙，對大部分的人來說，這樣感覺不對。尤其是像我們透過《星艦迷航記》其中一集特別強調的例子，對捉到機率低的小罪處以重罰，實在有違常情。大部分的人會認為懲罰與罪行不成比例。當你理解直覺式的正義感無法對連續變項（如被捉機率）敏感反應，你才不會覺得對小罪處以重罰的直觀想法很奇怪。

　　正義感具有許多古怪的特質，例如道德運氣，以及對踰矩程度和被捉機率不敏感，有些人將此視為證據，認為這些古怪特質證明了發揮正義感的目的不在於嚇阻踰矩行為。畢竟，如果你想嚇阻踰矩，你會以人們實際掌控的事物做為懲罰依據，例如他們選擇哪顆

骰子、是否酒駕，或是否開槍射殺你的兒子；你也會考量對方被捉到的機率來決定祭出何種懲罰。除此之外，你不需要像英國進攻福克蘭群島時那樣小題大作。

　　儘管如此，我們的解讀是：或許理想中的正義感能不看運氣成分，也能考量被捉機率和踰矩程度，但正義感受限於高階信念，無法真正實現這兩點。那並不表示發揮正義感的目的不在嚇阻踰矩，只不過我們必須同時解釋高階信念的奇特影響。

◆

　　我們認為，由簡單闡述雙人互動中懲罰如何運作的「重複懲罰賽局」模型可知，子賽局完全均衡可清楚解釋正義感的這幾項古怪特質。

　　談論賽局理論的章節，就寫到這裡為止。

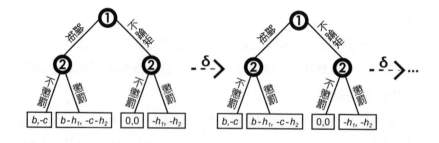

■ 設定

● 有兩名參與者，他們在每一回合參加懲罰賽局，繼續參與下

一回合的機率為 δ。否則賽局結束。

● 在懲罰賽局中，由參與者 1 先選擇是否踰矩，接著參與者 2
選擇是否祭出懲罰。踰矩將使參與者 1 獲得 $b > 0$ 的利益，
並使參與者 2 付出 $c > 0$ 的成本；懲罰將使參與者 2 付出 h_2
> 0 的成本，使參與者 1 蒙受 $h_1 > 0$ 的損害。

在這個模型中，參與者可看見過去每一回合的交手狀況。

■ 有利的策略組合

● 非納許策略：在每一回合裡，參與者 1 不踰矩，參與者 2 不
懲罰。

● 納許策略：在每一回合裡，參與者 1 不踰矩，參與者 2 只在
參與者 1 踰矩的當回合祭出懲罰。

● 子賽局完全策略：

■ 只要改變策略永遠不會不受罰，參與者 1 就不做踰矩行
為；否則參與者 1 踰矩。

■ 參與者 2 在參與者 1 踰矩的當回合祭出懲罰，且沒有踰
矩行為不受懲罰；否則，參與者 2 不會祭出懲罰。

■ 均衡條件

● 只要參與者 1 受懲罰的損害大於踰矩的利益（即 $h_1 \geq b$），
「納許」策略組合即為納許均衡，但這並非子賽局完全納許
均衡。

● 只要 $h_1 \geq b$，且相較於未來踰矩行為引發的成本，此時祭出

懲罰的成本不會過高，即 $h_2 \leq \delta c \div (1 - \delta)$，「子賽局完全」
策略即為子賽局完全納許均衡。

■ 詮釋

● 如第 10 章的重複囚徒困境，在均衡點上，面臨懲罰的威脅
可嚇阻踰矩行為。

● 然而，策略要達到子賽局完全均衡，必須給予懲罰的誘因。
例如，在「子賽局完全」策略裡，若參與者 2 讓踰矩行為不
受罰，選擇既往不咎，則參與者 1 會假定參與者 2 未來不會
祭出懲罰，並在未來做更多踰矩行為「占對方的便宜」。

15

聚焦主要獎勵是
解謎的關鍵

　　讀到這裡，你應該掌握這本書的要訣了：提出一、兩個或兩、三個謎題，建構可捕捉隱藏獎勵運作的抽象賽局理論模型，再解讀模型，並按照這些步驟重複數次，賽局理論將在權利、美學、道德、利他、操弄資訊等五花八門的領域，為你解答一大堆令人眼花撩亂的謎題。

　　賽局理論已證明是這趟旅程不可或缺的工具。以昂貴的訊號為例，你知道嗎？理查・道金斯・（Richard Dawkins）在《自私的基因》（The Selfish Gene）第一版，其實公開反對以昂貴訊號解釋浮誇的長尾巴。我們可以諒解他為什麼這麼做。說到底，長尾巴會讓狐狸更容易吃掉你，這種適得其反的事怎麼會增添吸引力呢？真是胡說八道！可是，納許均衡告訴我們，只要對於適應度比較差、比較不富裕、比較不聰明或人脈較差的那類參與者來說，這麼做所浪費的資源更是一種嚴重的浪費，那麼生物就會如此演化。納許均衡告訴我

們，這種浪費事實上是寶貴的資訊，而且將資源浪費掉的傢伙最終可獲得報償。

重複囚徒困境又是如何呢？你知道達爾文也曾經思考過這個問題，卻沒有想出答案嗎？代價高昂的合作為何實際上能替合作者帶來利益？這個嘛，納許均衡說明方式之一在於懲罰不合作的人。此外，子賽局完全策略告訴我們，還必須懲罰未於適當時機祭出懲罰的人。我們從這裡一窺關於「可觀察性」、「預期」、「高階信念」、「絕對規範」的許多有趣含意。

不過，幫助我們拆解是哪些誘因發揮作用的不只有納許均衡。我們也要確定焦點放在「正確的」誘因上，亦即我們所說的「主要獎勵」。在昂貴訊號那一章，焦點不能放在欣賞馬賽克藝術、穿戴高級服飾或飲用高級波爾多酒帶來的愉悅感，而是要放在被接受為伴侶、戀愛對象、朋友、商業夥伴等的主要獎勵。在利他那一章，焦點不能放在人們口中在乎的事物（「我只是想做好事！」）或他們從做好事得到的暖洋洋感受；唯有聚焦於做好事帶來的社會報償，才能以賽局理論加以分析。是的，賽局理論很有用，但它不會單獨作用，而是要聚焦於主要獎勵，與主要獎勵一同發揮作用。

我們想要向你傳達的訊息是，聚焦於主要獎勵的做法價值非凡。為了凸顯這點，最後，我們終於要回歸到先前提出的第一道謎：熱情。不過這一次，不加入賽局理論分析，純粹說明主要獎勵的作用。

◆

我們以熱情為本書起頭，問道：人們為何對某些事物（例如西洋棋或小提琴）抱有極高的熱情？為什麼某些人熱愛特定的事物？

解開這個問題可幫助我們理解熱情具備的功能。我們認為答案是：熱情的存在是為了鼓勵我們投入資源，培養日後可能斬獲物質與社會利益的技能與專業。費雪、拉馬努金、帕爾曼受世人尊敬、享譽盛名，留下許多傳世之作。除此之外，帕爾曼和費雪也累積不少財富，帕爾曼甚至透過音樂結識太太。至於雷德基還很年輕，但她大學畢業時已家喻戶曉，身價估計高達四百萬美元。[1]

但要解釋為什麼不是每個人對所有事都充滿熱情，我們需要考量投注熱情的成本。成本是什麼？

我們推測，成本是熱情會消耗時間。費雪、拉馬努金、帕爾曼醒著的時間多半在專心下西洋棋、算數學或拉小提琴。雷德基在學生時代，每週花 15 至 20 小時待在泳池，花在健身房的時間更多，而這些是可以用於做其他事情的寶貴時間，像是多修一些課、多參加一些派對，或加入一兩個學生社團等。費雪可以用這些時間寫作業或學習社交；拉馬努金也許可以陪陪妻小，或關心自己正在衰退的健康；帕爾曼在練琴室一遍又一遍拉相同的音階和段落的時候，聽得見窗外其他小朋友玩耍的聲音，他大可在街上和他們一起玩耍……。

那就是取捨：熱情要花時間，但可以使你獲得尊重、名聲、傳世之作、戀愛機會等豐厚的回報，有時甚至是財富。

　　請注意，這裡的取捨並未考量培養熱情的「心理」成本與好處，例如，懷抱熱情感受有多棒。讀到這裡你已經曉得，那些是我們所要解釋的「近似體驗」。因此我們的解釋只會考量指引我們在學習過程找出有趣、愉快或具意義的事物的成本與利益，例如逝去的時間、名氣或獲得的資源。這些是會影響學習過程的事物，而它們才是主要獎勵。

　　你或許記得，我們區分哪些是心理的成本與好處（我們也許會有意識地體驗的成本與好處），哪些成本與好處指引我們學習去喜歡和感受某些事物，進而談到了「主要獎勵」。我們認為這類成本與好處，有助於理解熱情如何運作。

　　讓我們再多談一談熱情，好說明從主要獎勵為出發點思考有哪些好處。目前為止，我們平鋪直敘地描述熱情，至少都是事後描述，但這些描述確實隱含某些預測，包括以下四點：

　　第一，你不會培養不具社會價值的熱情。投入傳說的一萬個小時卻沒人在乎是沒有用的。費雪是否可能像下西洋棋一樣成為厲害的圍棋大師、帕爾曼是否可能像拉小提琴一樣成為厲害的直笛大師？很有可能，但圍棋在 1950 年代的紐約不像西洋棋那般受重視，直笛的地位也比不上小提琴。不論費雪與帕爾曼在圍棋和直笛上投注多少時間，都無法獲得西洋棋和小提琴為他們帶來的同等尊敬、名聲和傳世寶藏。

　　第二點預測是，你是否培養某一種興趣，不只取決於你有多擅長那件事，也取決於你多麼不擅長其他事。例如，帕爾曼強調自己的殘疾對培養拉小提琴的熱情非常重要。他開玩笑說，小時候父母

很鼓勵他練小提琴，他們也許在心裡暗想：「聽著，你很有才華，要好好運用，因為你無法成為一名網球選手。」[2] 帕爾曼無法打網球，當然比較不可能培養打網球的熱情。將時間全部花在練小提琴上的成本降低，或許也是讓他對小提琴熱情更高的原因。

第三點預測：當「超級巨星經濟學」（economics of superstars）發揮作用，[3] 熱情亦有其作用。世界上有一些活動與職業，超級巨星比一般人更受景仰、賺入更豐厚的財富。在律師界，僅少數律師可成為公司合夥人，比其他律師更加成功。在體壇，僅數百名運動員進入 NBA 或英超這類頂級聯賽、名利雙收，其他選手的薪資則相對微薄，且名不見經傳。在藝壇，故事也一樣：極少數像帕爾曼這樣的人物功成名就，其他人則挨餓過日子。當只有區區少數人可獲得獎勵，你就必須投入大量時間才能成功，若要加入這場戰局，最好全力以赴。熱情與這樣的設定非常相符：當你培養出對某樣事物的熱情，就會投入必要的時間；若你對某樣事物不具熱情，就不會投入那些時間。

最後，第四點預測是：當你有相當高的機會成為佼佼者，你才比較有可能培養熱情。對年輕時的喬丹或「詹皇」詹姆斯來說，對籃球的熱情有一天可能會獲得回報。而對我們這一些不爬上流理臺就摸不到廚房層架頂層的人來說呢？毫無機會。即使我們小時候很喜歡打籃球，對籃球的熱情也很可能已經被對閱讀或幾何證明的愛好取代了。喬丹、詹姆斯、費雪、拉馬努金、帕爾曼、雷德基、拜爾斯都是才華洋溢的人物，雖然我們無法說明他們的才華由何而來，但我們可以告訴你，天賦較高的人（有機會成為超級巨星的人）更

有可能培養出對事物的熱情。

◆

　　當我們將某個現象背後的主要獎勵逆推回來，許多原本難以解釋的細節也就說得通了。這樣的簡約性甚至使我們對於解釋更具信心。關於熱情，有一系列社會心理學現象似乎能套用在我們對熱情提出的解釋，而且辨識出熱情的功用也對理解這些現象有所助益。

　　舉例而言，奧許維茲集中營倖存者維克多・弗蘭克（Viktor Frankl）在《活出意義來》（*Man's Search for Meaning*）指出，在集中營裡逝去與生還，區別在於意義感：倖存下來的是那些不屈服的人。後來他開始輔導人們尋找生命的意義，創立以意義療法（logotherapy）為主的治療學派。可是是什麼賦予我們意義感？還有，為什麼不能從正在從事的活動獲得意義就好？

　　我們提供一個粗略的答案：人會從受社會認可的事物獲得意義感。弗蘭克的意義感來自於在腦海中擘劃離開奧許維茲要出書、陪伴家人，以及最終為他人提供關於尋找生命意義的心理輔導。這些確實都可能使他獲得社會認可。弗蘭克的意義並非來自乞求來的幾口食物；食物本身即是獎勵，並不帶來任何更進階的社會獎勵。同樣地，我們不會從享用一塊巧克力或完成家庭雜務獲得意義，雖然這些事可帶來獎勵，但不是社會獎勵，我們不需要意義感去驅使我們從事這類活動。

　　接下來我們要聚焦於稱為「恆毅力」的現象：研究人員表示，

這是人們堅持追求長期目標的決心。根據安琪拉‧達克沃斯（Angela Duckworth）的記錄，恆毅力可在各式各樣的情境下預測某人是否成功，包括小學、長春藤大學盟校、西點軍校，甚至是全美拼字大賽（National Spelling Bee）。[4] 我們要提出與熱情和意義相同的問題：為什麼有些人比其他人更有恆毅力？為什麼恆毅力難以培養？

　　我們提供一個粗略的答案：恆毅力如同熱情，需要投入時間與資源，而這些時間與資源有其他用途。恆毅力對需要花時間學習的技能非常有用，例如小學、長春藤大學盟校或西點軍校學生必須精通的能力；恆毅力也可能在拼字大賽、奧運泳池等超級巨星獨攬光環的場合發揮助益。某個孩童或青春期孩子是否會培養出恆毅力？視情況而定。他們大放異彩的機率多高？答案如我們討論，機率取決於他們的才能，但也關乎他們能否持續投入。假如他們在高中時期就需要工作謀生，這類事情可能會阻礙他們持續投入。那麼如果他們真的表現優異，是否可以獲得獎勵？我們已經了解這取決於社會重視什麼。除此之外也取決於他們是否獲得適當的機遇，允許他們在面試中一展長才的社會網絡、讓他們準備好參加面試的必要支持、可讓他們前往面試的條件等。在那之後，還有他們多麼擅長其他事物的問題。如果他們真的能持之以恆專心念書是一件好事，但如果堅持念書讓他們與體育獎學金失之交臂，或導致原本健康活絡的社交圈被破壞，就沒那麼好了。這些因素可幫助我們了解為什麼恆毅力並非唾手可得，甚至於理解，在我們指出希望孩子更有恆毅力之前，為什麼應該要更關心孩子的個別情況。

　　接下來要說的是愛德華‧德西（Edward Deci）的系列經典研究。

德西證明，人們的工作動機經常會因為領薪水而被削弱，這個現象稱為「排擠內在動機」。在德西最知名的實驗中，受試者被要求解開一個相當有趣的謎題。接著實驗人員藉故離開，將受試者獨自留在現場幾分鐘，觀察已經不必繼續解謎的情況下，受試者是否會繼續嘗試。受試者被分成兩組：在對照組，受試者領了一筆出席費，而在實驗組，受試者除了領取出席費，解開謎題後，還可多領1美元。德西發現，領解謎費的受試者在實驗看似結束時，比較不會繼續嘗試解謎；德西也在以學生報紙進行的現場實驗中重現了一樣的結果。他發現，停薪兩個月後，支薪的工作人員撰寫標題的動機仍然低於未支薪的學報工作人員。[5] 爾後其他研究人員也在學齡前兒童、高中生，以及嘗試減重、戒菸或要嘗試記住繫安全帶的成人身上，重現了一樣的結果。為什麼金錢誘因會對人們的內在動機造成違反直覺的效果？

羅蘭·貝納布（Roland Bénabou）與尚·狄侯勒（Jean Tirole）對這個現象提出的解釋，與我們對熱情的粗略解釋相符。[6] 假如某人必須付錢給你，讓你做某件事情，那是一個很有用的訊號，表示對你而言這件事無法獲得社會獎勵，要有金錢報償才值得。如果社會獎勵足以促使你做這件事，根本不需要付錢，你也願意去做！因此，你最好不要開始（或持續）發自內心去做這件事，以免你在金錢報償中斷後還想繼續。

類似解釋亦可套用至內在動機與回饋。2000 年代初，一群聰明的研究人員著手證實了一件公認的事實：感覺工作未獲適當肯定會使人們失去動力。他們在實驗中要求受試者完成有些乏味的任務，

例如：去數一串亂排的字母當中兩個「s」連續出現的次數，或用樂高積木拼出動作人偶「生化戰士」（Bionicles），並依照完成的頁數或拼出的人偶數支付相同酬金，但以不同方式表揚或否定受試者的成果。他們會仔細批閱某些受試者的答案卷，或以顯眼的方式並排展示拼好的生化戰士，表揚一番，對其他受試者的成果則是視而不見，甚至一收到受試者的答案卷或生化戰士人偶，就把它們碎掉或拆掉。他們同樣發現，即使受試者領得一樣的報酬，獲得肯定的受試者比成果被忽視的受試者堅持得更久，大約多延續了 50% 的時間，而成品被破壞的受試者，相較之下很快就放棄了。

　　為什麼認可對我們的動機影響如此深遠？原因就在於這類回饋是實用的訊號。它告訴我們，當我們抱持內在動機時，是否能夠獲得足夠的社會獎勵。

　　接下來要討論稱為「心流」的心理現象。心理學家用「心流」來描述人們完全沉浸在某件事情、失去時間感、忘卻周圍環境的心理狀態。1970 年代中期，心理學家米哈里・契克森米哈伊（Mihály Csíkszentmihályi）發明這個詞彙時，目的是希望了解如何幫助人們在職場培養「心流」，使他們能更樂在工作和提高生產力。契克森米哈伊發現，心流的創造仰賴三項關鍵條件：目標明確、回饋直接、機會與能力取得平衡，也就是說，任務要困難到具有挑戰性，又不能困難到讓嘗試執行的人能力不足以達成。我們為什麼會在這些條件，而且也只在這些條件下，才能體驗心流？

　　當你處在這個狀態時，你不會再考慮其他活動選項，那一些是無聊時做的事；而且處在這個狀態令人愉快，而愉悅感很可能促使

你進入並停留於此。接受挑戰並成功，正好為獲取人力資本提供了理想環境，因此當那三項條件滿足時，我們會感覺到心流，非常合情合理。

最後，這些關於培養恆毅力、心流和內在動機的主張，與一系列對「習得無助」（learned helplessness）的經典研究相呼應。1960年代晚期，心理學家馬汀・塞利格曼（Martin Seligman）以犬隻為對象，進行包括一連串隨機電擊的殘酷實驗。[7]他在痛苦的犬隻前方放一支控制桿，實驗犬隻嘗試按壓控制桿，希望不要再被電擊，卻徒勞無功。最後，犬隻趴了下來，只會在被電擊時無助地低吠。

一段時間後塞利格曼開始進行新的實驗，他一樣對可憐的犬隻施以電擊，只不過這一次，如果犬隻按壓控制桿，電擊就會停止。他讓先前參與過實驗的犬隻和新找來、未進行過實驗的犬隻一起參加新實驗。如果你用心讀完第 2 章應該會猜，犬隻很快就學會按壓控制桿，讓電擊停止。情況確實如此，但只發生在新加入的犬隻身上。參加塞利格曼舊實驗的犬隻一樣趴下來無助地低吠，甚至完全不去嘗試用控制桿讓電擊停止。

這類習得無助感乍看之下是一種反效果的行為，但事實上相當合理。塞利格曼的犬隻接收了大量表示努力無效的回饋，與生化戰士人偶被當面拆掉的受試者並無不同，牠們失去了行動的動力。

塞利格曼的犬隻實驗也被複製到老鼠之類的其他動物身上。這些實驗同樣解釋了出身弱勢的人在面臨難能可貴的機會時，為什麼不會如我們所預期地產生把握機會的動力。這種情況若個別來看，一樣似乎會適得其反，但整體而言卻符合先前提及的概念：人們會

在有可能成功的情況下產生內在動機、恆毅力、熱情等，而在成功
機率不高的情況下則會失去這些特質。

◆

　　我們喜歡以這個方式分析熱情，因為見微即可知著：只需要從
主要獎勵去評估成本與效益。這是很直接的分析方式。培養技能可
以獲得各種獎勵，但要同時評估培養技能所要消耗的時間、注意力、
金錢成本。過程中會碰到一些基本經濟學原理，像是比較利益法則、
超級巨星經濟學，以及人力資本投資理論，但這些原理並不困難，
甚至不那麼關鍵。

　　關鍵在於清楚區分成本與效益，要確定計算系統無誤，所考量
的是主要獎勵，而非其他事物，例如手邊事務使人心情愉快、感覺
有意義或無趣。

　　我們分析熱情只是為了舉例說明一項普遍適用的觀點。本書焦
點放在賽局理論，這是分析主要獎勵的強大工具。這項工具已經解
開許多神祕的謎，還有更多其他謎題也可以運用賽局理論解釋，還
有許多是我們未談到，或尚未發明的賽局，但那隱而不現的主要獎
勵計算系統極其強大，只需要將焦點放在這裡，就能解開更多謎題。

致　謝

　　感謝貝瑟妮・布魯姆詳讀每一章，感謝伊萊・克萊默（Eli Kramer）為我們的論述詳細查核有關事實，並感謝安德魯・費德希恩（Andrew Ferdowsian）為我們校閱數據與傳聞事件。若仍有錯誤，責任都在於我們。謝謝亞當・貝爾（Adam Bear）、丹・貝克（Dan Becker）、羅伯特・博伊德、布拉德・雷維克（Brad Leveck）、安迪・麥卡菲（Andy McAfee）、派翠克・麥卡瓦納（Patrick McAlvanah）、海倫娜・麥頓（Helena Miton）、克莉絲緹娜・莫亞（Cristina Moya）、麥可・穆圖克里希納、萊諾・佩吉（Lionel Page）、凱爾・湯瑪斯（Kyle Thomas）、強納森・舒瓦茲（Jonathan Schulz）、亨利・陶斯納（Henry Towsner）、丹・威廉斯（Dan Williams）在初稿階段提供意見。此外，我們也要感謝克里斯汀・希爾比（Christian Hilbe）、馬汀・諾瓦克（Martin Nowak）、山迪・潘特蘭（Sandy Pentland）、戴夫・蘭德（Dave Rand）為出書計畫提供指導與財務上的支持。最後，感謝這幾年來協助我們建構概念、砥礪我們不斷修正論點的許多學生、同事、家人、朋友。

注 釋

■ 第 1 章：為什麼詹皇愛打球，畢卡索愛畫圖？

1. Rhein, John von. "'Itzhak' an Intimate Film Portrait of Violinist Perlman." *Chicago Tribune*, 3 Apr. 2018, www.chicagotribune.com/entertainment/ct-ent-classical-itzhak-0404-story.html.

2. "Pablo Picasso." *Encyclopedia Britannica*, www.britannica.com/biography/Pablo-Picasso. 存取日期 2021 年 8 月 9 日；以及 "15 Pablo Picasso Fun Facts." Pablo Picasso: Paintings, Quotes, & Biography, www.pablopicasso.org/picasso-facts.jsp. 存取日期 2021 年 8 月 9 日。

3. "GiveWell's Cost-Effectiveness Analyses." GiveWell, www.givewell.org/how-we-work/our-criteria/cost-effectiveness/cost-effectiveness-models. 存取日期 2021 年 8 月 9 日。

4. Boyle, Kevin J., et al. "An Investigation of Part-Whole Biases in Contingent-Valuation Studies." *Journal of Environmental Economics and Management*, vol. 27, no. 1, 1994, pp. 64–83, doi:10.1006/jeem.1994.1026.

5. 如果你不熟悉此處的資料，我們推薦閱讀康納曼與塞勒的著作，以及丹·艾瑞利的著作。

6. 如果你不熟悉此處的論點，入門好書包括：理查·道金斯的 *The Selfish Gene* (Oxford, UK: Oxford University Press, 1976)（中文版《自私的基因》，天下文化，2020 年）以及 Steven Pinker 的 *How the Mind Works* (New York: W. W. Norton, 1997)（中文版《心智探奇》，臺灣商務，2006 年）。關於演化如何塑造我們的偏好，及其對政策的相關影響，更多更有趣的例子可參見 Robert H. Frank 的著作。

■ 第 2 章：學習，如何成為人類的最強技能？

1. 影片連結：www.youtube.com/watch?v=TtfQlkGwE2U。

2. 增強式學習比我們在這一章所提及的更加複雜。尤其是，增強式學習運用許多透過演化預先存在的知識。我們會進行組織並有效率地運用資

料，只收集與運用有價值的資料，並且只在適當時機收集與運用資料。我們會作合理的初步猜測（事前機率）。我們在嬰幼兒時期就會這麼做了。這些做法不僅對增強式學習，也在學習的普遍過程，帶來超高效率。以下文章與書籍說明這項觀點：Tenenbaum, J. B., C. Kemp, T. L. Griffiths, and N. D. Goodman. "How to Grow a Mind: Statistics, Structure, and Abstraction." *Science*, vol. 331, no. 6022, 2011, pp. 1279–1285; Gopnik, Alison, Andrew N. Meltzoff, and Patricia K. Kuhl. *The Scientist in the Crib: Minds, Brains, and How Children Learn.* New York: William Morrow, 1999; Schulz, Laura. "The Origins of Inquiry: Inductive Inference and Exploration in Early Childhood." *Trends in Cognitive Sciences*, vol. 16, no. 7, 2012, pp. 382–389; Gallistel, C. R. *The Organization of Learning.* Cambridge, MA: MIT Press, 1990; and Barrett, H. Clark. *The Shape of Thought: How Mental Adaptations Evolve.* Oxford, UK: Oxford University Press, 2014。這項研究非常了不起，重點在於它並非推翻本章主要論點「學習引領人們作最佳行動」，反而是鞏固我們的主張，因為這表示，學習以更高的效率去推動最佳化。

3.　本章提及的許多關於社會學習的例子取材自約瑟夫·亨里奇的 *The Secret to Our Success* (Princeton, NJ: Princeton University Press, 2015)，我們極力推薦此書。

4.　Zmyj, Norbert, David Buttelmann, Malinda Carpenter, and Moritz M. Daum. "The Reliability of a Model Influences 14-Month-Olds' Imitation." *Journal of Experimental Child Psychology*, vol. 106, no. 4, 2010, pp. 208–220.

5.　Jaswal, Vikram K., and Leslie A. Neely. "Adults Don't Always Know Best: Preschoolers Use Past Reliability over Age When Learning New Words." *Psychological Science*, vol. 17, no. 9, 2006, pp. 757–758.

6.　VanderBorght, Mieke, and Vikram K. Jaswal. "Who Knows Best? Preschoolers

Sometimes Prefer Child Informants over Adult Informants." *Infant and Child Development: An International Journal of Research and Practice*, vol. 18, no. 1, 2009, pp. 61–71.

7. 參　見 Gergely, György, Harold Bekkering, and Ildikó Király. "Rational Imitation in Preverbal Infants." *Nature*, vol. 415, no. 6873, 2002, p. 755; and Gellén, Kata, and David Buttelmann. "Fourteen-Month-Olds Adapt Their Imitative Behavior in Light of a Model's Constraints." *Child Development Research*, vol. 2017, 2017, pp. 1–11, doi:10.1155/2017/8080649. 實用摘述可參　見：Harris, Paul L. *Trusting What You're Told.* Cambridge, MA: Harvard University Press, 2012.

8. 學習當然也有可能導致系統性的錯誤，這點也很有趣。在此同樣推薦亨里奇的 *The Secret of Our Success: How Culture Is Driving Human Evolution, Domesticating Our Species, and Making Us Smarter* (Princeton, NJ: Princeton Univeristy Press, 2015) 你可以從中找到很棒的例子。但本書只專心討論學習「幫助我們適應」的效果。

9. 這並不是說，基於對因果關係的理解所產生的有意識的見解，在這類創新做法，以及在更普遍的最佳化過程中微不足道。從我們的觀點看，這點並不妨礙我們使用賽局理論。相反地，深刻的見解有助於加快和改善最佳化的過程，讓我們對賽局理論的應用更具信心。以賽局理論分析有意識的最佳化，並不違反直覺。

10. Billing, Jennifer, and Paul W. Sherman. "Antimicrobial Functions of Spices: Why Some Like It Hot." *Quarterly Review of Biology*, vol. 73, no. 1, 1998, pp. 3–49.

11. 以奈森・納恩（Nathan Nunn）為首，有愈來愈多經濟學家以優秀的實證方法記錄了文化的延滯效應，指出文化延滯會使某一時刻具功能的偏好，從此以後繼續存在。若你對這項資料感興趣，除了我們極力推薦的納恩的文章，你也可以閱讀以下文章：Madestam, A., D. Shoag, S.

Veuger, and D. Yanagizawa-Drott. "Do Political Protests Matter? Evidence from the Tea Party Movement." *Quarterly Journal of Economics*, vol. 128, no. 4, 2013, pp. 1633–1685, doi:10.1093/qje/qjt021; Giuliano, P., and A. Spilimbergo. "Growing Up in a Recession." *Review of Economic Studies*, vol. 81, no. 2, 2013, pp. 787–817, doi:10.1093/restud/rdt040; Malmendier, Ulrike, and Stefan Nagel. "Depression Babies: Do Macroeconomic Experiences Affect Risk-Taking?" SSRN Electronic Journal, 2007, doi:10.2139/ssrn.972751; and Alesina, Alberto, and Nicola Fuchs-Schündeln. "Good-Bye Lenin (or Not?): The Effect of Communism on People's Preferences." *American Economic Review*, vol. 97, no. 4, 2007, pp. 1507–28, doi:10.1257/aer.97.4.1507.

■ 第 3 章：找出隱藏賽局的三種視角

1. Rozin, P., and D. Schiller. "The Nature and Acquisition of a Preference for Chili Pepper by Humans." *Motivation and Emotion* vol. 4, no. 1, 1980, pp. 77–101.

2. 尤里・葛尼奇有可觀的著作指出金錢誘因有時會適得其反。更多例子請參見他和約翰・李斯特共同撰著的書籍：*The Why Axis: Hidden Motives and the Undiscovered Economics of Everyday Life*. New York: PublicAffairs, 2013. （中文版《一切都是誘因的問題！》，天下文化，2015 年）

3. 影片連結：www.youtube.com/watch?v=MO0r930Sn_8。

4. 我們在網站 StackExchange 找到這串認真的討論，網頁連結：https://scifi. stackexchange.com/questions/172890/in-universe-explanation-for-why-is-the-tos-era-enterprise-is-more-austere-than-t。

5. Davidson, Baruch S. "Why Do We Wear a Kippah?" Chabad.org. www. chabad.org/library/article_cdo/aid/483387/jewish/Why-Do-We-Wear-a-Kippah.htm. Accessed Aug. 9, 2020.

6. 我們在網站 Quora 找到這些內容，網頁連結：www.quora.com/What-do-

Protestants-think-of-the-Pope。

■ 第 4 章：動物出生時，雌雄為什麼一比一？

1. *The Descent of Man* 全書內文可參閱連結：http://darwin-online.org.uk/converted/pdf/1889_Descent_F969.pdf。（中文版《人類的由來及性選擇》，五南，2022 年）

2. Fabiani, Anna, Filippo Galimberti, Simona Sanvito, and A. Rus Hoelzel. "Extreme Polygyny Among Southern Elephant Seals on Sea Lion Island, Falkland Islands." *Behavioral Ecology*, vol. 15, no. 6, 2004, pp. 961–969, doi:10.1093/beheco/arh112.

3. Berger, Michele. "Till Death Do Them Part: Eight Birds That Mate for Life." *Audubon*, 10 Feb. 2012, www.audubon.org/news/till-death-do-them-part-8-birds-mate-life.

4. Edwards, A. W. F. "Natural Selection and the Sex Ratio: Fisher's Sources." *American Naturalist*, vol. 151, no. 6, 1998, pp. 564–569, doi:10.1086/286141. 如果你是科學迷，告訴你一個奇異的歷史趣聞。達爾文其實曾在《人類的由來及性選擇》第一版寫出這個答案，但他臨陣退縮，自第二版起拿掉這個答案，以及與性別比相關的所有討論。有好長一段時間，人們相信是費雪自己率先想出這個答案，但我們現在知道費雪擁有《人類的由來及性選擇》第一版，猜想他也許認為生物學家都認可達爾文的思維邏輯，所以並未在複述達爾文的論點時註明出處。不過，我們仍依照慣例，在行文中將此視為費雪的構想。

5. Trivers, Robert L., and Hope Hare. "Haploidploidy and the Evolution of the Social Insect." *Science*, vol. 191, no. 4224, 1976, pp. 249–263.

6. Herre, Edward Allen. "Sex Ratio Adjustment in Fig Wasps." *Science*, vol. 228, no. 4701, 1985, pp. 896–898.

7. Trivers, R. L., and D. E. Willard. "Natural Selection of Parental Ability to

Vary the Sex Ratio of Offspring." *Science*, vol. 179, 1973, pp. 90–92.

8. 是否為成功者,對哺乳類動物的性別比影響較小,對鳥類和某些昆蟲類影響較大,原因或許是這些雌性比較容易根據自身的健康、地位或環境條件,去調節後代的性別——鳥類雌性帶有 X 和 Y 染色體(哺乳類動物的雌性僅帶有 X 染色體);昆蟲的未受精卵發育成雌性,受精卵發育成雄性,母蟲會儲存交配對象的精液,只替某些卵子授精。那人類呢?有趣的是,執行長和首長有很高的機率生兒子。性別比與標普 500 指數(S&P 500)大致吻合:市場繁榮,男孩供過於求。誠然,執行長和首長的人數並不多,股市暴漲暴跌的情況也並不那麼常見,因此這些可能只是統計上的雜訊。儘管如此,關於這點有許多較不引人注目的研究,帶來微小卻穩健的影響。我們要感謝 Carl Veller 協助歸納這份資料。我們推薦讀者閱讀他與 David Haig、Martin A. Nowak 撰寫的論文 "The Trivers–Willard Hypothesis: Sex Ratio or Investment?" *Proceedings of the Royal Society B: Biological Sciences*, vol. 283, 11 May 2016, https://royalsocietypublishing.org/doi/10.1098/rspb.2016.0126。

■ 第 5 章:鷹鴿賽局:看出誰是老鷹、誰是鴿子

1. 我們自榮獲諾貝爾獎殊榮的賽局理論學家 Roger Myerson 得知這項論點。參見他的文章 "Justice, Institutions, and Multiple Equilibria" 請至 http://home.uchicago.edu/~rmyerson/research/justice.pdf。

2. Smith, J. Maynard, and G. R. Price. "The Logic of Animal Conflict." *Nature*, vol. 246, no. 5427, 1973, pp. 15–18, doi:10.1038/246015a0.

3. Davies, Nicholas B. "Territorial defence in the speckled wood butterfly (Pararge aegeria): the resident always wins." *Animal Behaviour*, vol. 26, 1978, pp. 138–147.

4. Shaw, Alex, Vivian Li, and Kristina R. Olson. "Children Apply Principles of Physical Ownership to Ideas." *Cognitive Science*, vol. 36, no. 8, 2012, pp.

1383–1403, doi:10.1111/j.1551-6709.2012.01265.x.

5. 想要回答這些問題，我們要考量若干不屬於鷹鴿賽局的因素。例如，效率可能扮演重要角色：有各種不同的壓力會使無效率的權利系統被更具效率的系統取代。權利也可能在限制下，貼合文化抱持及宣揚的價值觀。當其他壓力未發揮作用，有一些偶然因素可能會潛入，並持續存在。

6. Rogin, Josh. "Inside the U.S. 'Apology' to Pakistan." *Foreign Policy*, 3 July 2012, foreignpolicy.com/2012/07/03/inside-the-u-s-apology-to-pakistan.

7. 你或許注意到這場 TED 演講有爭議。柯蒂博士在演講中引述的某些結論（關於權勢姿態對荷爾蒙的影響的部分）無法再現。不過我們認為，權勢姿態對於主觀的賦權感，其影響確實可以再現。除此之外，運動員和演員在參加重要比賽和表演之前，經常使用她倡導的技巧。對我們來說最重要的一點在於這是 TED 平臺上受歡迎度排名第三的演講，觀看次數之高，堪比 YouTube 平臺人氣單曲的觀看次數，因而反映人們對此類建議的需求。

8. Moskowitz, Clara. "Bonding with a Captor: Why Jaycee Dugard Didn't Flee." Livescience.Com, 31 Aug. 2009, www.livescience.com/7862-bonding-captor-jaycee-dugard-flee.html.

9. "A Revealing Experiment: Brown v. Board and 'The Doll Test.'" NAACP Legal Defense and Educational Fund, 4 Mar. 2019, www.naacpldf.org/ldf-celebrates-60th-anniversary-brown-v-board-education/significance-doll-test. 原始研究為：Almosaed, Nora. "Violence Against Women: A Cross-cultural Perspective." *Journal of Muslim Minority Affairs*, vol. 24, no. 1, 2004, pp. 67–88, doi:10.1080/1360200042000212124. 世界衛生組織（World Health Organization）2009 年的報告《Changing Cultural and Social Norms That Support Violence》內引述了其他研究。

10. 例如參見：Amoakohene, M. "Violence Against Women in Ghana: A Look at Women's Perceptions and Review of Policy and Social Responses." *Social Science & Medicine*, vol. 59, no. 11, 2004, doi:10.1016/j.socscimed.2004.04.

001.

11. Westcott, Kathryn. "What Is Stockholm Syndrome?" BBC News, 22 Aug. 2013, www.bbc.com/news/magazine-22447726.

■ 第 6 章：昂貴訊號賽局：讓人知道你的厲害

1. 例如參見第 4 章達爾文的《人類的由來及性選擇》。

2. 雖然我們主要以薩維的昂貴訊號解釋來說明為什麼會有浮誇的長尾巴，但這個現象還有其他解釋，其中最知名的解釋是由達爾文率先提出，並由費雪發揚光大的「失控的選汰」（runaway selection）。相關的新觀點可參見：Richard Prum 的 *The Evolution of Beauty* (New York: Anchor, 2017)（中文版《美的演化》，馬可孛羅，2020 年）。在失控的選擇中，一旦雌孔雀發展出對長尾巴的偏好（也許起初是因為長尾巴有某種功用，又或者偶然發展出這項偏好），任何改變偏好的雌孔雀都將面臨較差的處境，原因並非其交配對象為適應度較差的公孔雀，而是因為這代表了，與牠交配的對象尾巴較短的機率較高，因此牠所生下的公孔雀尾巴較短的機率也比較高，使其在主流偏好下能夠獲得的交配機率減少。

3. Evans, Matthew R., and B. J. Hatchwell. "An Experimental Study of Male Adornment in the Scarlet-Tufted Malachite Sunbird: I. The Role of Pectoral Tufts in Territorial Defence." *Behavioral Ecology and Sociobiology*, vol. 29, no. 6, 1992, doi:10.1007/bf00170171.

4. 據我們所知，首先運用這種尾巴改造技巧的研究是：Andersson, Malte. "Female Choice Selects for Extreme Tail Length in a Widowbird." *Nature*, vol. 299, no. 5886, 1982, pp. 818–820, doi:10.1038/299818a0.

5. 對炫耀性消費感興趣的讀者或許會想讀一讀：Robert H. Frank 的 *Luxury Fever* (Princeton, NJ: Princeton University Press, 1999)，內文提及許多例子與相關的政策意涵。

6. 我們自 Ken Albala 的課程得知這項論點："Food: A Cultural Culinary History" (The Great Courses, www.thegreatcourses.com/courses/food-a-cultural-culinary-history)。亦參見：Maanvi Singh 的 "How Snobbery Helped Take the Spice Out of European Cooking" NPR, 26 Mar., 2015.

7. Shepard, Wade. "Why Chinese Men Grow Long Fingernails." *Vagabond Journey* (blog), 14 May 2013, www.vagabondjourney.com/why-chinese-men-grow-long-fingernails.

8. 將昂貴訊號模型運用於此的想法，得自與尤里・葛尼奇的討論。

9. *Skin Lightening Products Market Size, Share & Trends Analysis Report by Product, by Nature, by Region, and Segment Forecasts, 2019–2025.* Grand View Research, Aug. 2019, www.grandviewresearch.com/industry-analysis/skin-lightening-products-market.

10. Schube, Sam, and Yang-Yi Goh. "The Best White Dress Shirts Are the Foundation to Any Stylish Guy's Wardrobe." *GQ*, 19 Sept. 2019, www.gq.com/story/the-best-white-dress-shirts.

11. Wagner, John A., and Susan Walters Schmid. *Encyclopedia of Tudor England.* Vol. 1, A–D, p. 277. Santa Barbara, CA: ABC-CLIO, 2011.

12. 事實上，保羅・布倫的著作 *How Pleasure Works* (New York: W. W. Norton, 2010) 寫了各種關於人類美感的古怪特性。我們極力推薦該書。（中文版《香醇的紅酒比較貴，還是昂貴的紅酒比較香？》，商周出版，2021年）至於 Geoffrey Miller 的著作 *The Mating Mind* (New York: Anchor, 2000)，雖然主要談論向潛在伴侶發送訊號，但也談論許多其他可由昂貴訊號塑造的美學面向。Steven Pinker 也曾針對美學發表經典見解，即最早發表於 *How the Mind Works* 眾所周知的「聽覺的乳酪蛋糕」（auditory cheesecake）。將此概念妥善發揚光大的著作包括 V. S. Ramachandran 的論文：Ramachandran, V. S., and William Hirstein. "The Science of Art: A Neurological Theory of Aesthetic Experience." *Journal of Consciousness*

Studies, vol. 6, no. 6–7, 1999, pp. 15–51.

13. 此場景出現於第 1 季第 7 集。

14. 這個例子借自 Wine Folly 網站知識豐富的經營團隊，他們著有兩本知名葡萄酒書，並經營全世界最大的葡萄酒資料庫。Keeling, Phil. "50 of the Most Eye-Rolling Wine Snob Moments." Wine Folly, 9 June 2020, winefolly. com/lifestyle/50-of-the-most-eye-rolling-wine-snob-moments.

15. 有一支 *Vox* 影片詳細討論複雜的押韻格式如何演變而來，裡面有很棒的例子和說明：https://youtu.be/QWveXdj6oZU。

16. Mindel, Nissan. "Laws of the Morning Routine." Chabad.org. www.chabad. org/library/article_cdo/aid/111217/jewish/Laws-of-the-Morning-Routine.htm.

17. 我們極力推薦 Ara Norenzayan 的書籍 *Big Gods* (Princeton, NJ: Princeton University Press, 2013) 以及 Edward Slingerland 與 Azim Shariff 的線上課程 "The Science of Religion" (www.edx.org/course/the-science-of-religion)。當中討論了本書引述的證據，並提供許多有關此主題的其他有趣資料。

18. 除了索西斯的解釋，還有其他解釋。例如亨里奇指出，假如人們推論，人們之所以願意投入極端的宗教儀式，必定有這麼做的好理由，那麼即便該宗教儀式及其相關信念不具發送訊號或任何其他功能，這些儀式及相關概念也會傳播出去。參見：Henrich, Joseph. "The Evolution of Costly Displays, Cooperation and Religion: Credibility Enhancing Displays and Their Implications for Cultural Evolution." *Evolution and Human Behavior* vol. 30, no. 4, 2009, pp. 244–260.

19. 這項論點以及下方的幾項證據原始摘要出自：Sosis, Richard. "Why Aren't We All Hutterites?" *Human Nature*, vol. 14, no. 2, 2003, pp. 91–127, doi:10.1007/s12110-003-1000-6.

20. 參　見：Sosis, Richard, and Eric R. Bressler. "Cooperation and Commune Longevity: A Test of the Costly Signaling Theory of Religion." *Cross-Cultural Research*, vol. 37, no. 2, 2003, pp. 211–39, doi:10.1177/10693971030370020

03; and Sosis, Richard. "The Adaptive Value of Religious Ritual." *American Scientist*, vol. 92, no. 2, 2004, p. 166, doi:10.1511/2004.46.166.

21. 參見 Stark, Rodney, *The Triumph of Christianity*, New York: HarperOne, 2011 的第 20 章。

22. Sosis, R., Howard C. Kress, and James S. Boster. "Scars for War: Evaluating Alternative Signaling Explanations for Cross-Cultural Variance in Ritual Costs." *Evolution and Human Behavior*, vol. 28, no. 4, 2007, pp. 234–247, doi:10.1016/j.evolhumbehav.2007.02.007.

23. Soler, Montserrat. "Costly Signaling, Ritual and Cooperation: Evidence from Candomblé, an Afro-Brazilian Religion." *Evolution and Human Behavior*, vol. 33, no. 4, 2012, pp. 346–356, doi:10.1016/j.evolhumbehav.2011.11.004.

■ 第 7 章：埋藏的訊號：讓適合的人知道就好

1. 這句話出自希臘哲學家第歐根尼（Diogenes）。

2. Lau, Melody. "Justin Bieber Gives Singer Carly Rae Jepsen a Boost." *Rolling Stone*, 12 Mar. 2012.

3. "Grigory Sokolov: Biography." Deutsche Grammophon, Mar. 2022, www.deutschegrammophon.com/en/artists/grigory-sokolov/biography.

4. Cooper, Michael. "Lang Lang Is Back: A Piano Superstar Grows Up." *New York Times*, 26 July 2019, www.nytimes.com/2019/07/24/arts/music/lang-lang-piano.html.

5. Qiu, Jane. "Rothko's Methods Revealed." *Nature*, vol. 456, no. 7221, 2008, p. 447, doi:10.1038/456447a.

6. 本章基礎為與 Christian Hilbe 以及 Martin Nowak 共同建構的模型：Hoffman, Moshe, Christian Hilbe, and Martin A. Nowak. "The Signal-Burying Game Can Explain Why We Obscure Positive Traits and Good Deeds." *Nature Human Behaviour*, vol. 2, no. 6, 2018, pp. 397–404. 與本章密切相關的其

他模型包括「反訊號」（countersignaling）模型，例如參見：Feltovich, Nick, Richmond Harbaugh, and Ted To. "Too Cool for School? Signalling and Countersignalling." *RAND Journal of Economics*, 2002, pp. 630–649。

7. 當然，有時謙虛是為了避免社會懲罰。常見於平等主義的狩獵採集團體。例如參見：R. B. Lee and I. DeVore, eds. *Kalahari Hunter-Gatherers: Studies of the !Kung San and Their Neighbors*. Cambridge, MA: Harvard University Press, 1976. 不過以此解釋謙虛，並未說明為何得知他人的謙虛表現，可推論對方具正向特質。

8. Flegenheimer, Matt. "Thomas Kinkade, Painter for the Masses, Dies at 54." *New York Times*, 8 Apr. 2012, www.nytimes.com/2012/04/08/arts/design/thomas-kinkade-artist-to-mass-market-dies-at-54.html.

■ 第 8 章：證據賽局：搞懂帶風向的背後動能

1. LaFata, Alexia, and Corinne Sullivan. "What Are the Best Tinder Bios to Get Laid? Here Are 4 Tips." *Elite Daily*, 8 June 2021, www.elitedaily.com/dating/best-tinder-bios-to-get-laid.

2. "How to Write an Effective Resume." The Balance Careers, www.thebalancecareers.com/job-resumes-4161923. Accessed 27 Aug. 2021.

3. Athey, Amber. "MSNBC reporter Gadi Schwartz busts his own network's narrative about the caravan: 'From what we've seen, the majority are actually men and some of these men have not articulated that need for asylum.'" Twitter, 26 Nov. 2018, twitter.com/amber_athey/status/1067163239853760512. 美國有三個有線電視頻道幾乎只播新聞，分別是：美國有線電視新聞網、微軟全國廣播公司、福斯新聞。政治占據這些頻道一大部分的報導內容。這些頻道有自己的政治傾向，並非祕密——美國有線電視新聞網和微軟全國廣播公司中間偏左，而福斯新聞則以右翼的立場聞名。

4.　Peters, Justin. "Fox News Is the Tarp on the MAGA Van." *Slate*, 27 Oct. 2018, slate.com/news-and-politics/2018/10/cesar-sayoc-fox-news-trump-fanaticism.html.

5.　Smart, Charlie. "The Differences in How CNN, MSNBC, and FOX Cover the News." The Pudding, pudding.cool/2018/01/chyrons. 存取日期：2021 年 8 月 27 日。

6.　Nicas, Jack. "Apple Reports Declining Profits and Stagnant Growth, Again." *New York Times*, 31 July 2019, www.nytimes.com/2019/07/30/technology/apple-earnings-iphone.html.

7.　Baker, Peter. "Christine Blasey Ford's Credibility Under New Attack by Senate Republicans." *New York Times*, 3 Oct. 2018, www.nytimes.com/2018/10/03/us/politics/blasey-ford-republicans-kavanaugh.html.

8.　Bertrand, Natasha. "FBI Probe of Brett Kavanaugh Limited by Trump White House." *Atlantic*, 5 Oct. 2018, www.theatlantic.com/politics/archive/2018/10/fbi-probe-brett-kavanaugh-limited-trump-white-house/572236.

9.　Wikipedia Contributors. "Five-Paragraph Essay." Wikipedia, 21 Apr. 2021, en.wikipedia.org/wiki/Five-paragraph_essay.

10.　The Climate Reality Project. *The 12 Questions Every Climate Activist Hears and What to Say* (pamphlet). 2019, p. 4.

11.　Watson, Kathryn. "Trump Approval Poll Offers No Negative Options, Asks about Media Coverage of Trump's Approval Rating." CBS News, 30 Dec. 2017, www.cbsnews.com/news/trump-approval-poll-offers-no-negative-options.

12.　不當研究行為的其他例子與原因，參見：Ritchie, Stuart. *Science Fictions: How Fraud, Bias, Negligence, and Hype Undermine the Search for Truth*. New York: Metropolitan Books, 2020.

13.　順帶一提，發送者是否知道狀態目前並不重要。之後我們會假定發送者並

不清楚狀態為何。

14. 此處附上計算過程的一些細節。貝氏定理告訴我們：當證據被觀察到時，狀態為高階的機率 ＝「高階狀態，且證據被觀察到」的機率 ÷「證據被觀察到」的機率。「高階狀態，且證據被觀察到」的機率為 pq^h。「證據被觀察到」的機率為兩種狀態下取得證據的機率，即 $[pq^h + (1-p)q^l]$。因此，當證據被觀察到時，狀態為高階的機率為：$pq^h \div [pq^h + (1-p)q^l]$。套入參數 $p = 0.3$、$q^h = 6\%$、$q^l = 0.1\%$，可得 $0.3 \times 6\% \div (0.3 \times 6\% + 0.7 \times 0.1\%) = 96.25\%$。

15. 例如，當 $q^h - q^l$ 大於 0.75。

16. 例如，若且唯若 $p < 0.1$。

17. 我們還需要假設 $0 < p < 1$ 且 $q^h \neq q^l$；不過這樣會讓問題變得相當無趣。

18. 嚴格來說，我們還需要下列假設：倘若接收者看見未預期發送者會展示的證據，接收者仍然會根據這項證據更新信念。

19. 此事後機率等於：高階狀態下證據存在且被發現的機率 $pq^h f_{max}$ 除以兩種狀態下證據存在且被發現的機率 $[pq^h + (1-p)q^l]f_{max}$。由於兩種狀態下證據被發現的機率一樣，因此不產生差異。

20. 此事後機率的分母等於：證據不存在的機率「$p(1-q^h) + (1-p)(1-q^l)$」加上證據存在但即使發送者積極搜尋仍未找到的機率「$(1-f_{max})[pq^h + (1-p)q^l]$」。分子為：$p(1-q^h) + pq^h(1-f_{max})$。

21. 假設接收者認定為高階狀態的事後機率每增加一個百分點，發送者可獲得 $k > 0$ 的報酬。則此條件可寫為 $c < k(\Phi_{max} - \Phi_{min})(\mu^l - \mu^0)$，其中 $\Phi_{max} = pq^h f_{max} + (1-p)q^l f_{max}$ 為積極搜尋時取得證據的機率，$\Phi_{min} = pq^h f_{min} + (1-p)q^l f_{min}$ 為消極搜尋時取得證據的機率，$\mu^l = pq^h f_{max} \div [pq^h f_{max} + (1-p)q^l f_{max}]$ 為接收者看見證據並預期發送者積極搜尋時的事後機率，$\mu^0 = \{p[q^h(1-f_{max}) + (1-q^h)]\} \div \{p[q^h(1-f_{max}) + (1-q^h)] + (1-p)[q^l(1-f_{max}) + 1-q^l)]\}$ 為接收者未看見證據，並預期發送者積極搜尋時的事後機率。

22. 我們假設發送者在不知道真實狀態的情況下作選擇。

23. Milgrom, Paul. "What the Seller Won't Tell You: Persuasion and Disclosure in Markets." *Journal of Economic Perspectives*, vol. 22, no. 2, 2008, pp. 115–131, doi:10.1257/jep.22.2.115.

24. OkCupid. "The Big Lies People Tell In Online Dating" (blog). 10 Aug. 2021, theblog.okcupid.com/the-big-lies-people-tell-in-online-dating-a9e3990d6ae2.

■ 第 9 章：動機性推理：相信自己希望相信的

1. 參見 Hippel, William von, and Robert Trivers. "The Evolution and Psychology of Self-Deception." *Behavioral and Brain Sciences*, vol. 34, no. 1, 2011, pp. 1–16, doi:10.1017/s0140525x10001354；Trivers, Robert. *The Folly of Fools: The Logic of Deceit and Self-Deception in Human Life*. New York: Basic Books, 2014（中文版《愚昧者》，臉譜，2018 年）；以及 Kurzban, Robert. *Why Everyone (Else) Is a Hypocrite: Evolution and the Modular Mind*. New York: Basic Books, 2012。或者，較近期的綜論可參見：Williams, Daniel. "Socially Adaptive Belief." *Mind & Language*, vol. 36, no. 3, 2020, pp. 333–354, doi:10.1111/mila.12294.

2. 另一個經典例子參見：Weinstein, Neil D. "Unrealistic Optimism About Future Life Events." *Journal of Personality and Social Psychology*, vol. 39, no. 5, 1980, p. 806。Weinstein 發現學生預測自己發生好事的機率高於平均，發生壞事的機率低於平均。

3. Eil, David, and Justin M. Rao. "The Good News–Bad News Effect: Asymmetric Processing of Objective Information About Yourself." *American Economic Journal: Microeconomics*, vol. 3, no. 2, 2011, pp. 114–138, doi:10.1257/mic.3.2.114.

4. Gilbert, Daniel. "I'm O.K., You're Biased." *New York Times*, 16 Apr. 2006, www.nytimes.com/2006/04/16/opinion/im-ok-youre-biased.html.

5. Ditto, Peter H., and David F. Lopez. "Motivated Skepticism: Use

of Differential Decision Criteria for Preferred and Nonpreferred Conclusions." *Journal of Personality and Social Psychology*, vol. 63, no. 4, 1992, pp. 568–584, doi:10.1037/0022-3514.63.4.568.

6. Lord, Charles G., Lee Ross, and Mark Lepper. "Biased Assimilation and Attitude Polarization: The Effects of Prior Theories on Subsequently Considered Evidence." *Journal of Personality and Social Psychology*, vol. 37, no. 11, 1979, pp. 2098–2109, doi:10.1037/0022-3514.37.11.2098.

7. Brooks, David. "How We Destroy Lives Today." *New York Times*, 22 Jan. 2019, www.nytimes.com/2019/01/21/opinion/covington-march-for-life.html.

8. Bloomberg Wire. "Rex Tillerson to Oil Industry: Not Sure Humans Can Do Anything to Battle Climate Change." *Dallas News*, 4 Feb. 2020, www.dallasnews.com/business/energy/2020/02/04/rex-tillerson-to-oil-industry-not-sure-humans-can-do-anything-to-battle-climate-change.

9. Weber, Harrison. "The Curious Case of Steve Jobs' Reality Distortion Field." *VentureBeat*, 24 Mar. 2015, venturebeat.com/2015/03/24/the-curious-case-of-steve-jobs-reality-distortion-field.

10. Babcock, Linda, George Loewenstein, Samuel Issacharoff, and Colin Camerer. "Biased Judgments of Fairness in Bargaining." *American Economic Review*, vol. 85, no. 5, 1995, 1337–1343.

11. Schwardmann, Peter, Egon Tripodi, and Joël J. Van der Weele. "Self-Persuasion: Evidence from Field Experiments at Two International Debating Competitions." SSRN, *CESifo Working Paper* No. 7946, 27 Nov. 2019.

12. 事實上，川普比同伴走得更前面，2009 年與他為伍的民主黨人僅 50% 認為全球暖化是人為作用。參見：Kohut, Andrew, Carroll Doherty, Michael Dimock, and Scott Keeter. "Fewer Americans See Solid Evidence of Global Warming" (news release). Pew Research Center for the People & the Press, Washington, DC, 22 Oct. 2009.

13. Anthes, Emily. "C.D.C Studies Say Young Adults Are Less Likely to Get Vaccinated." *New York Times*, 21 June 2021, www.nytimes.com/2021/06/21/health/vaccination-young-adults.html.

14. Zimmermann, Florian. "The Dynamics of Motivated Beliefs." *American Economic Review*, vol. 110, no. 2, 2020, pp. 337–361.

15. Schwardmann, Peter, and Joël Van der Weele. "Deception and Self-Deception." *Nature Human Behaviour*, vol. 3, no. 10, 2019, pp. 1055–1061.

16. Kunda, Ziva. "The Case for Motivated Reasoning." *Psychological Bulletin*, vol. 108, no. 3, 1990, pp. 480–498, doi:10.1037/0033-2909.108.3.480.

17. Thaler, Michael. "Do People Engage in Motivated Reasoning to Think the World Is a Good Place for Others?" Cornell University, 2 Dec. 2020, arXiv:2012.01548.

18. 例如參見我們的同事 Dave Rand 與 Gord Pennycook 的研究。該研究顯示，人們分享假新聞的傾向多半源自粗心大意：Pennycook, Gordon, and David G. Rand. "Lazy, Not Biased: Susceptibility to Partisan Fake News Is Better Explained by Lack of Reasoning Than by Motivated Reasoning." *Cognition*, vol. 188, 2019, pp. 39–50.

19. Thaler, Michael. "The 'Fake News' Effect: Experimentally Identifying Motivated Reasoning Using Trust in News." 22 July 2021, last updated 18 Aug. 2021, SSRN, https://ssrn.com/abstract=3717381.

■ 第 10 章：重複囚徒困境：掌握有利合作的策略

1. 以下資料應該對希望深入了解的人有所幫助：Weibull, Jörgen. *Evolutionary Game Theory*. Cambridge, MA: MIT Press, 1995; Hofbauer, Josef, and Karl Sigmund. *Evolutionary Games and Population Dynamics*. First ed. Cambridge, UK: Cambridge University Press, 1998; Nowak, Martin. *Evolutionary Dynamics: Exploring the Equations of Life*. First ed. Cambridge, MA: Belknap

Press, 2006; and Fudenberg, Drew, and David Levine. *The Theory of Learning in Games (Economic Learning and Social Evolution)*. Cambridge, MA: MIT Press, 1998.

2. Wilkinson, Gerald S. "Reciprocal Altruism in Bats and Other Mammals." *Ethology and Sociobiology*, vol. 9, no. 2–4, 1988, pp. 85–100, doi:10.1016/0162-3095(88)90015-5; and Carter, Gerald G., and Gerald S. Wilkinson. "Food Sharing in Vampire Bats: Reciprocal Help Predicts Donations More than Relatedness or Harassment." *Proceedings of the Royal Society B: Biological Sciences*, vol. 280, no. 1753, 2013, p. 20122573, doi:10.1098/rspb.2012.2573.

■ 第 11 章：規範落實賽局：使人主動作出貢獻

1. 這個模型改編自：Panchanathan, Karthik, and Robert Boyd. "Indirect Reciprocity Can Stabilize Cooperation without the Second-Order Free Rider Problem." *Nature*, vol. 432, no. 7016, 2004, pp. 499–502, doi:10.1038/nature02978。與此相關的間接互惠模型的綜論，參見：Okada, Isamu. "A Review of Theoretical Studies on Indirect Reciprocity." *Games*, vol. 11, no. 3, 2020, p. 27, doi:10.3390/g11030027。本章的許多見解，都摘述自：Boyd, Robert. *A Different Kind of Animal: How Culture Transformed Our Species*. Princeton, NJ: Princeton University Press, 2017。與此密切相關的觀點，以及其他許多例子，參見：Bicchieri, Cristina. *Norms in the Wild: How to Diagnose, Measure, and Change Social Norms*. Oxford, UK: Oxford University Press, 2016。雖然我們將焦點放在規範落實與重複賽局普遍而言如何塑造我們對利他的直覺想法，但其他終極機制也發揮影響力，可提供見解。例如，發送訊號似乎也是一項重要機制，這項機制有時又稱「競爭性利他」（competitive altruism）──想要勝過他人的心態，可能引發軍備競賽。其關鍵概念在，給予是昂貴的訊號：幫助他人的人

不僅必須擁有可花用的資源，更要有意願這麼做（例如可能因為需要取得信任）。此資料簡明扼要地摘述於 Nichola Raihani 的著作 *The Social Instinct: How Cooperation Shaped the World* (New York: St. Martin's Press, 2021) 第 12 章，我們推薦閱讀該書。這項機制闡述的同類見解還包括「棘輪效應」（ratcheting effect），該效應說明可見：N. J. Raihani, and Smith, S. "Competitive Helping in Online Giving." *Current Biology*, vol. 25, 2015, pp. 1183–1186。根據他們的研究，當男性在群眾外包平臺上看見另一名男性慷慨贈與（高於平均數兩個標準差），給出的數量會大幅增加，而且當募款人是有魅力的女性時，此效應非常顯著──捐贈數目會是平常的四倍之多。這類棘輪效應在古羅馬似乎也很常見，古羅馬的上流社會人士會為了尊嚴，比較有多少軍事功績和建造多少劇院和引水渠等公共設施。另一項經常為人討論的機制是「物以類聚」，意指合作者較容易與其他合作者為伍。其發生的可能原因為文化與生物特徵傾向在地區內擴散，或合作者自我區隔（self-segregate）。例如參見：Ingela Alger and Jörgen W. Weibull's "Homo Moralis—Preference Evolution Under Incomplete Information and Assortative Matching." *Econometrica*, vol. 81, no. 6, 2013, pp. 2269–2302。或參見：Matthijs Van Veelen, Julián García, David Rand, and Martin A. Nowak's "Direct Reciprocity in Structured Populations." *Proceedings of the National Academy of Sciences*, vol. 109, no. 25, 2012, pp. 9929–9934。雖然本章與後續章節摘述的許多利他行為與規範特質難以透過這些機制來解釋，但那並不排除這些機制也經常成為利他行為與規範的動機。

2. 嚴格來說，團體可獲得的利益必須大於 C，但小於 nC。

3. Fehr, Ernst, and Urs Fischbacher. "Third-Party Punishment and Social Norms." *Evolution and Human Behavior*, vol. 25, no. 2, 2004, pp. 63-87, doi:10.1016/s1090-5138(04)00005-4; and Fehr, Ernst, Urs Fischbacher, and Simon Gächter. "Strong Reciprocity, Human Cooperation, and the

Enforcement of Social Norms." *Human Nature*, vol. 13, no. 1, 2002, pp. 1–25, doi:10.1007/s12110-002-1012-7.

4. Fehr, Ernst, and Simon Gächter. "Altruistic Punishment in Humans." *Nature*, vol. 415, no. 6868, 2002, pp. 137–140, doi:10.1038/415137a.

5. Henrich, Joseph, et al. "Costly Punishment Across Human Societies." *Science*, vol. 312, no. 5781, 2006, pp. 1767–1770.

6. 我們並沒有相關的已發表出處,而是在與他討論時得知他的發現。

7. Webb, Clive. "Jewish Merchants and Black Customers in the Age of Jim Crow." *Southern Jewish History*, vol. 2, 1999, pp. 55–80.

8. Kurzban, Robert, Peter DeScioli, and Erin O'Brien. "Audience Effects on Moralistic Punishment." *Evolution and Human Behavior*, vol. 28, no. 2, 2007, pp. 75–84, doi:10.1016/j.evolhumbehav.2006.06.001.

9. Jordan, Jillian J., and Nour Kteily. "Reputation Drives Morally Questionable Punishment." Harvard Business School, Working Paper, December 2020.

10. Mathew, Sarah. "How the Second-Order Free Rider Problem Is Solved in a Small-Scale Society." *American Economic Review*, vol. 107, no. 5, 2017, pp. 578–581, doi:10.1257/aer.p20171090.

11. 你也許好奇,為什麼羅賓森的某些隊友抱持相當深的種族主義,他們為什麼要按捺心聲,對侮辱忍氣吞聲,原因在於道奇隊的經理威脅:「我不在乎這小子是黃的還是黑的,也不在乎他是不是像斑馬一樣黑白相間。我是這支球隊的經理,我說他要上場比賽,而且我說他會讓我們大家變得有錢。你們要是有誰不能用那筆錢,我會讓你交易出去。」至於全美棒球聯盟(National Baseball League),則是對威脅罷工的球員或球隊採取嚴厲的措施,據說聯盟主席告訴球員:「你們會發現記者席上所謂的朋友並不支持你們,你們會遭到排擠。我不在乎聯盟是否會有一半的人罷工。那些罷工的人很快就會受到懲處。他們全都會被禁賽,我也不在乎聯盟是否會因此重挫五年。這裡是美利堅合眾國,每個國民都有和其他人一樣的出賽

權利。」

12. Wikipedia Contributors. "List of Excommunicable Offences in the Catholic Church." Wikipedia, 9 Feb. 2021, en.wikipedia.org/wiki/List_of_excommunicable_offences_in_the_Catholic_Church.

13. Hamlin, J. K., Karen Wynn, Paul Bloom, and Neha Mahajan. "How Infants and Toddlers React to Antisocial Others." *Proceedings of the National Academy of Sciences*, vol. 108, no. 50, 2011, pp. 19931–19936, doi:10.1073/pnas.1110306108.

14. Franzen, Axel, and Sonja Pointner. "Anonymity in the Dictator Game Revisited." *Journal of Economic Behavior & Organization*, vol. 81, no. 1, 2012, pp. 74–81, doi:10.1016/j.jebo.2011.09.005.

15. List, John A., Robert P. Berrens, Alok K. Bohara, and Joe Kerkvliet. "Examining the Role of Social Isolation on Stated Preferences." *American Economic Review*, vol. 94, no. 3, 2004, pp. 741–752, doi:10.1257/0002828041464614.

16. Bandiera, Oriana, Iwan Barankay, and Imran Rasul. "Social Preferences and the Response to Incentives: Evidence from Personnel Data." *Quarterly Journal of Economics*, vol. 120, no. 3, 2005, pp. 917–962, doi:10.1162/003355305774268192.

17. Yoeli, E., M. Hoffman, D. G. Rand, and Martin A. Nowak. "Powering Up with Indirect Reciprocity in a Large-Scale Field Experiment." *Proceedings of the National Academy of Sciences*, vol. 110, supplement 2, 2013, pp. 10424–10429, doi:10.1073/pnas.1301210110.

18. 綜論參見：Kraft-Todd, Gordon, Erez Yoeli, Syon Bhanot, and David Rand. "Promoting Cooperation in the Field." *Current Opinion in Behavioral Sciences*, vol. 3, June 2015, pp. 96–101, doi:10.1016/j.cobeha.2015.02.006.

19. List, John A. "On the Interpretation of Giving in Dictator Games." *Journal of*

Political Economy, vol. 115, no. 3, 2007, pp. 482–493, doi:10.1086/519249.

20. Liberman, Varda, Steven M. Samuels, and Lee Ross. "The Name of the Game: Predictive Power of Reputations versus Situational Labels in Determining Prisoner's Dilemma Game Moves." *Personality and Social Psychology Bulletin*, vol. 30, no. 9, 2004, pp. 1175–1185.

21. Capraro, Valerio, and Andrea Vanzo. "The Power of Moral Words: Loaded Language Generates Framing Effects in the Extreme Dictator Game." *Judgment and Decision Making*, vol. 14, no. 3, 2019, pp. 309–317.

22. Goldstein, Noah J., Robert B. Cialdini, and Vladas Griskevicius. "A Room with a Viewpoint: Using Social Norms to Motivate Environmental Conservation in Hotels." *Journal of Consumer Research*, vol. 35, no. 3, 2008, pp. 472–482, doi:10.1086/586910.

23. 參見：Kraft-Todd, Gordon, Erez Yoeli, Syon Bhanot, and David Rand. "Promoting Cooperation in the Field." *Current Opinion in Behavioral Sciences*, vol. 3, 2015, pp. 96–101.

24. 欲深入了解當中的實際意涵，請至 go.ted.com/erezyoeli 聽一聽艾瑞茲的 TEDx 演講，這是我們一起進行的研究。我們也發表相關文章說明建議背後的科學基礎：Yoeli, Erez. "Is the Key to Successful Prosocial Nudges Reputation?" Behavioral Scientist, 31 July 2018, http://behavioralscientist.org/is-reputation-the-key-to-prosocial-nudges/。這些討論所依據的論文為：Yoeli, Erez, Moshe Hoffman, David G. Rand, and Martin A. Nowak. "Powering Up with Indirect Reciprocity in a Large-Scale Field Experiment." *Proceedings of the National Academy of Sciences*, vol. 110, supplement 2, 2013, pp. 10424–10429; Rand, David G., Erez Yoeli, and Moshe Hoffman. "Harnessing Reciprocity to Promote Cooperation and the Provisioning of Public Goods." *Policy Insights from the Behavioral and Brain Sciences*, vol. 1, no. 1, 2014, pp. 263–269; and Yoeli, Erez, et al. "Digital

Health Support in Treatment for Tuberculosis." *New England Journal of Medicine*, vol. 381, no. 10, 2019, pp. 986–987。我們提及的數位健康介入措施是我們與 Jon Rathauser 以及 Keheala 平臺團隊一起開發的措施。

25. 其他更多不同的規範，參見：Michele Gelfand 的 *Rule Makers, Rule Breakers: Tight and Loose Cultures and the Secret Signals That Direct Our Lives*. New York: Scribner, 2019.

26. 這句話出自 de Bucquoy (1744)，可參見：Leeson, Peter T. "An-arrgh-chy: The Law and Economics of Pirate Organization." *Journal of Political Economy*, vol. 115, no. 6, 2007, pp. 1049–1094, doi:10.1086/526403.

27. 更多關於海盜的敘述，參見：Peter Leeson 的 *The Invisible Hook: The Hidden Economics of Pirates*. Princeton, NJ: Princeton University Press, 2011.（中文版《海盜船上的經濟學家》，行人，2011 年）

28. Hengel, Brenda. "The Hit That Could Have Sunk Las Vegas." The Mob Museum, 25 June 2017, themobmuseum.org/blog/costello-hit-sunk-las-vegas.

29. Persio, Sofia Lotto. "Secret Courts Uncovered Where Mobsters Face Death for Breaking Mafia Code." *Newsweek*, 4 July 2017, www.newsweek.com/underground-mafia-courts-revealed-massive-bust-against-italian-ndrangheta-631650.

30. Al-Gharbi, Musa. "What Police Departments Do to Whistleblowers." *Atlantic*, 1 July 2020, www.theatlantic.com/ideas/archive/2020/07/what-police-departments-do-whistle-blowers/613687.

31. Acheson, James. *The Lobster Gangs of Maine*. Amsterdam: Amsterdam University Press, 2012.

32. Ellickson, Robert C. "Of Coase and Cattle: Dispute Resolution Among Neighbors in Shasta County." *Stanford Law Review*, vol. 38, no. 3, 1986, p. 623-687. doi:10.2307/1228561.

33. 此段敘述的參考資料為 Ad van Liempt 的 *Kopgeld* (Amsterdam: Balans,

2002)，英文摘述可見於該書出版時期的若干相關文章，例如：Deutsch, Anthony. "Nazis Paid Bounty Hunters to Turn in Jews, Book Says." *Los Angeles Times*, 1 Dec. 2002, www.latimes.com/archives/la-xpm-2002-dec-01-adfg-bountyhunt1-story.html.

34. Jordan, Jillian J., Moshe Hoffman, Paul Bloom, and David G. Rand. "Third-Party Punishment as a Costly Signal of Trustworthiness." *Nature*, vol. 530, no. 7591, 2016, pp. 473–476, doi:10.1038/nature16981.

35. Henrich, Joseph, and Michael Muthukrishna. "The Origins and Psychology of Human Cooperation." *Annual Review of Psychology*, vol. 72, no. 1, 2021, pp. 207–240, doi:10.1146/annurev-psych-081920-042106.

36. 種種規範與協助執行規範的機構從何而來？為什麼這些規範和機構最後往往會去維護團體的利益，至少是在我們討論的執行限制下盡可能維護團體利益？想要回答這些問題，我們必須考量其他機制，範圍已超出我們建構的抽象模型。其中一項可能性是發展更有益於團體規範的文化團體境遇較佳，將其規範散播至其他團體，或促使更多人加入這個團體。不過仍有許多其他可能性。例如，也許能夠建構規範與機構的人，有時會希望選擇對團體有益的規範與機構。從歷史上來看，奧古斯都和成吉思汗這樣的專制君主，所經常鼓勵人們遵守的規範，是支持強大財產權、貿易及市場活動的規範。如此一來，不僅子民受惠，君主也能以農業產出與貿易的稅收充實財庫。談論這些可能性的著作包括：Henrich, Joseph. "Cultural Group Selection, Coevolutionary Processes and Large-Scale Cooperation." *Journal of Economic Behavior & Organization*, vol. 53, no. 1, 2004, pp. 3–35; Richerson, Peter, et al. "Cultural Group Selection Plays an Essential Role in Explaining Human Cooperation: A Sketch of the Evidence." *Behavioral and Brain Sciences*, vol. 39, 2016; and Singh, Manvir, Richard Wrangham, and Luke Glowacki. "Self-Interest and the Design of Rules." *Human Nature*, vol. 28, no. 4, 2017, pp. 457–480。

■ 第 12 章：絕對規範：沒有模糊空間的決斷

1. 本章內容依據為我們與 Aygun Dalkiran 以及 Martin Nowak 共同撰寫的論文："Categorical Distinctions Facilitate Coordination"（SSRN, 18 Dec. 2020, 請至 https://ssrn.com/abstract=3751637）。此模型的建構基礎為「全域賽局」（Global Games）。此賽局理論最早由 Hans Carlsson 與 Erik van Damme 於以下論文提出："Global Games and Equilibrium Selection." *Econometrica*, vol. 61, no. 5, September 1993, pp. 989–1018。其後由 Stephen Morris 與 Hyun Song Shin 於以下文章進一步發揚光大："Global Games: Theory and Applications." Chapter 3 in *Advances in Econometrics: Theory and Applications*, Eighth World Congress, 56–114. Edited by M. Dewatripont, L. Hansen, and S. Turnovsky. Cambridge: Cambridge University Press, 2003。

2. 如同先前幾章，我們在說參與者的信念時，不是真的指有意識的信念（那是這些模型要解釋的近似現象），我們指的是客觀的貝氏主義者會抱持的想法。

3. 我們會忽略訊號落在 0 到 1 之間的這個小範圍的情況。這類邊緣案例不會真的影響我們的結論，卻會使分析變得繁瑣。

4. 嚴格來說，只要 $[\mu(1-\varepsilon)^2+(1-\mu)\varepsilon^2] \div [\mu(1-\varepsilon)+(1-\mu)\varepsilon] \geq p$ 且 $[\mu\varepsilon^2+(1-\mu)(1-\varepsilon)^2] \div [\mu\varepsilon+(1-\mu)(1-\varepsilon)] \geq 1-p$。

5. BBC News. "Why Has the Syrian War Lasted 10 Years?" BBC News, 12 Mar. 2021, www.bbc.com/news/world-middle-east-35806229.

6. 例如參見：McElreath, Richard, Robert Boyd, and Peter J. Richerson. "Shared Norms and the Evolution of Ethnic Markers." *Current Anthropology*, vol. 44, no. 1, no. 2003, pp. 122–130; Smedley, Audrey, and Brian Smedley. *Race in North America: Origin and Evolution of a Worldview*. Abingdon-on-Thames, UK: Routledge, 2018; and Moya, Cristina. *What Does It Mean for Humans to Be Groupish?* 2021.

7. 有趣的是，雙方始終避免直接轟炸平民百姓。這個規範維持了大約一年多，直到 1942 年中，同盟國為了明確威嚇平民百姓，以燃燒彈襲擊呂貝克和德勒斯登等西德城市。

8. Burum, Bethany, Martin A. Nowak, and Moshe Hoffman. "An Evolutionary Explanation for Ineffective Altruism." *Nature Human Behaviour*, vol. 4, no. 12, 2020, pp. 1245–1257, doi:10.1038/s41562-020-00950-4.

■ 第 13 章：高階信念：認清別人認為你怎麼認為

1. 本章奠基於幾位研究人員的研究成果。Ariel Rubinstein 強調高階信念現在已為經典電子郵件賽局的合作扮演至關重要的角色。諾貝爾獎得主羅伯特‧歐曼率先確立共識這個密切相關的概念。Dov Mondarer 與 Dov Samet 於以下論文確立共同機率信念的概念："Approximating Common Knowledge with Common Beliefs." *Games and Economic Behavior*, vol. 1, no. 2, June 1989, pp. 170–190。這是我們參照的理論。Michael Suk-Young Chwe 的 *Rational Ritual: Culture, Coordination, and Common Knowledge* (Princeton, NJ: Princeton University Press, 2003)（中文版《理性的儀式》，桂冠，2004 年）探討了高階信念的社會應用。Steven Pinker 的 *The Stuff of Thought* (New York: Viking, 2008)，以及 Steven Pinker 與學生 Kyle Thomas、James Lee、Julia De Freitas 的著作，亦談論許多有趣的應用與證據。本章提及許多彼得‧德西歐里與羅伯特‧庫茲班的見解，尤其參見他們的這篇論文："A Solution to the Mysteries of Morality." *Psychological Bulletin*, vol. 139, no. 2, July 2012。最後，也非常重要的是，本章提出的這個模型是我們與 Aygun Dalkiran 一起建構的模型。

2. 參見影片結尾：www.youtube.com/watch?v=OxnWGaxtqwA。

3. 斯特魯馬號悲劇的詳細摘要可見維基百科網頁：Wikipedia Contributors. "Struma disaster." Wikipedia, 29 June 2021, en.wikipedia.org/wiki/Struma_disaster.

4. 這是道德心理學家長久以來希望解開的謎，有一些學者曾進行有趣的研究，例如：Mark Spranca、費瑞・庫許曼、Josh Greene 以及 Jonathan Baron。我們最終依據的解釋由來為彼得・德西歐里與羅伯特・庫茲班的論文："Mysteries of Morality." *Cognition*, vol. 112, no. 2, August 2009, pp. 281–299。

5. Rupar, Aaron. "Ivanka Trump's Viral G20 Video, Explained." *Vox*, 1 July 2019, www.vox.com/2019/7/1/20677253/ivanka-trump-g20-nepotism.

6. 假設沒有偽陽性並不重要，但這樣比較能清楚看出第二階信念的角色。

7. Snyder, Melvin L., Robert E. Kleck, Angelo Strenta, and Steven J. Mentzer. "Avoidance of the Handicapped: An Attributional Ambiguity Analysis." *Journal of Personality and Social Psychology* vol. 37, no. 12, 1979, p. 2297–2306.

8. Schmitt, Eric. "Clinton's 'Sorry' to Pakistan Ends Barrier to NATO." *New York Times*, 5 July 2012, www.nytimes.com/2012/07/04/world/asia/pakistan-opens-afghan-routes-to-nato-after-us-apology.html.

9. 這個說法取自 John L. Austin 在以下著作創造的名詞：*How to Do Things with Words*. Second ed. Oxford, UK: Oxford University Press, 1975.（中文版《如何以言語行事》，暖暖書屋，2019 年）

10. Fiske, Alan P. "The Four Elementary Forms of Sociality: Framework for a Unified Theory of Social Relations." *Psychological Review*, vol. 99, no. 4, 1992, pp. 689–723, doi:10.1037/0033-295x.99.4.689.

11. 除了我們在下方提出的解釋，其他有趣的解釋可參見 Josh Greene 與費瑞・庫許曼的著作。例如：Greene, Joshua. *Moral Tribes: Emotion, Reason, and the Gap Between Us and Them*. London: Atlantic Books, 2021（中文版《道德部落》，商周出版，2022 年）；以及 Cushman, Fiery. "Is Non-consequentialism a Feature or a Bug?" In *The Routledge Handbook of Philosophy of the Social Mind*, pp. 278–295. Abingdon-on-Thames, UK:

Routledge, 2016.

12. Pistone, Joseph D. with Richard Woodley. *Donnie Brasco: My Undercover Life in the Mafia*. New York: Signet, 1989.

13. Kurzban, Robert, Peter DeScioli, and Daniel Fein. "Hamilton vs. Kant: Pitting Adaptations for Altruism against Adaptations for Moral Judgment." *Evolution and Human Behavior*, vol. 33, no. 4, 2012, pp. 323–333, doi:10.1016/j.evolhumbehav.2011.11.002.

14. Andreoni, James, Justin M. Rao, and Hannah Trachtman. "Avoiding the Ask: A Field Experiment on Altruism, Empathy, and Charitable Giving." *Journal of Political Economy*, vol. 125, no. 3, 2017, pp. 625–653, doi:10.1086/691703.

15. Dana, Jason, Daylian M. Cain, and Robyn M. Dawes. "What You Don't Know Won't Hurt Me: Costly (but Quiet) Exit in Dictator Games." *Organizational Behavior and Human Decision Processes*, vol. 100, no. 2, 2006, pp. 193–201, doi:10.1016/j.obhdp.2005.10.001.

16. Dana, Jason, Roberto A. Weber, and Jason Xi Kuang. "Exploiting Moral Wiggle Room: Experiments Demonstrating an Illusory Preference for Fairness." *Economic Theory*, vol. 33, no. 1, 2007, pp. 67–80, doi:10.1007/s00199-006-0153-z.

17. Bava Metzia, 62a. 原始內容與翻譯可瀏覽：www.sefaria.org/Bava_Metzia.61a.4?lang=bi。

18. Hauser, Marc, et al. "A Dissociation Between Moral Judgments and Justifications." *Mind & Language*, vol. 22, no. 1, 2007, pp. 1–21, doi:10.1111/j.1468-0017.2006.00297.x.

■ 第14章：子賽局完全均衡：嚇阻踰矩的行為

1. 關於這兩個家族的夙怨，概述可參見 Dean King 的著作：*The Feud: The Hatfields and McCoys; The True Story*. New York: Little, Brown, 2014.

2. Kingsley, Patrick, and Isabel Kershner. "After Raid on Aqsa Mosque, Rockets From Gaza and Israeli Airstrikes." *New York Times*, 19 May 2021, www.nytimes.com/2021/05/10/world/middleeast/jerusalem-protests-aqsa-palestinians.html.

3. Al Jazeera. "Israel-Hamas Ceasefire Holds as UN Launches Gaza Aid Appeal." Gaza News, Al Jazeera, 24 May 2021, www.aljazeera.com/news/2021/5/23/israel-gaza-ceasefire-holds-as-un-launches-appeal-for-aid.

4. Mayo Clinic Staff. "Forgiveness: Letting Go of Grudges and Bitterness." Mayo Clinic, 13 Nov. 2020, www.mayoclinic.org/healthy-lifestyle/adult-health/in-depth/forgiveness/art-20047692.

5. Robert H. Frank 的 Passions Within Reason: The Strategic Role of the Emotions (New York: W. W. Norton, 1988) 亦針對為何人會在似乎適得其反的情況祭出懲罰提出解釋。他的論述基礎為行動者有能力以明顯的方式作出承諾──這點與我們提出的解釋略有不同。不過在某些地方 Frank 也提出解釋，認為情感（例如憤怒與愛）以及致使人們忽略成本與效益的道德原則，由於重複的互動與聲譽而可達到誘因相容。這樣的解讀與我們在本章提出的解釋相符。

6. 我們為了分析方便而設定參與者 1 與參與者 2 的角色不對稱。現實中雙方通常都有機會踰矩和懲罰對方。這會稍微改動數學公式，但並不影響本章所要傳達的重要訊息。

7. 如果你記性不錯，也許還記得我們在第 11 章規範落實賽局作過相同假設，並注意到第 10 章重複囚徒困境的對比。在重複囚徒困境中，唯一的懲罰方式只有不合作，且這麼做可為祭出懲罰的參與者帶來實際利益，因為懲罰期間參與者不必擔合作成本。

8. 例如參見："Neville Chamberlain: Heroic Peacemaker or Pathetic Pushover?" Sky History TV Channel, www.history.co.uk/article/neville-chamberlain-heroic-peacemaker-or-pathetic-pushover 存取日期：2021 年 8

月 27 日。

9. 關於復仇與原諒的另一種有趣觀點，參見：Michael Mccullough 的 *Beyond Revenge* (San Francisco: JosseyBass, 2008)。

10. Shelton, Jacob. "The Sausage Duel: When Two Politicians Almost Faced Off Using Poisoned Meat." History Daily, 11 Mar. 2021, historydaily.org/sausage-duel-facts-stories-trivia.

11. "Abraham Lincoln's Duel." American Battlefield Trust, 25 Mar. 2021, www.battlefields.org/learn/articles/abraham-lincolns-duel.

12. Wikipedia Contributors. "Duel." Wikipedia, 19 Aug. 2021, en.wikipedia.org/wiki/Duel.

13. Wells, C. A. "The End of the Affair: Anti-dueling Laws and Social Norms in Antebellum America." *Vanderbilt Law Review*, vol. 54, 2001, p. 1805.

14. Nagel, Thomas. "Moral Luck." Chap. 3 in *Mortal Questions*, pp. 24–38. New York: Cambridge University Press, 1979.

15. Cushman, Fiery, Anna Dreber, Ying Wang, and Jay Costa. "Accidental Outcomes Guide Punishment in a 'Trembling Hand' Game." *PLoS ONE*, vol. 4, no. 8, 2009, p. e6699, doi:10.1371/journal.pone.0006699.

16. Luckhurst, Toby. "The DMZ 'Gardening Job' That Almost Sparked a War." BBC News, 21 Aug. 2019, www.bbc.com/news/world-asia-49394758.

17. Ash, Elliott, Daniel L. Chen, and Suresh Naidu. "Ideas Have Consequences: The Impact of Law and Economics on American Justice." *Center for Law & Economics Working Paper Series*, vol. 4, 2019; and Drum, Kevin. "Here's How a Quiet Seminar Program Changed American Law." *Mother Jones*, 18 Oct. 2018, www.motherjones.com/kevin-drum/2018/10/heres-how-a-quiet-seminar-program-changed-american-law.

■ 第 15 章：聚焦主要獎勵是解謎的關鍵

1. Kozlowski, Joe. "Olympic Swimmer Katie Ledecky Is Worth $4 Million, but That's Nothing Compared to Her Uncle's $340 Million Fortune." Sportscasting, 23 July 2021, www.sportscasting.com/olympic-swimmer-katie-ledecky-is-worth-4-million-thats-nothing-uncle-340-million-fortune.

2. 這句話引述自我們在前言提及的紀錄片 *Itzhak*。（中文版《帕爾曼的音樂遍歷》，迪昇數位影視，2019 年）

3. 此處參照 Sherwin Rosen 的經典論文："The Economics of Superstars." *American Economic Review*, vol. 71, no. 5, 1981, pp. 845–858。其他例子，以及關於個中因果淺顯易懂的討論，參見：Robert H. Frank and Philip J. Cook 的 *The Winner-Take-All Society: Why the Few at the Top Get So Much More Than the Rest of Us* (New York: Penguin, 1995)。（中文版《贏家通吃》，足智文化有限公司，2019 年）

4. 參見：安琪拉・達克沃斯的 *Grit: The Power of Passion and Perseverance*. New York: Scribner, 2018.（中文版《恆毅力》，天下雜誌，2020 年）

5. Deci, Edward L. "The Effects of Contingent and Noncontingent Rewards and Controls on Intrinsic Motivation." *Organizational Behavior and Human Performance*, vol. 8, no. 2, 1972, pp. 217–229.

6. Bénabou, Roland, and Jean Tirole. "Intrinsic and Extrinsic Motivation." *Review of Economic Studies*, vol. 70, no. 3, 2003, pp. 489–520, doi:10.1111/1467-937x.00253.

7. 綜論參見：Maier, Steven F., and Martin E. Seligman. "Learned Helplessness: Theory and Evidence." *Journal of Experimental Psychology: General*, vol. 105, no. 1, 1976, p. 3–46.

國家圖書館出版品預行編目 (CIP) 資料

人性賽局：哈佛大學最重要的行為經濟學課，驚人
「隱藏賽局」完美解釋非理性行為 / 艾瑞茲・尤利
(Erez Yoeli), 摩西・霍夫曼 (Moshe Hoffman) 作；趙
盛慈譯 . -- 初版 . -- 臺北市：三采文化股份有限公司，
2023.09
　　面；　公分 . -- (Trend)
　　譯　自：Hidden Games：The Surprising Power
of Game Theory to Explain Irrational Human
Behavior
　　ISBN 978-626-358-168-5(平裝)

1.CST: 博奕論 2.CST: 人類行為

319.2　　　　　　　　　　112012453

◎作者照片提供：
Rachel Tine；Moshe Hoffman

suncolor
三采文化

Trend 81

人性賽局

哈佛大學最重要的行為經濟學課，驚人「隱藏賽局」完美解釋非理性行為

作者｜艾瑞茲・尤利（Erez Yoeli）、摩西・霍夫曼（Moshe Hoffman）
審訂｜周治邦　　譯者｜趙盛慈
編輯三部 主編｜喬郁珊　　選書編輯｜吳佳錡　　執行編輯｜王惠民
美術主編｜藍秀婷　　封面設計｜方曉君　　版型設計｜莊馥如
內頁編排｜菩薩蠻電腦科技有限公司　　校對｜黃薇霓

發行人｜張輝明　　總編輯長｜曾雅青　　發行所｜三采文化股份有限公司
地址｜台北市內湖區瑞光路 513 巷 33 號 8 樓
傳訊｜TEL: (02) 8797-1234　FAX: (02) 8797-1688　　網址｜www.suncolor.com.tw
郵政劃撥｜帳號：14319060　戶名：三采文化股份有限公司
初版發行｜2023 年 9 月 28 日　定價｜NT$480
　　3 刷｜2023 年 12 月 25 日